全国高等院校计算机职业技能应用规划教材

微机系统装配与维护

主　编　刘文胜　张　纯
副主编　张晓红　杨育标
主　审　贺桂英

U0322686

中国人民大学出版社
·北京·

图书在版编目（CIP）数据

微机系统装配与维护/刘文胜，张纯主编 . —北京：中国人民大学出版社，2013.5
全国高等院校计算机职业技能应用规划教材
ISBN 978-7-300-16652-0

Ⅰ.①微…　Ⅱ.①刘…②张…　Ⅲ.①微型计算机-装配（机械）-高等职业教育-教材②微型计算机-维护-高等职业教育-教材　Ⅳ.①TP36

中国版本图书馆 CIP 数据核字（2013）第 079544 号

全国高等院校计算机职业技能应用规划教材
微机系统装配与维护

主　编　刘文胜　张　纯
副主编　张晓红　杨育标
主　审　贺桂英

出版发行	中国人民大学出版社		
社　　址	北京中关村大街 31 号	**邮政编码**	100080
电　　话	010 - 62511242（总编室）		010 - 62511398（质管部）
	010 - 82501766（邮购部）		010 - 62514148（门市部）
	010 - 62515195（发行公司）		010 - 62515275（盗版举报）
网　　址	http://www.crup.com.cn		
	http://www.ttrnet.com（人大教研网）		
经　　销	新华书店		
印　　刷	北京密兴印刷有限公司		
规　　格	185 mm×260 mm　16 开本	**版　次**	2013 年 6 月第 1 版
印　　张	16.5	**印　次**	2013 年 6 月第 1 次印刷
字　　数	402 000	**定　价**	35.00 元

前　　言

随着 IT 行业的快速发展，计算机作为信息社会最基本的信息技术工具，广泛渗透到人们日常生活的各个领域，普及到千家万户，中国的计算机保有量已在千万台以上。由于计算机的用途日益广泛，计算机和周边设备的使用频率大幅增高，使用过程中难免出现故障。因此，掌握微机系统的软硬件知识，提高维修技能，在工作实践中处理常见故障是很有必要的。

微机系统装配与维护超越了计算机组装与维护的范畴，涉及内容更多、更广。随着时代的进步，本书与时俱进，以计算机最新软硬件产品为主要内容，全面剖析了计算机硬件和周边设备，并详细地介绍了计算机的组装、维护及故障维修的基本方法与常规步骤，并将维修经验呈献给读者。

本书强调职业院校的课程特点以及适应读者自学的要求，内容深入浅出、循序渐进，是一本理论教学与实践操作相结合的实用性教材。书中各章除讲授基础知识和技能训练外，还配有学习目标、工作任务和思考与练习，使读者通过学习和练习两个环节，实现知识向技能的转化，达到学以致用的目的。本书强调：理论指导实践，工作高效完美。

本书共分 8 章，第 1 章讲述了计算机的工作原理和微机系统的构成。第 2 章讲述了组成微机的主要部件的工作原理，介绍了各主要部件的基本性能指标和选购方法。实训部分重点介绍了计算机硬件的组装过程和 CMOS 参数的设置方法，以实现技能的提升。第 3 章讲述了微机外部设备的工作原理和选购常识，详细介绍了扫描仪、摄像头等数码设备的软件安装过程。第 4 章主要介绍计算机操作系统的作用和安装方法，包括 Windows XP 的安装、一些特殊设备驱动程序的安装，以及新系统 Windows 7 的特点和双系统的安装方法。第 5 章介绍了微机应用中所需的常用办公软件和工具软件，并详细描述了软件安装的操作过程。第 6 章介绍了微机系统维护的相关知识，讲授了微机数据备份与维护的基本方法。第 7 章主要介绍了计算机网络设备的管理与维护常识，包括常见网络设备的介绍、网络故障的诊断和网络故障的排除。讲授了微机的网络系统和无线小型局域网的搭建技术。第 8 章侧重于微机硬件系统维修知识和维修技巧，主要介绍计算机常见故障的诊断与处理，包括计算机的日常维护、常见故障的现象与分析、故障处理等内容。

本书可作为高职高专计算机及相关专业微机组装与维护等课程的教材，也可作为广大计算机硬件爱好者的自学教材。

本书第 1 章由刘文胜编写，第 2 章由刘文胜、林佩编写，第 3 章由李嘉鸿编写，第 4 章由张纯编写，第 5 章由张晓红编写，第 6 章由李少杰编写，第 7 章由邱新编写，第 8 章由杨育标编写。全书由刘文胜完成统稿工作，由广东广播电视大学（广东理工职业学院）贺桂英教授主审。在教材编写过程中，得到了学校领导和薄利轩主任的支持，中国人民大学出版社策划编辑孙琳老师也提出了许多宝贵意见，在此一并表示衷心的感谢。

由于 IT 技术的发展日新月异，新产品、新技术、新知识不断涌现，加之作者水平有限，不妥之处在所难免，敬请读者批评指正。

编　者

目　　录

1

第1章 微机系统概述

学习目标

- 了解电子数字计算机的发展历程
- 掌握计算机的基本运算方法和基本工作原理
- 能够正确区分微型计算机、大型机和巨型机
- 正确认识微机系统的组成

工作任务

- 电子数字计算机的研发与应用
- 电子数字计算机的工作原理
- CPU 的发展
- 微机系统的组成

1.1 计算机的发展历程

1946 年，电子数字计算机的诞生为人类开辟了一个崭新的时代，它使人类社会的经济政治生活发生了天翻地覆的变化，计算机所带来的高速信息时代被称为第三次工业革命。中国的计算机研发一直紧随国际前沿，民间应用则是在 1990 年以后，从对 286 机型的认识开始的。今天，在科学技术迅猛发展的推动下，计算机不再是科研机构和高等院校的贵重设备，已经遍及社会，惠及万家。

1.1.1 电子数字计算机的诞生

世界上第一台电子数字计算机 ENIAC 诞生于 1946 年 2 月 14 日，由美国陆军军械部和宾夕法尼亚大学莫尔学院联合发布，如图 1—1 所示。ENIAC 是 Electronic Numerical Integrator And Computer（电子数字积分式计算机）的缩写，是世界上第一台通用计算机。

第二次世界大战进入关键时期，为美国陆军承担新型大威力火炮试验任务的"阿贝丁弹道研究实验室"，面临极其繁重的弹道计算任务，人工计算不仅效率低而且经常出错，数学家为计算弹道的各种复杂非线性方程组伤透了脑筋，美国陆军部希望能有一种快速计算设备来解决大批量数据的计算问题。

1942 年 8 月，宾夕法尼亚大学莫尔学院的约翰·莫契利（John W. Mauchly，36 岁）副教授建议用电子管为基本器件来制造高速运算的计算机。陆军军械部考察这个计划后，给予了 48 万美

图1—1　掀起第三次工业浪潮的 ENIAC

元的经费支持，并派青年数学家戈德斯坦中尉前往协助研究。1943 年，莫契利、戈德斯坦和年仅 24 岁的硕士研究生埃克特（J. Prespen Eckert）组织了研究小组，全力投入研制，并为这台计算机起名为"电子数字积分式计算机"（Electronic Numerical Integrator And Computer）。在计算机研发过程中，莫契利是总设计师，主持机器的总体设计；埃克特是总工程师，负责解决复杂而困难的工程技术问题；戈德斯坦代表军方参与计算机的科研设计。

戈德斯坦在 ENIAC 的研发过程中，虚心向著名数学家冯·诺依曼先生求教，并将冯·诺依曼的设计思想"程序存储、顺序执行"体现在计算机的研制中。军方代表戈德斯坦中尉在科研组织方面表现出了杰出的才干。

经过三年紧张的工作，ENIAC 终于在 1946 年 2 月 14 日问世了，它是世界上第一台电子管计算机。ENIAC 使用了 17 468 只电子管，70 000 只电阻，10 000 只电容，占地 167 平方米，重量达 30 吨，耗电 160 千瓦，是一个名副其实的"庞然大物"。其运算速度比当时最好的机电式计算机快 1 000 倍，每秒可进行 5 000 次加法运算（而人最快的运算速度每秒仅5 次加法运算）、357 次乘法或 38 次除法运算，这样的速度在当时已经是人类智慧的最高水平。ENIAC 还能进行平方和立方运算，计算正弦和余弦等三角函数的值及其他一些更为复杂的运算。

ENIAC 的诞生，是计算机发展史上的一个里程碑，标志着电子数字计算机时代的到来。

1.1.2　计算机发展的几个阶段

ENIAC 有着世界的先进性，但也有一些不尽如人意的地方。首当其冲的是"每次改变计算机的运算公式，都要按照电子线路的布线方案重新插接。"这一复杂的电路操作过程成为计算机普及应用的重大障碍。一直关注 ENIAC 研究的数学家冯·诺依曼先生，对此类问题提出了重大的改进理论，主要有两点：一是电子计算机应该以二进制为运算基础；二是电子计算机应采用"存储程序"方式工作。并且进一步明确指出了整个计算机系统的结构应由五个部分组成：运算器、控制器、存储器、输入装置和输出装置。冯·诺依曼这些理论的提出，解决了计算机的运算自动化和速度配合问题，对后来计算机的发展起到了决定性的作用。

ENIAC 诞生后短短的几十年间，计算机的发展突飞猛进。主要电子器件相继使用了真空电子管、晶体管、中小规模集成电路，以及大规模、超大规模集成电路，推动了计算机的

几次更新换代。计算机发展中的每次更新换代都使其体积和耗电量大大减少，功能大大增强，应用领域进一步拓宽。特别是体积小、价格低、功能强的微型计算机的出现，使得计算机迅速普及，进入办公室和家庭，在办公室自动化和多媒体应用方面发挥了很大的作用。目前，计算机的应用已扩展到社会的各个领域。

计算机的发展阶段依据所使用的电子元器件划分为以下几代：

1. 第一代（1946—1957 年）电子管计算机

第一代计算机的基本电子元件是电子管（如图 1—2 所示），内存储器采用水银延迟线，外存储器主要采用磁鼓、纸带、卡片、磁带等。由于当时电子技术的限制，运算速度只是每秒几千次到几万次基本运算，内存容量仅几千个字节。程序语言处于最低级阶段，主要使用二进制表示的机器语言编程，后来采用汇编语言进行程序设计。因此，第一代计算机体积大、耗电多、速度低、造价高、使用不便；主要局限于一些军事和科研部门进行科学计算。

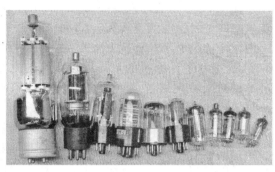

图 1—2　功能各异的电子管

2. 第二代（1958—1970 年）晶体管计算机

1948 年，美国贝尔实验室发明了晶体管，10 年后晶体管取代了计算机中的电子管，诞生了晶体管计算机。晶体管计算机的基本电子元件是晶体管，内存储器大量使用磁性材料制成的磁芯存储器。与第一代电子管计算机相比，晶体管计算机体积小、耗电少、成本低、逻辑功能强、使用方便、可靠性高。

3. 第三代（1963—1970 年）集成电路计算机

随着半导体技术的发展，1958 年夏，美国得克萨斯州仪器公司制成了第一个半导体集成电路。集成电路是在几平方毫米的基片上集中了几十个或上百个电子元件组成的逻辑电路。第三代集成电路计算机的基本电子元件是小规模集成电路和中规模集成电路，磁芯存储器进一步发展，并开始采用性能更好的半导体存储器，运算速度提高到每秒几十万次基本运算。由于采用了集成电路，第三代计算机各方面性能都有了极大提高：体积缩小，价格降低，功能增强，可靠性大大提高。

4. 第四代（1971 年至今）大规模集成电路计算机

随着集成了上千甚至上万个电子元件的大规模集成电路和超大规模集成电路的出现，电子计算机发展进入了第四代。第四代计算机的基本元件是大规模集成电路，甚至超大规模集成电路，集成度很高的半导体存储器替代了磁芯存储器，运算速度可达每秒几百万次，甚至上亿次基本运算。

5. 第五代计算机（研发目标）

未来计算机技术的发展潮流将是超高速、超小型、平行处理、智能化，计算机技术的飞速发展必将对整个社会变革产生推动作用。

1.1.3　计算机之父之争

究竟哪个是世界上第一台电子数字计算机？发明人是谁？大家对此多不了解，实际上世界第一台电子数字计算机的发明者应该是美国人约翰·阿塔那索夫（John V. Atanasoff，1903—1995）教授。

美国籍匈牙利裔科学家冯·诺依曼（John Von Neumann，1903—1957）历来被誉为"电子计算机之父"。但是，冯·诺依曼本人却亲手把"计算机之父"的桂冠转戴在英国科学家阿兰·图灵（Alan M. Turing，1912—1954）头上。然而，真正的"计算机之父"既不是冯·诺依曼，也不是阿兰·图灵。

在1973年以前，大多数美国计算机界人士认为，电子计算机发明人是宾夕法尼亚大学莫尔电气工程学院的莫契利（J. Mauchiy）和埃科特（P. Eckert），因为他们是第一台具有很大实用价值的电子计算机 ENIAC（埃尼阿克）的研制者。

谁是电子计算机的真正发明人？与之相关的美国科学家阿塔那索夫、莫契利和埃科特曾经打了一场旷日持久的官司，法院开庭审讯135次。1973年10月19日，法院当众宣布判决书："莫契利和埃科特没有发明第一台计算机，只是利用了阿塔那索夫发明中的构思。"理由是阿塔那索夫早在1941年，就把他对电子计算机的思想告诉过 ENIAC 的发明人莫契利。

阿塔那索夫于1939年10月成功设计了历史上第一台电子计算机 ABC（Atanasoff-Berry-Computer），如图1—3所示。

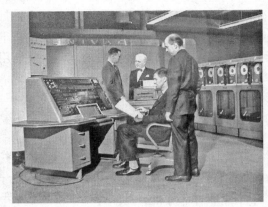

图1—3　阿塔那索夫研制的 ABC 计算机

现在国际计算机界公认的事实是：第一台电子计算机的真正发明人是美国的约翰·文森特·阿塔那索夫，他在国际计算机界被称为"电子计算机之父"。

虽然 ABC 比 ENIAC 早诞生几年，但 ENIAC 的运算速度、设备规模、军事投入、社会影响，以及对人类社会进步的促进作用，意义深远、功不可没。

小资料： 日常生活中，人们经常把计算机和计算器混为一谈，其实两者是不同的数字电子设备。计算器一般用于财务运算，具备加、减、乘、除四则运算功能，部分较高档次的计算器还有数学函数运算功能。计算器的主要特点是体积微小、价格便宜、运算功能固化，无用户编程的处理能力。

1.2　计算机工作原理

具有数值运算功能的机械或电子设备统称计算机，譬如当今的电表、水表、里程表，只不过它们属于机械运行方式、算法固定不变的计算设备。今天人们所说的计算机意指"含有CPU、能够进行程序设计、具有现代信息通信功能的电子设备。"要真正理解电子数字计算机（简称计算机、电脑）的工作原理，必须懂得二进制算法和数字逻辑电路。

电子数字计算机中的一切数据表示采用的是二进制，人机交流中采用的是十六进制和高级语言，因而学习数制与算法十分必要。

1.2.1 数制及数制转换

在计算机中，广泛采用的是只有"0"和"1"两个基本符号组成的二进制数，而不使用人们习惯的十进制数，原因如下：

（1）二进制数在物理上最容易实现。例如，可以只用高、低两个电平表示 1 和 0，也可以用脉冲的有无或者脉冲的正负极性表示它们。

（2）二进制数的编码、计数、加减运算规则简单。

（3）二进制数的两个符号 1 和 0 正好与逻辑命题的两个值"是"和"否"或"真"和"假"相对应，为计算机实现逻辑运算和程序中的逻辑判断提供了便利的条件。

在计算机信号处理的理论中，把声音、图像等模拟量信息，采集后变成离散化的数字量（0 和 1）。计算机系统经过采集、量化后才可以进行处理，经过数据压缩后才可以存储和传送。因此，信息的数字化是信息化社会的基础。

1. 数制基础

对于不同的数制，它们的共同特点是：

（1）每一种数制都有固定的符号集：如十进制数制，其符号有十个：0，1，2，…，9；二进制数制，其符号有两个：0 和 1。

（2）其次都采用位置表示法：即处于不同位置的数符所代表的值不同，与它在位置的权值有关。

例如：十进制可表示为：

$$555.555 = 5 \times 10^2 + 5 \times 10^1 + 5 \times 10^0 + 5 \times 10^{-1} + 5 \times 10^{-2} + 5 \times 10^{-3}$$

上式具有普遍性。可以看出，各种进位计数制中的权的值恰好是基数的某次方幂。因此，对任何一种进位计数制表示的数都可以写出按其权展开的多项式之和，而任意一个 r 进制数转换为十进制数 N 的表达式为：

$$N_{10} = \sum_{i}^{m} D_i \times r^{i-1} + \sum_{j}^{k} D_j \times r^{-j} \tag{1—1}$$

式中对 i 求和的是整数部分，对 j 求和的是小数部分。D_i 为该数制中第 i 位的数值，r^i 是第 i 位的权（或权值），r 是基数，表示不同的进制数；m 为整数部分的位数，k 为小数部分的位数，小数部分的权值是负幂。"位权"和"基数"是进位计数制中的两个要素。

在二进位计数制中，是根据"逢二进一"的原则进行计数的。一般地，在基数为 r 的进位计数制中，是根据"逢 r 进一"或"逢基进一"的原则进行计数的。在计算机中，常用的有二进制、八进制和十六进制。其中，二进制用得最为广泛。

2. 数制转换

十进制转换为二进制，其整数部分和小数部分的转换方法不同。十进制转换为八进制或十六进制其方法类似，只是所取基数不同。

（1）整数部分的转换（除二取余法或除基取余法）。

$(43)_{10} = (101011)_2$ （先余为低，后余为高）（演算竖式如图 1—4 所示）

（2）小数部分的转换（乘二取整法或乘基取整法）。

$(0.3125)_{10} = (0.0101)_2$ （先取整为高，后取整为低）

十进制转换成二进制，其整数部分容易处理，而小数部分常出现转化位数很长或循环小数情况，一般保留 4 位或 8 位。（计算机中的进位制标识：二进制数——B，十进制数——D，十六进制数——H，例：1110B=14D=EH。）

图 1—4　数制转换竖式

3. 十六进制数

二进制数适合机器运行，但其缺点十分明显：书写冗长、易错、难记。所以一般用十六进制数或八进制数作为二进制数的缩写用于人机会话中。

二进制数与十六进制数间的转换十分容易，1 位十六进制数相当于 4 位二进制数。在书写和计算时，只需将每位十六进制数直接写成四位二进制数，然后依次排列起来即可。反之亦然，将二进制数从低位开始，每四位一组直接写成十六进制数即可（按 8421 码换算）。

【例 1.1】11010010B=D2H

解：二进制数：<u>1101</u>　<u>0010</u> B

十六进制数：　　D　　H 2

【例 1.2】3C. A6H=00111100.10100110B

解：十六进制数：　3　　　C.　　A　　6　　H

二进制数：　　　0011　1100.　1010　0110　B

4. 计算机存储容量单位与二进制关系

存储容量的最小单位是"位"（bit），即保存一个二进制数值：0 或 1。存储容量的基本单位是字节 B（Byte）：1B=8bit，即一个字节为 8 位二进制数值。计算机编码中，数字、字母和符号等用 8 位二进制数表示，即存放时占用一个字节的空间。由于汉字信息量庞大（图形结构），需要用 2 个字节的编码来表示一个汉字。汉字和英文的区分并不复杂，英文字符的编码是在字节的最高位用 0 表示，而汉字的编码则是在字节的最高位用 1 表示。

5. 需要记忆的数值和公式

书中仅需记忆几个常数和一个简单公式，常数是衡量微机存储容量大小的几个值，如：

$1KB=1024B=2^{10}B$　　$1MB=1024KB=2^{20}B$

$1GB=1024MB=2^{30}B$　　$1TB=1024GB=2^{40}B$

要求记忆的公式为：

$N=2^n$

别看这个公式短小，计算机的所有规划和设计皆与该式有关。例如，目前计算机的内存一般为 1~2GB，硬盘一般采用 200TB，CPU 的一级缓存通常为 32KB，计算机主板的 PCI 扩展槽是 32 位，微软产品 Win 7 是 64 位操作系统等，这些数据都是以 2 为基数的 n 次方幂。另外，在日常的计算机用语中，人们常把计算机的存储单位"B"（字节）作为默认值而省略掉。

1.2.2　布尔代数

布尔代数是英国数学家 G. 布尔为了研究思维规律（逻辑学、数理逻辑），于 1847 年和 1854 年提出的数学模型。由于缺乏物理背景为科学研究提供依据，所以研究缓慢。到了 20 世纪 30—40 年代才有了新的进展。大约在 1935 年，M. H. 斯通首先指出布尔代数与环之间有明确的联系，他还得到了现在所谓的斯通表示定理：任意一个布尔代数一定同构于某个集上的一个集域；任意一个布尔代数也一定同构于某个拓扑空间的闭开代数等，这使布尔代数在理论上有了一定的发展。布尔代数在代数学（代数结构）、逻辑演算、集合论、拓扑空间理论、测度论、概率论、泛函分析等数学分支中均有应用，1967 年以后，在数理逻辑的分支之一公理化集合论以及模型论的理论研究中，也起着一定的作用。近几十年来，布尔代数在自动化技术、电子计算机的逻辑设计等工程技术领域中有重要的应用。

数学家 G. 布尔

1. 布尔代数中的逻辑运算

布尔代数的一个相关主题是布尔逻辑，它可以被定义为是所有布尔代数所公有的东西。它由布尔代数的元素间永远成立的关系组成，而不管具体的那个布尔代数。因为逻辑门和某些电子电路的代数在形式上也是这样的，所以同在数理逻辑中一样，布尔逻辑也在工程和计算机科学中进行研究。

在布尔代数上的运算被称为 AND（与）、OR（或）和 NOT（非）。代数结构要使用布尔代数，这些运算的行为就必须和两元素的布尔代数一样（这两个元素是 TRUE（真）和 FALSE（假））。

两元素的布尔代数也在电子工程中用于电路设计。这里的 0 和 1 代表数字电路中一个位的两种不同状态，典型的是高和低电压。电路通过包含变量的表达式来描述，两个这种表达式对这些变量的所有值是等价的，当且仅当对应的电路有相同的输入/输出行为。此外，所有可能的输入/输出行为都可以使用合适的布尔表达式来建模。

2. 数字电路设计中的逻辑运算

计算机电路主要是开关电路，信号的传递和二进制算法吻合布尔代数中的逻辑运算。通过布尔代数运算可以化简电路的逻辑表达式，实现工程设计中的电路优化，节省成本，提高运算速度。

例如：有 A、B、C 三个变量，其关系式为：$F=\overline{\overline{AB}+\overline{C}}+A\overline{C}+B$。如果用门电路实现上述运算，则需要两个非门、两个二与门、一个二或非门和一个三或门，电路较为复杂。运用布尔代数进行逻辑运算，化简后的逻辑电路仅需一个三或门。运用布尔代数定律化简公式，过程如下：

$$F=\overline{\overline{AB}+\overline{C}}+A\overline{C}+B$$
$$=(\overline{A}+\overline{B})C+A\overline{C}+B$$
$$=\overline{A}C+\overline{B}C+A\overline{C}+B$$
$$=B+C+\overline{A}C+A\overline{C}$$
$$=B+C+A+\overline{A}C$$
$$=A+B+C \tag{1—2}$$

提示： 逻辑表达式化简中多次运用"吸收率：$A+\overline{A}B=A+B$"。

3. 计算机设计简例：一位加法器

一位加法器如同人体细胞，无论是计算机始祖 ENIAC，还是今天的银河巨型机，一位

7

加法器是搭建计算机体系的最基本构件，学习和理解一位加法器十分必要。

一位加法器分为半加器和全加器，半加器只含 X、Y 两个本位二进制数之和，全加器还需计算低一位加法器送上的进位值 C。在微机装配与维护的知识范畴内，仅介绍半加器的电路设计方法，借以抛砖引玉。

根据二进制数相加的原则，得到半加器的真值表，如表 1—1 所列。

表 1—1　　　　　　　　　　　　　　半加器的真值表

信号输入		信号输出	
X	Y	S	C
0	0	0	0
0	1	1	0
1	0	1	0
1	1	0	1

由真值表可分别写出和数 S，进位数 C 的逻辑表达式为：

$$S=\overline{X}Y+X\overline{Y}=X\oplus Y \tag{1—3}$$

$$C=XY \tag{1—4}$$

由此可见，式（1—3）是一个异或逻辑关系，可用一个异或门来实现；式（1—4）可用一个与门实现。半加器原理如图 1—5 所示。

运算器是计算机组成中五大功能部件之一，是 CPU 中的重要组成部分，最基本的操作是加法。一位半加器电路设计只是为了说明学习和研究的方法，计算机中的一位运算实际上是全加器。多数计算机采用并行处理，一次运算的数据可以是 8 位、16 位、32 位或 64 位，在电路设计上采用一位全加器的组合矩阵构成算术逻辑单元（ALU）。

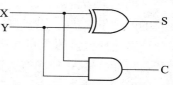

图 1—5　一位半加器逻辑电路

运算器由算术逻辑单元、累加器、状态寄存器、通用寄存器组等组成。算术逻辑运算单元的基本功能为加、减、乘、除四则运算，与、或、非、异或等逻辑操作，以及移位、求补等操作。计算机运行时，运算器的操作和操作种类由控制器决定。运算器处理的数据来自存储器；处理后的结果数据通常送回存储器，或暂时寄存在运算器中。

1.2.3　计算机中的数值表示和基本运算方法

计算机中参与运算的数有正负之分，计算机中的数的正负号也是用二进制表示的，规定 0 为正，1 为负，符号位放在数串的最高位（在计算机设计中，正负号也可以采用双符号位表示，规定 00 为正，11 为负）。用二进制数表示符号的数称为机器码，常用的机器码有原码、反码和补码。一个正数的原码、反码、补码都相同；一个负数的符号位、原码、反码、补码都相同，数值位原码不变、反码对数值均取反，补码则是在反码的基础上再补加 1。

假设机器能处理的数值位数为 8，即字长为 1B。除去 1 位符号位，剩余 7 位表示数值，则原码能表示数值的范围为（−127～127）共 256 个。有了数值的表示方法就可以对数进行算术运算。但是人们发现用带符号位的原码进行乘除运算时结果正确，而在加减运算时就出现了错误。数学家发现采用补码运算可以解决上述问题。

1. 补码运算的引入

数字式计算机设计引入补码运算的主要原因有三个：（1）使符号位能与有效值部分一起参加运算，从而简化运算规则；（2）负数的补码，与其对应正数的补码之间的转换可以用同一种方法——求补运算完成，简化硬件。（3）使减法运算转换为加法运算，进一步简化计算机中运算器的电路设计。

学习原码、反码、补码的表示和运算方法，目的是深入理解计算机的工作原理。在计算机的实际应用中，所有这些转换都是在计算机的最底层（即计算机逻辑电路）自动进行的，而我们在汇编、C 语言等其他高级语言的编程中，使用的数值表示都是熟知的原码。

2. 补码加减法

运用补码能够将数值的减法运算转换为加法运算，这样在计算机系统设计中，一个加法器就能解决数学中的四则运算。减法运算采用补码方式转换成加法运算进行。乘法操作是以加法操作为基础的，由乘数的一位或几位译码控制逐次产生部分积，部分积相加得乘积。除法则又常以乘法为基础，即选定若干因子乘以除数，使它近似为 1，这些因子乘被除数则得商。虽然学习和研究这些算法较为困难、枯燥，但设计出高效运算电路后的实际运行却与用户无关，并且工作速度极快。

（1）补码加法：

$$[X+Y]_{\text{补}} = [X]_{\text{补}} + [Y]_{\text{补}}$$

【例 1.3】 $X=+0110011$，$Y=-0101001$，求 $[X+Y]_{\text{补}}$

$[X]_{\text{补}} = 0.0110011$ $[Y]_{\text{补}} = 1\ 1010111$

$[X+Y]_{\text{补}} = [X]_{\text{补}} + [Y]_{\text{补}} = 0\ 0110011 + 1\ 1010111 = 0\ 0001010$

两数值相加的运算竖式为：

$$
\begin{array}{r}
0\ 0110011 \\
+\ 1\ 1010111 \\
\hline
1\ 0\ 0001010
\end{array}
$$

注：因为计算机中运算器的位长是固定的，上述运算中产生的最高位进位将丢掉，所以运算结果的 8 位数值是 0 0001010。即，X+Y 的真值是 + 0001010。

（2）补码减法：

$$[X-Y]_{\text{补}} = [X]_{\text{补}} - [Y]_{\text{补}} = [X]_{\text{补}} + [-Y]_{\text{补}}$$

其中 $[-Y]_{\text{补}}$ 称为负补，求负补的方法是：对补码的每一位（包括符号位）求反，最后末位加 "1"。在硬件设计中，补码的获得是在电子线路上添加 "非门"，在加法器送上一个进位值 "1" 而完成。

【例 1.4】 $X=+0111001$，$Y=+1001101$，求 $[X-Y]_{\text{补}}$

$[X]_{\text{补}} = 0\ 0111001$ $[Y]_{\text{补}} = 0\ 1001101$ $[-Y]_{\text{补}} = 1\ 0110011$

$[X-Y]_{\text{补}} = [X]_{\text{补}} + [-Y]_{\text{补}} = 0\ 0111001 + 1\ 0110011 = 1\ 1101100$

即，X−Y 的真值是 −001 0100。（计算结果：1 1101100 是一个补码值。最高位的 1 是符号位，表示该数是一个负值；对补码值 1101100 再做补码运算得出真值：001 0100。）

1.3　CPU 的 40 年进展

微机是微型计算机（Micro Computer）的简称，是个人计算机（Personal Computer，

PC）的代名词，现代人俗称"电脑"。自 1981 年以 8088 为代表机型问世以来，微机历经多次重大的发展。

1.3.1　Intel 与 CPU

人们在提到 CPU 的同时就会想到英特尔（Intel）公司，其实早在英特尔公司诞生前，集成电路技术就已经被发明。1947 年，AT&T 贝尔实验室的三位美国科学家巴丁博士、布莱顿博士和肖克莱博士发明了晶体管。这一科技史上具有划时代意义的成果，使他们荣获了 1956 年诺贝尔物理学奖。

晶体管的出现，迅速替代电子管占领了世界电子领域。随后，晶体管电路不断向微型化方向发展。1957 年，美国科学家达默提出"将电子设备制作在一个没有引线的固体半导体板块中"的大胆技术设想，这就是半导体集成电路的核心思想。

1958 年，美国得克萨斯州仪器公司的工程师基尔比（Jack Kilby）在一块半导体硅晶片上将电阻、电容等分立元件集成在里面，制成世界上第一片集成电路。也正因为这件事，2000 年的诺贝尔物理学奖颁发给了已退休的基尔比。1959 年，美国仙童公司的诺伊斯用一种平面工艺制成半导体集成电路，从此开启了集成电路比黄金还诱人的时代。其后，摩尔、诺伊斯、葛洛夫这三个"伙伴"（见图 1—6）离开原来的仙童公司，一起开创新的事业——创建英特尔公司。三人一致认为，最有发展潜力的半导体市场是计算机存储器芯片市场。公司由摩尔命名：Intel，这个字是由"集成/电子（Integrated Electronics）"两个英文单词组合成的，象征新公司将在集成电路研究方面做出成就。

图 1—6　Intel 公司的元老：摩尔、诺伊斯、葛洛夫（从左至右）

1. Intel 诞生的第一个微处理器

英特尔公司的先期产品是存储器。他们发现：当电子在集成电路块的细微部位上出现或消失时，可以将若干比特（bit，信息的最小计量单位）信息非常廉价地储存在微型集成电路硅片上，他们首先将这种发现应用在商业上。1969 年的春天，在公司成立一周年以后，英特尔公司生产了第一批产品，即双极处理 64 比特存储芯片。不久，公司又推出 256 比特的 MOS 存储器芯片。Intel 公司以它的两种新产品的问世而打入了整个计算机存储器市场，而其他公司直到 1980 年才能生产 MOS 芯片和双极芯片。

Intel 的微处理器研究，最初是件很偶然的事情。当时英特尔公司的一家客户（Busicom，一家历史上的日本厂商）要求英特尔为其专门设计一些处理芯片。在研究过程中，英特尔的研究员霍夫（Hoff）问自己："对于集成电路，能否在外部软件的操纵下以简单的指令进行复杂的工作呢？为什么不可将这个计算机上的所有逻辑集成到一个芯片上并在上面编制简单通用的程序呢？"这其实就是今天所有微处理器的原理。但日本公司对此毫无兴趣。在同事的帮助及公司支持下，霍夫把中央处理器的全部功能集成在一块芯片上，芯片含有存储器。1971 年英特尔诞生了第一个微处理器——4004（见图 1—7、图 1—8），该芯片是为 Busicom calculator 专门设计制造的，是世界上第一片微处理器。

图 1—7　历史上首款微处理器 Intel-4004

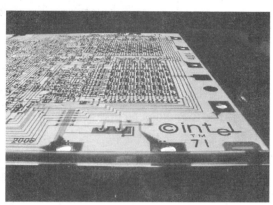
图 1—8　4004 的核心电路局部照片

小资料：据说当时有一位留着长发的美国人在《无线电》杂志上读到 i4004 的消息，立即就想能用这个 CPU 来开发个人使用的操作系统。结果经过一番研究之后，发现 i4004 属于 4 位微处理器芯片，功能实在是太弱，而他想实现的系统功能与 Basic 语言并不能在上面实现，只好作罢。这个人就是比尔·盖茨——微软公司的老板。不过从此之后，他对英特尔的动向非常关注，终于在 1975 年创立了微软公司（Microsoft Corporation）。

2.4004 芯片研发的历史意义

相比今日的 CPU，4004 只集成有 2 300 个晶体管，功能比较弱，计算速度比较慢，以致只能用在 Busicom 计算器上，更不用说进行复杂的数学计算。不过比起第一台电子计算机 ENIAC 来说，它的确轻巧很多。4004 是第一个通用型处理器，这在当时专用集成电路设计横行的时代是难得的突破。所谓专用集成电路就是为不同的应用设计独特的产品，一旦应用条件变化，就需要重新设计；当然在商业盈利上，对设计公司是很有好处的。但是英特尔公司的目光敏锐，霍夫做出大胆的设想：使用通用的硬件设计加上外部软件支持来完成不同的应用，这就是最初的通用微处理器的设想。

虽然 4004 处理器只能处理 4 位数据，但内部指令是 8 位的。4004 拥有 46 条指令，采用 16 针直插式封装。数据内存和程序内存分开，1K 数据内存，4K 程序内存。运行时钟频率预计为 1MHz，最终达到了 740kHz，能进行二进制编码的十进制数学运算。这款处理器很快得到了整个业界的承认，蓝色巨人 IBM 还将 4004 装备在 IBM 1620 机器上。4004 的问世，促进了计算机的快速发展。

3. 微机的诞生

1974 年，Intel 研制出了两倍于 4004 性能的 CPU-8008（见图 1—9）。当年《无线电》杂志刊登了一种叫做"Mark-8（马克八号）"新型机器，也就是目前已知最早的家用电脑了。虽然从今天的角度看来，"Mark-8"非常难以使用、控制、编程及维护，但这在当时却是一个伟大的发明，由此揭开了微机时代的新篇章。

图 1—9 8 位微处理器芯片 8008 和 16 位微处理器芯片 8080

1974 年，在 8008 的基础上研制出了 8080 处理器（见图 1—9），8080 芯片拥有 16 位地址总线和 8 位数据总线，包含 7 个 8 位寄存器，支持 16 位内存，同时它也包含一些输入输出端口，这是一个相当成功的设计，还有效解决了外部设备在内存寻址能力不足的问题。

8080 被用于当时一种品牌为 Altair（牵牛星）的电脑上，这也是有史以来第一个知名的个人电脑，如图 1—10 所示。当时这种电脑的套件售价是 395 美金，短短数月的时间里面，销售业绩达到了数万部，创造了个人电脑销售历史的一个里程碑。比尔·盖茨搭车销售了 DOS 操作系统，为今天称霸软件行业攫取了第一桶金。在 70 年代中期，世界首款搭配 8080 芯片的笔记本电脑同期问世（见图 1—11）。

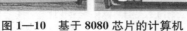

图 1—10 基于 8080 芯片的计算机   图 1—11 基于 8080 芯片的笔记本电脑

1.3.2 微机的发展历程

微机的发展主要表现在微处理器的发展上。微处理器（Micro Processing Unit）也称作中央处理器（Central Processing Unit），简称 CPU，是微机系统中的核心芯片。中央处理器将计算机组成中两个密不可分的核心单元，运算器和控制器集成在一块电路芯片上。一款新型的微处理器出现时，会带动微机系统的其他部件的相应发展，如微机体系结构的进一步优化，存储器容量的不断增大，存取速度的不断提高，外围设备性能的不断改进，以及新设备的不断出现等。

影响世界的 CPU 系列产品以 80x86 命名。1978 年，8086 处理器诞生了。英特尔这一影响深远的神来之作，标志着 x86 王朝的开始，并在以后的 40 年里不断创造商业奇迹。

Intel 研发的微处理器芯片系列有 80286、80386、80486、奔腾（Pentium）、酷睿（Core）等。

根据 CPU 的集成规模和处理能力，可将微机的发展划分为以下几个阶段。

1. 第一代微机（1971—1973 年）

4 位和 8 位低档微处理器的应用通常称为第一代，其典型产品是 Intel 4004 和 Intel 8008 微处理器和分别由它们组成的 MCS-4 和 MCS-8 微机。基本特点是采用 PMOS 工艺，集成度低（4 000 个晶体管/片），系统结构和指令系统都比较简单，主要采用机器语言或简单的汇编语言，指令数目较少（20 多条指令），基本指令周期为 $20 \sim 50 \mu s$，用于家电和简单的控制场合。

2. 第二代微机（1974—1977 年）

8 位中高档微处理器的应用通常称为第二代，其典型产品是 Intel 8080/8085、Motorola 公司的 MC6800、Zilog 公司的 Z80 等，以及各种 8 位单片机。它们的特点是采用 NMOS 工艺，集成度提高约 4 倍，运算速度提高 $10 \sim 15$ 倍（基本指令执行时间 $1 \sim 2 \mu s$），指令系统比较完善，具有典型的计算机体系结构和中断、DMA 等控制功能。软件方面除了汇编语言外，还有 BASIC、FORTRAN 等高级语言和相应的解释程序和编译程序。

在 20 世纪 70 年代末到 80 年代初，微机陆续配置了外存储器和多种外围设备，如 5 吋软磁盘驱动器、5 吋 10MB 硬磁盘驱动器、阴极射线管（CRT）显示器、点阵式打印机、小型绘图仪和鼠标器等。至此，微机开始普及。

3. 第三代微机（1978—1984 年）

16 位微处理器的应用通常称为第三代，其典型产品是 Intel 公司的 8086/8088、80286，Motorola 公司的 M68000，Zilog 公司的 Z8000 等微处理器。其特点是采用 HMOS 工艺，集成度（20 000～70 000 晶体管/片）和运算速度（基本指令执行时间是 $0.5 \mu s$）都比第二代提高了一个数量级。指令系统更加丰富、完善，采用多级中断、多种寻址方式、段式存储机构、硬件乘除部件，并配置了软件系统。

这一时期的著名微机产品是 IBM 公司的个人计算机（Personal Computer，PC）。1981 年推出的 IBM PC 机采用 8088CPU。紧接着 1982 年又推出了扩展型微机 IBM PC/XT，它对内存进行了扩充，并增加了一个硬磁盘驱动器。1984 年 IBM 推出了以 80286（见图 1—12）处理器为核心组成的 16 位增强型个人计算机 IBM PC/AT（见图 1—13）。由于 IBM 公司在发展 PC 机时采用了技术开放的策略，使 PC 机风靡世界。

图 1—12　装配 PC 的 286 芯片

4. 第四代微机（1985—1992 年）

32 位微处理器的应用通称为第四代。其典型产品是 Intel 公司的 80386/80486，Motorola 公司的 M68030/68040 等。其特点是采用 HMOS 或 CMOS 工艺，集成度高达 100 万晶体管/片，具有 32 位地址总线和 32 位数据总线。每秒钟可完成 600 万条指令（MIPS，Million Instructions Per Second）。微机的功能已经达到甚至超过超级小型计算机，完全可以胜任多任务、多用户的作业。

5. 第五代微机（1993—2005 年）

奔腾（Pentium）系列微处理器的应用通常称为第五代，即采用 64 位微处理器的微机，典型芯片产品是 Intel 公司的奔腾（Pentium）系列芯片及与之兼容的 AMD 的 K6 系列微处理器芯片。奔腾芯片内部采用了超标量指令流水线结构，并具有相互独立的指令和高速数据缓存。随着 MMX（Multi Media Extensions，多媒体扩展指令集）微处理器的出现，使微机的发展在网络化、多媒体化和智能化等方面跨上了更高的台阶。2000 年 3 月，AMD 与 Intel 分别推出了时钟频率达 1GHz 的 Athlon 和 Pentium Ⅲ。2000 年 11 月，Intel 又推出了 Pentium Ⅳ 微处理器，集成度高达每片 4 200 万个晶体管，主频 1.5GHz，400MHz 的前端总线，使用全新 SSE 2 指令集。2002 年 11 月，Intel 推出的 Pentium Ⅳ 微处理器的时钟频率达到 3.06GHz，而且微处理器还在不断地发展，性能也在不断提升。

图 1—13　首款步入民用的电脑-PC286

提示：英特尔公司的 Pentium 字样已不再是 CPU 的型号和参数，而是 Intel 公司注册的 CPU 芯片商标，除借以区分其他厂商的仿效和假冒外，同时也预示着 CPU 芯片的 64 位总线设计似乎是一个不可逾越的障碍。

6. 第六代微机（2005 年至今）

双核（见图 1—14）和四核微处理器芯片的诞生，使微机步入了第六代。

双核和多核处理器设计用于在一枚处理器中集成两个或多个完整执行内核，以支持同时管理多项活动。英特尔超线程（HT）技术能够使一个执行内核发挥两枚逻辑处理器的作用。因此，与该技术结合使用时，英特尔奔腾处理器至尊版 840 能够充分利用以前可能被闲置的资源，同时处理四个软件线程。目前市场上流行的微机主流产品装配的是双核 CPU，四核 CPU 主要满足高端用户。

图 1—14　双核 CPU 酷睿 2

小资料：双核与双芯（Dual Core Vs. Dual CPU）

AMD 和 Intel 的双核技术在物理结构上有很大不同之处。AMD 将两个内核做在一个 Die（晶元）上，通过直连架构连接起来，集成度更高。Intel 则是将放在不同 Die（晶元）上的两个内核封装在一起，因此有人将 Intel 的方案称为"双芯"，认为 AMD 的方案才是真正的"双核"。从用户端的角度来看，AMD 的方案能够使双核 CPU 的管脚、功耗等指标跟单核 CPU 保持一致，从单核升级到双核，不需要更换电源、芯片组、散热系统和主板，只需要刷新 BIOS 软件即可，这对于主板厂商、计算机厂商和最终用户的投资保护是非常有利的。

1.3.3 中国的微处理器——龙芯

2002年8月10日，首片国产 CPU 龙芯1号（见图1—15）X1A50 流片成功。龙芯 CPU 由中国科学院计算技术所授权的北京神州龙芯集成电路设计公司研发，前期批量样品由台湾台积电生产。

龙芯1号 CPU 是我国生产的首枚高性能通用处理器，采用0.18微米 CMOS 工艺制造，具有良好的低功耗特性，平均功耗0.4瓦特，最大功耗不超过1瓦特。因此，龙芯1号 CPU 可以在大量的嵌入式应用领域中使用。龙芯1号 CPU 可以运行大量的现有应用软件与开发工具。支持最新版本的 Linux、VxWork，Windows CE 等操作系统。基于龙芯1号 CPU 的服务器，可以运行 Apache Web、FTP、Email、NFS、X-Window 等服务器软件。

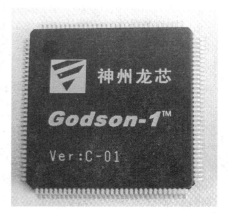

图1—15 自主知识产权的"龙芯"

龙芯产品有32位的龙芯1号 CPU、64位的龙芯2C/2E/2F CPU 和龙芯网络 SoC 芯片等。龙芯2E 主频1GHz，性能达到中低档 Intel 奔腾四处理器的水平；龙芯2E 的后续改进 SoC 芯片龙芯2F 已经实现百万片级的量产。

龙芯1号标志着我国在现代通用微处理器设计方面实现了"零"的突破，打破了我国长期依赖国外 CPU 产品的无"芯"的历史，也标志着国产安全服务器 CPU 和通用的嵌入式微处理器产业化的开始。"龙芯"最为独特的优势，不是性能，也不是价格，而是它的安全性。军队、政府、国有企业和科研机构等部门使用的信息技术设备，直接关系到国家信息网络的安全。目前，我国正在进行多核微处理器龙芯3号的研制。

随着科学技术的不断发展，计算机不断向着小型化、微型化、低功耗、智能化、系统化的方向更新换代。未来将制造出与人脑相似的电脑，可以进行思维、学习，模仿人类工作。

1.4 微机系统的组成

ENIAC 诞生以后，人们发现了这款巨无霸的一些不足之处，致命的缺陷是"每次更改运算程序，都需要电子专家插拔 N 个插头实现运算电路的改变"。还有数据和指令的存储问题等，使计算机的推广应用成为难题。数学家冯·诺依曼在1946年提出了关于计算机组成和工作方式的基本设想。至今为止，尽管计算机制造技术已经发生了极大的变化，但计算机的基本体系结构仍然遵循着冯·诺依曼的设计思想。

1.4.1 微机的体系结构

微机与传统计算机的体系结构一样，由运算器、控制器、存储器、输入设备和输出设备五个基本部分组成，也称为计算机的五大部件，其体系结构如图1—16所示。图中的实线部分表示控制流，虚线部分表示数据流。运算器和控制器封装在一起称为中央处理器

（CPU），CPU 和内存储器通常是使用电子线路实现的，通常称为计算机的主机。

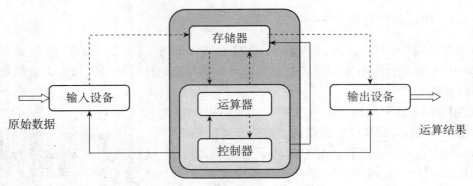

图 1—16　计算机组成的五大部件

1. 微机各功能部件的功能

（1）运算器。

运算器又称算术逻辑单元（ALU），是计算机对数据进行加工处理的部件，它的主要功能是对二进制数码进行加、减、乘、除等算术运算和与、或、非等基本逻辑运算，实现逻辑判断。运算器在控制器的控制下实现其功能，运算结果由控制器指挥送到内存储器中。

（2）控制器。

控制器主要由指令寄存器、译码器、程序计数器和操作控制器等组成，控制器是用来控制各部件协调工作，并使整个处理过程有条不紊地进行。它的基本功能就是从内存中取指令和执行指令，即控制器按程序计数器指出的指令地址从内存中取出该指令进行译码，然后根据该指令功能向有关部件发出控制命令，执行该指令。另外，控制器在工作过程中，还要接受各部件反馈回来的信息。

（3）存储器。

存储器具有记忆功能，用来保存信息。存储器分为两种：内存储器与外存储器。

① 内存储器。

内存储器也称主存储器（简称内存），它直接与 CPU 相连接，存储容量相对较小，但速度快，用来存放当前运行程序的指令和数据，并直接与 CPU 交换信息。内存储器由许多存储单元组成，每个单元能存放一个二进制数。内存储器产品就是微机装配时的内存条。

存储器的存储容量以字节为基本单位，每个字节都有自己的编号，称为"地址"，如要访问存储器中的某个信息，就必须知道它的地址，然后再按地址存入或取出信息。

② 外存储器。

外存储器又称辅助存储器（简称辅存），它是内存的扩充。外存存储容量大，价格低，但存储速度较慢，一般用来存放大量暂时不用的程序、数据和中间结果，需要时，可成批地和内存储器进行信息交换。外存只能与内存交换信息，不能被计算机系统的其他部件直接访问。常用的外存有磁盘、U 盘和光盘等。

（4）输入/输出设备。

输入/输出设备简称 I/O（Input/Output）设备。用户通过输入设备将程序和数据输入计算机，输出设备将计算机处理的结果（如数字、字母、符号和图形）显示或打印出来。常用的输入设备有：键盘、鼠标器、扫描仪、数字化仪、手写笔等。常用的输出设备有：显示器、打印机、绘图仪等。

人们通常把内存储器、运算器和控制器合称为计算机主机。而运算器、控制器被封装在一个超大规模集成电路芯片上，称为中央处理器（CPU）。也可以说主机是由 CPU 与内存储器组成的，而主机以外的装置称为外部设备，外部设备包括输入/输出设备、外存储器等计算机周边产品。

2. 微机工作过程简述

微机之所以能在没有人直接干预的情况下，将输入的数据信息进行加工、存储、传递，并形成相应的输出，自动地完成各种信息处理任务，是因为人们事先为它编制了各种工作程序。可以说，微机的工作过程就是执行程序的过程。

程序由计算机指令构成。指令是能被计算机识别并执行的二进制代码，它规定了计算机能完成的某一操作。指令种类有：数据传送指令、算术运算指令、位运算指令、程序流程控制指令、串操作指令、处理器控制指令。

要让微机工作，首先要编写程序，然后存储程序，即通过输入设备将程序送到存储器中保存，接着由计算机自动执行程序。而程序是由一条条指令组合而成的，因此微机系统的工作过程实际上就是"取指令→分析指令→执行指令"的不断循环的过程。

1.4.2 微机系统的组成

完整的微机系统由硬件（Hardware）和软件（Software）两大部分组成。硬件系统是指构成微机的所有实体部件的集合，软件系统是为运行、维护、管理和应用微机所编制的各种程序和支持文档的总和。微机的硬件和软件，两者相互依存，分工互动，缺一不可。

1. 微机硬件系统

微机硬件是指构成微机的物理设备，是一种高度复杂的、由多种电子线路和精密机械装置等构成的、能自动并且高速地完成数据计算的装置和工具。微机硬件包括主机箱（俗称：主机）、显示器、鼠标、键盘、音箱等部分，如图 1—17 所示。

图 1—17　多媒体台式微机和笔记本型微机

主机箱内部有微机运行所需的各种硬件部件，通常包括主板、CPU、内存、硬盘、显卡、光驱、声卡、网卡和电源等，如图 1—18 所示。

金属结构的主机箱不仅为电源、主板、各种扩展板卡、光盘驱动器、硬盘驱动器等设备提供空间，同时还有防止计算机运行时的微波泄漏作用。另外，主机箱面板上的按钮、指示灯、扩展口等可以让操作者更方便地操纵电脑，了解微机的运行情况。

2. 微机软件系统

软件系统是微机系统中的程序和相关数据，包括管理计算机资源、方便用户使用的系统软件和完成用户对数据的预期处理功能的用户软件两大部分，即系统软件及应用软件两大类。

系统软件是指管理、控制、维护和监视微机正常运行的各类程序，其主要任务是使各种硬件能协调工作，并简化用户操作。系统软件包括操作系统、语言处理程序等。

应用软件是针对各类应用的专门问题而开发的软件，它可以是一个特定的程序，比如图像处理软件PhotoShop；也可以是一组功能联系紧密，可以互相协作的程序集合，比如微软的 Office 2003、Office 2007 或 Office 2010 等办公软件。

图 1—18　台式微机的主机箱内部

提示：在实际应用中，根据不同的用户需求安装各种应用软件。

3. 微机的性能评价

一台微机整体的功能强弱或性能好坏，由它的系统结构、指令系统、硬件组成、软件配置等多方面的因素综合决定。但仅从硬件角度出发，可根据下列指标来评价微机性能。

（1）运算速度。

运算速度是衡量微机性能的一项重要指标。通常所说的运算速度是指每秒钟所能执行的指令条数，一般用 MIPS（Million Instruction Per Second，百万条指令/秒）来描述。同一台计算机，执行不同的运算所需时间可能不同，因而对运算速度的描述常采用不同的方法，常用的有主频、IPS（Instruction Per Second，每秒平均执行指令数）等。微机一般采用主频来描述运算速度，例如，Pentium 4 3.2G 的主频为 3.2GHz。

提示：主频是指 CPU 内部的时钟频率，单位：赫兹（Hz），是 CPU 进行运算时的工作频率。一般来说，主频越高，一个时钟周期里完成的指令数也越多，CPU 的运算速度也就越快。

（2）字长。

字长是指 CPU 一次能同时处理的二进制位数。一般在其他指标相同时，字长较长的微机，处理数据的速度快，相对而言也具有更强的信息处理能力。早期微机的字长一般是 8 位和 16 位。目前使用的微机字长大多是 32 位，市场销售的微机一般是 64 位。字长是字节的 N 倍。

（3）内存容量。

内存（RAM）是 CPU 可以直接访问的存储器，要执行的程序与要处理的数据需要存放其中。内存容量的大小反映了微机即时存储信息的能力。一般来说，内存容量越大，系统能处理的数据量也越大。随着操作系统的升级，应用软件的不断丰富及其功能的不断扩展，微机的内存容量也在不断提高。目前主流微机的内存容量已达 4GB。

（4）外存容量。

外存容量，即微机联机时的外存储器容量，以字节数表示。微机的外存容量主要取决于硬盘（硬盘驱动器），硬盘容量越大，可存储的信息就越多，系统性能也随之增强。目前流行的硬盘容量为 320G、500G 和 1TB。硬盘虽然安装在主机箱的内部，但对于微机的体系结构而言，硬盘属于外部存储器。

4. 微机的配置与选购

市场上的微机有原装机和组装机之分。原装机也称为品牌机，由一定规模和技术实力的微机生产厂商生产或组装，并标识有经过注册的商标品牌。由于原装机的生产流程具有一定的规范性，相对组装机而言，整机的可靠性和稳定性较高，但性价比较低。组装机也称为兼容机，是由用户或销售商将不同厂家生产的各种符合 PC 标准的部件组装起来的微机。组装机通常没有经过"烤机"工艺流程的筛选，会出现故障率偏高的现象。

选购微机之前，首先要明确购买微机的目的。微机按主要用途分为商用机、办公机、家用机和专业机。商用机要求可靠，办公机要求稳定，家用机要求多用，专业机要求性能。微机的用途是决定所购微机配置的主要因素。选购时要从微机的主要用途出发，并非越高档越好，而是够用就行。如对于以上网作为微机主要用途的用户来说，一般对性能要求不是很高，但若要下载大量影音资料则需要配置较大容量的硬盘；对于办公人员来说，微机的稳定性是最重要的，对处理器速度要求并不是很高；对于玩游戏的用户来说，就要求处理器速度快，对显卡、内存、声卡的要求也都比较高，这样的配置才能充分表现出游戏效果。

除了明确微机的主要用途，还需要考虑使用微机的用户类型。对于非专业的用户，可以依据需求选择一款原装机。因为原装机是整机销售的，即使用户不了解微机的组成、硬件的兼容性也无妨，它的配置方案都经过专业测试，一般具有较好的兼容性、稳定性和系统性能。而且原装机一般为用户提供良好的售后服务。但原装机价格相对较高。非专业用户也可以选择市场上主流的产品进行组装，一般销售商会提供针对不同应用需求的组装机配置清单，用户可以根据需要选择。对于从事计算机工作的专业用户来说，一般比较了解硬件的性能、各硬件的兼容性等，除了可选高配置的原装机外，更多用户倾向于选购不同厂家生产的硬件配置一台兼容性好、性价比高的微机。相对于原装机来说，组装机的升级或硬件的更换比较方便，可满足用户的特殊需求。

提示：原装机（品牌机）主机箱后面"机箱开壳处"贴有生产公司的封条，不允许用户私自打开机箱，并注明"在保修期内，如打开机箱则保修条款失效！"

实训 1　微机发展应用现状调研

1. 实训目的

了解现阶段微机技术的发展现状以及微机的应用情况。

2. 实训内容

按要求进行微机市场的现场调研或网上资料的收集。

3. 实训要求

通过市场的现场调研或网络文化学习，能够初步认识微机系统的基本组成、微机的主要应用和发展，并书写实训报告。建议 3～5 人组成实训学习小组。

4. 实训步骤

（1）微机硬件组成调研。

第一步：调查高、中、低档品牌机、组装机的主流配置，至少各获取一份配置清单。

第二步：针对获得的配置清单，分析清单中哪些硬件是必须配置的，哪些是可选的配置，并分析各种硬件的作用。

（2）主流微处理器调研：了解并记录两款主流 CPU 的名称、主频和其他指标。

（3）主流内存调研：了解并记录两款主流内存的名称、容量和其他指标。

（4）微机操作系统调研。

第一步：至少考察 3 款现行原装机，了解它们的目标客户群（办公人员、学生、游戏玩家等），记录它所使用的操作系统，并调查分析为什么采用该操作系统。

第二步：至少考察 3 款主流组装机，了解它们的目标客户群（办公人员、学生、游戏玩家等），记录它们使用的操作系统，并调查分析为什么采用该操作系统。

第三步：通过市场调研分析，简要介绍当前最新操作系统的概况。

（5）微机常用应用软件调研。

第一步：至少访问周围 3 位微机用户，了解他们使用微机的主要用途，了解并记录他们在微机上安装了哪些应用软件，并简要说明这些软件的功能。

第二步：了解当前比较受欢迎的杀毒软件，尝试分析它们的优缺点。

（6）用户对微机性能的关注程度的调研。

第一步：了解并记录用户购买微机时最关注什么？如性能指标、售后服务、微机外观等。

第二步：上网搜索了解，并结合市场调研情况，分析购买微机时要关注哪些性能指标，并简要说明它们的含义。

（7）微机主要用途调研。

第一步：至少访问 3 位打算购买微机的客户，了解并记录他们购买微机后的主要用途。

第二步：至少访问 3 位已拥有微机的用户，了解并记录他们微机的主要用途。

第三步：上网搜索，结合在第一步、第二步访问得到的结果，分析当前微机的主要用途。

（8）作业要求。

按照实训课程内容的要求写出调研报告。

本章小结

本章回顾了电子数字计算机的研发历程，介绍了微机系统的概念、微机的基本工作原理、微机系统的软硬件组成、微机的配置和选购方法等内容。通过本章的学习，可使读者对微机系统有概括性的认识。同时，本章还设计了实训项目，读者可通过市场调研和资料查询进一步了解当前微机的应用情况，增进对微机系统的认识。

思考与练习

1. 思考题

（1）简述现代信息技术的飞速发展对人类进步的推动作用。

（2）简述微机系统的组成。

（3）微机的主要性能指标有哪些？

（4）简述微机的工作原理。

（5）简述微机的发展历程。

（6）微机的硬件系统一般都包括什么？

（7）什么是微机软件系统？

(8) 电子数字计算机为什么要引入"补码"运算？

2. 单项选择题

(1) 以下不属于微机输入或输出设备的是（　　　）。

A. 鼠标　　　　　B. 键盘　　　　　C. 扫描仪　　　　　D. CPU

(2) 以下属于应用软件的是（　　　）。

A. Windows XP Home　　　　　B. Linux

C. Office 2003　　　　　D. DOS

(3) CPU 的主要功能是对微机各部件进行统一协调和控制，它包括运算器和（　　　）。

A. 分析器　　　　　B. 存储器　　　　　C. 控制器　　　　　D. 触发器

(4) 1981 年，IBM 推出首款个人电脑，开创了全新的计算机时代，该电脑选用的芯片是（　　　）。

A. Intel 4004　　　B. Intel 8086　　　C. Intel 8088　　　D. Intel 80286

(5) Intel 公司推出的 80x86 系列中的第一个 32 位微处理器芯片是（　　　）。

A. Intel 8086　　　B. Intel 8086　　　C. Intel 80286　　　D. Intel 80386

(6) 硬盘驱动器属于计算机硬件系统的（　　　）。

A. 内存储器　　　B. 外存储器　　　C. 高速缓存　　　D. 虚拟存储器

(7) CPU 能直接访问的存储器是（　　　）。

A. 内存　　　　　B. 硬盘　　　　　C. U 盘　　　　　D. 光盘

(8) 以下不属于冯·诺依曼原理基本内容的是（　　　）。

A. 采用二进制来表示指令和数据

B. 计算机应包括运算器、控制器、存储器、输入和输出设备 5 大基本部件

C. 程序存储和程序控制思想

D. 软件工程思想

(9) 计算机的机器语言使用的是（　　　）。

A. 二进制　　　　B. 八进制　　　　C. 十进制　　　　D. 十六进制

(10) 下列数字中那一个数字最小？（　　　）。

A. 10110101_B　　B. 156_8　　　　C. 118_D　　　　D. $9C_H$

3. 判断题

(1) 微机的核心部件是 CPU，它是微机的控制中枢。（　　　）

(2) 一个完整的微机系统由硬件系统和软件系统组成。（　　　）

(3) 微机的软件系统可分为系统软件和应用软件。（　　　）

(4) 微机系统的工作过程是取指令、分析指令、执行指令的不断循环的过程。（　　　）

(5) 微机的字长是指微机进行一次基本运算所能处理的二进制位数。（　　　）

(6) 计算机内部采用二进制表示指令，但数据还是用十进制表示。（　　　）

(7) 运算速度是衡量微机性能的唯一指标。（　　　）

(8) 内存是指在主机箱内的存储部件，外存指主机箱外可移动的存储设备。（　　　）

(9) 计算机和计算器是没有区别的同一类电子设备。（　　　）

(10) "Pentium"是英特尔公司注册的商标。（　　　）

第 2 章　微机硬件选购与装配技术

 学习目标

- 了解微机各部件的基本工作原理
- 理解微机外部设备的主要性能指标，微机各部件的选购要点
- 掌握CPU、主板、内存、硬盘和显示器等主要部件的基本性能指标
- 掌握微机硬件组装的基本要领和装配技能

 工作任务

- 主机系统的正确搭配与选购
- 硬盘的工作原理与使用常识
- 显卡与其他配件
- 主机箱的要求与电源选配
- 音响的选配和使用常识

2.1　主机结构与选配

计算机主机是指由电子线路构成、电气性能一致的具有高速数据计算和传输能力的计算机硬件系统的核心部分，包括主板、CPU和内存储器。由于CPU的集成度和规模不断升级以及生产厂家的不同，CPU的外观和引脚针数相差甚远。通常每块主板只能插接一种引脚模式的CPU，故在选购CPU的同时注意选择与之兼容的主板。内存储器又叫内存条或内存，同一时期生产的内存条外形结构相对稳定，与多数主板兼容，只是在选购不同容量的内存时花钱多少而已。

2.1.1　计算机主板结构与选购

主板是整个微机工作的基础。主板拥有重要的芯片组、插槽、接口、供电接插件、电阻和电容等元件，同时也是微机各部件的连接载体，如CPU、内存、显卡、声卡等都将安装在主板上。主板通过"总线"实现信息传输和控制功能。

1. 主板的基本结构

计算机主板（Main Board），或称"系统板"（System Board）和"母板"（Mother Board），是计算机用来连接、协调其他各部件的关键部件。计算机主板一般为矩形电路板，上面安装了组成计算机的电路系统，主要有 CPU 插座、南/北桥芯片、外设扩展插槽、内存插槽、磁盘接口、电源插座，以及各种 I/O 设备接口等，如图 2—1 所示。

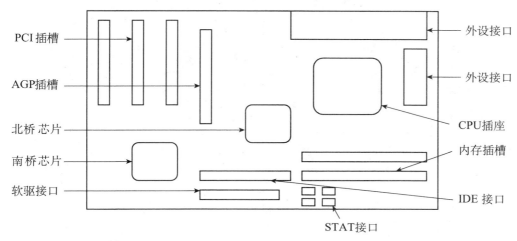

图 2—1　计算机主板的基本结构

计算机主板关系着整个计算机的性能、稳定性和可用性。一台计算机的几乎所有技术都可以从计算机主板中得到体现，因为它是连接其他各部件的，必须要有相应的技术来支持。当然这主要取决于主板的芯片组。芯片组所包括的是计算机主板上的各种部件接口集成电路芯片。

2. 主板的结构类型

根据结构的不同，主板可以分为以下几种：AT 结构、Baby AT（BAT）结构、ATX 结构、Micro ATX 结构和 BTX 结构 5 种（后面 3 种属于 XT 结构）。AT 和 ATX 两大类主板的最大区别是电源管理方式的不同，AT 主板是通过双刀开关来启动电源工作的；AXT 主板则是通过触发开关启动电源工作的，它可以通过网络实现远程唤醒功能。目前 AT 主板已被淘汰，流行的是 ATX 主板，这种整合性主板（一体化主板）集成了声卡、显卡等部件，深受欢迎。

（1）AT 结构。

AT 结构主板（如图 2—2 所示）是在 1984 年由 IBM 公司推出的一种通用型微机主板。主板输出只有键盘端口，其他外设衔接需要插接相应功能卡，如显示卡、声卡、网卡等。AT 主板的尺寸规格为 12" ×11"～13"（单位是"英寸"，相当于 305mm×279～330mm）。板上集成有控制芯片和 8 个 I/O 扩充插槽。由于 AT 主板尺寸较大，因此系统单元（机箱）水平方向增加了 2 英寸，高度增加了 1 英寸，这一改变也是为了支持新的较大尺寸的 AT 格式适配卡。同时将 8 位数据、20 位地址的 XT 扩展插槽改变到 16 位数据、24 位地址的 AT 扩展插槽。为了保持向下兼容，它保留 62 脚的 XT 扩展槽，然后在同列增加 36 脚的扩展槽。XT 扩展卡仍使用 62 脚扩展槽（每侧 31 脚），AT 扩展卡使用共 98 脚的两个同列扩展槽。这种 PC AT 总线结构演变策略使得它仍能在当今的任何一个 PC Pentium/PCI 系统上正常运行。AT 结构的主板现在虽然已被淘汰，但可以作为计算机硬件拆装练习的实验器材。

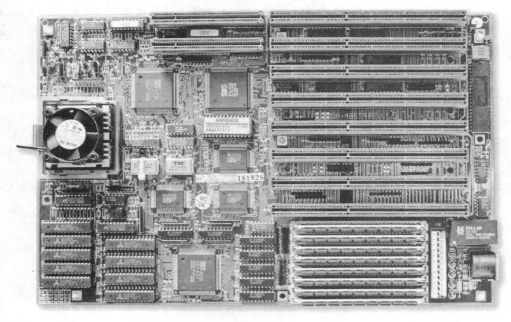

图 2—2　AT 结构主板示例

（2）ATX 结构。

由于 AT 主板结构过于陈旧，制约了计算机技术的发展和应用水准的提高。英特尔在1995 年 1 月公布了扩展 AT 主板结构，即 ATX（AT extended）主板标准。主板规格为：12″ ×9.6″（相当于 305mm×244mm）。这一标准得到了世界主要主板厂商的支持，目前已经成为最广泛的工业标准。1997 年 2 月推出了 ATX2.01 主版。

ATX 主板采用了先进的电源管理模式，普遍采用了外设接口直接集成到主板上的方式。ATX 结构中具有标准的 I/O 面板插座，提供了两个串行口、一个并行口、一个 PS/2 鼠标接口和一个 PS/2 键盘接口。I/O 接口信号可直接从主板上引出，取消了连接线缆，使得主板上可以集成更多的功能，也就消除了电磁干扰、争用空间等弊端，进一步提高了系统的稳定性和可维护性。另外在设计上，ATX 主板横向宽度加宽，内存插槽可以紧挨最右边的 I/O 槽设计，CPU 插座也设计在内存插槽的右侧或下部，使 I/O 扩展槽上安插较长板卡不再受限，内存条更换也更加方便。软驱接口与硬盘接口的排列位置也有利于节省数据线。

ATX 标准重新设计了 20 针的电源插座位置（位于 CPU 插座的右侧）。ATX 规格的电源也是新设计的，旧的 AT 电源内只有一只向外抽出热空气的风扇，而 ATX 电源则把风扇方向，从吹出改为吸入，把外界冷空气吸进机箱内，并使冷却气流直接吹过处理器，从而给CPU 及机箱内各配器件散热。ATX 电源插座的第 14 针"PS-ON"引脚可以控制电源进行开关机。因此，现在的 ATX 主板支持网络唤醒、Modem 开机、键盘开机、定时开关机等功能。由于主板较长的一端向外（横放），使得很容易放置众多的 I/O 接口；软驱、硬盘的插槽则位于机身前方，便于安装，同时避免了机箱内纷杂的连线；ATX 电源则提供了更佳的风流模式，提高散热效率等。

（3）Micro ATX 结构。

Micro ATX 主板（微型 ATX）结构保持了 ATX 标准主板背板上的外设接口位置，与 ATX 结构兼容。Micro ATX 主板把扩展插槽减少为 3~4 个，DIMM 内存插槽为 2~3 个（也有 4 个的），从横向减小了主板宽度，其规格尺寸为 9.6" ×9.6" （相当于 244mm× 244mm），比 ATX 标准主板结构更为紧凑。按照 Micro ATX 标准，主板上通常还集成图形和音频处理功能的芯片，俗称"集成显卡和声卡"。

在 ATX 家族中，其实还有像 LPX ATX、NLX ATX、Flex ATX 这几个变种，Flex ATX 结构比 Micro ATX 主板面积还要小三分之一左右。但因为多见于国外的品牌机，国内尚不多见。

（4）BTX 结构。

BTX 是英特尔提出的新型主板架构 "Balanced Technology Extended" 的简称，被认为是 AT 结构（包括 ATX 结构）时代的终结者，如图 2—3 所示，类似于以前的 ATX 结构取代 AT 和 Baby AT 结构一样。革命性的改变使新的 BTX 规格能够在不牺牲性能的前提下做到最小的体积。新架构对接口、总线、设备有新的要求。

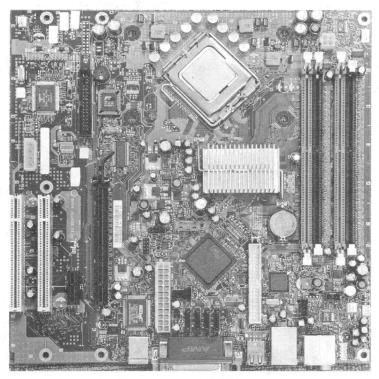

图 2—3　BTX 结构主板示例

BTX 规格是 Intel 于 2002 年春季正式提出的，此种结构的主板提供了 7 个扩展槽，采用 10 个安装点，可以提供 3 个以上的 3.5 英寸和 3 个以上的 5.25 英寸驱动器槽，尺寸标准为 12.8" ×10.5" （相当于 325mm×267mm），比 ATX 结构的主板尺寸还要大。事实上，BTX 不仅包括主板规格，也涵盖机箱、散热器及电源等组件的改良，以面对处理器频率不断提升，寻求更佳的系统散热设计的要求。

在 BTX 结构主板中 CPU 被放在最前面，配合大型的散热器将冷空气从机壳前方的透气孔吸入，通过 CPU 后将热气从后方散热片送出，再通过南北桥芯片及显卡 GPU（图形处理单元），一起把热气带走，最后从机壳背面的透气孔将热气排出，整体的空气流向是一直线，比 ATX 的空气对流方式有很大的提升。

原先 Intel 推出 BTX 架构，希望以其出色的散热效率和更低的噪声来解决 Net Burst 架构 CPU 的高发热量问题，但随着 Intel CPU 架构的调整，动摇了采用 BTX 架构的必要性。

3. 计算机主板芯片组

主板芯片组（Chipset）一般包含南桥芯片和北桥芯片，是主板的核心组成部分。芯片组性能的优劣，会影响到整个微机系统性能的发挥。

（1）北桥芯片（North Bridge Chip）。

北桥芯片在芯片组中起主导作用，一般芯片组的名称也以北桥芯片的名称命名。例如，Intel 875P 芯片组的北桥芯片是 82875P。北桥芯片在主板上离 CPU 最近，它主要负责 CPU 和内存、显卡之间的数据传输，决定主板的 CPU 类型、主频、系统总线频率、前端总线频率、内存类型和容量、显卡插槽规格等。整合型芯片组的北桥芯片，还集成了显示芯片。由于北桥芯片的数据处理量非常大，耗散功率高，所以北桥芯片上通常安装有一个大的散热器。

（2）南桥芯片（South Bridge Chip）。

南桥芯片在主板上一般位于离 CPU 插槽较远的下方。南桥芯片不与 CPU 直接相连，而是通过一种总线（如 Intel 的 Hub Architecture，SIS 的 Multi-Threaded）与北桥芯片相连。南桥芯片主要负责与低速度传输设备之间的联系，即负责 I/O 总线之间的通信。这些技术相对来说比较稳定，所以不同芯片组中南桥芯片可能是一样的。如 i865 系列中北桥芯片有 i865G、i865P、i865GV 等，但南桥芯片都是 ICH6。

4. CPU 插座结构

微机主板上 CPU 插座是 CPU 连接主板的接口。CPU 经过这么多年的发展，采用的接口方式有引脚式、卡式、触点式、针脚式等。目前流行的 CPU 接口一般是触点式和针脚式，对应到主板上就有相应的插槽类型。不同类型的 CPU 具有不同的 CPU 插槽，因此选择 CPU，就必须选择带有与之对应插槽类型的主板。主板 CPU 插槽类型不同，插孔数、体积、形状都有所不同，所以不能互相接插。常见 CPU 插座如图 2—4 所示。

图 2—4　针脚式 CPU 插座 Socket7 和触点式 CPU 插座 LGA775

目前 CPU 的主流产品是 Intel 和 AMD，对应的 CPU 插座有：Intel：Socket 478、LGA 775、LGA1366；AMD：Socket AM2、Socket AM3、Socket 939。其中 AM3 是 938 针，AM2 是 940 针。

针脚式 CPU 插座的上层是一个滑板，掀动拉杆可以有 3mm 的移动幅度。抬起拉杆可以实现 CPU 芯片的 0 阻力插拔；压上拉杆时，在滑板和镰刀状弹性夹片的共同作用下"抱死" CPU 针脚。此时插拔 CPU 阻力很大，万万不可撬拔！针脚式插座的内部结构如图 2—5 所示。

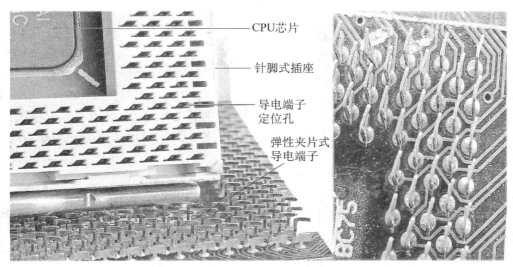

CPU芯片

针脚式插座

导电端子
定位孔

弹性夹片式
导电端子

图 2—5 拆解的针脚式 CPU 插座

几种常见的 CPU 插座简介：

（1）Socket 7 插座：321 个针脚，支持 Intel Pentium MMX 处理器。

（2）Socket 478 插座：478 个针脚，支持 Intel Pentium 4 处理器。

（3）LGA 775 插座：775 个触点，支持 Intel Pentium 4，Pentium 4 EE，Celeron D 以及双核 Pentium D 和 Pentium EE 等。

（4）Socket AM2 插座：940 根针脚，支持 AMD Sempron，Athlon 64，Athlon 64 FX 等。

5. 选购主板的注意事项

当前的计算机主板种类繁多、价格不一，不同品牌、不同芯片组、不同外设板卡集成程度，其售价从 500 元到 2000 元不等。挑选一款自己中意的主板，不要一味地追求高性能、高价位，微机系统的选配应遵循"够用、好用、性价比高"的原则。在选购时不单要检查外部接口的好坏，还要注意主板上元器件的挑选。

（1）CPU 插座。

市场上的主板产品根据支持 CPU 的不同，所用的 CPU 插座并不相同。其中主要分为 Intel 系列和 AMD 系列两大类。参数相同、结构相近的 CPU 芯片，两大品牌的产品价格相差不多，Intel 公司的产品相对功耗小，但价位稍高；AMD 品牌的 CPU 性价比高，但功耗相对稍大。

同时，CPU插座的位置很重要。如果CPU插座过于靠近主板边缘，则在一些空间比较狭小或者电源位置不合理的机箱里面会出现安装CPU散热片比较困难的情况。同时，CPU插座周围的一组大型滤波电容也不应该靠得太近。否则，一是安装散热器不方便，甚至有些大型散热片在这种主板上根本无法安装；二是风扇排出的热风有可能损坏周边的电解电容。

（2）主板电容。

主板在电容的选择方面也非常重要，电容的作用是过滤电流中的杂波，保证电源对主板及相关配件的供电稳定性。电容对主板稳定性影响较大，尤其是主板供电电路所使用的一组大容量电解电容。这部分电容将对输入到主板的电源再进行一次滤波，如果这部分电容出现问题会影响微机的稳定性，甚至出现死机现象。

主板上常见的电容有铝电解电容、钽电容、陶瓷贴片电容等。电解电容一般在CPU和内存插槽附近比较多，电解电容的容量大、体积大，主要用于低频滤波。钽电容、陶瓷贴片电容体积较小，外观呈黑色贴片状，这些电容耐热性好、损耗低，但容量较小，一般用于高频电路，在主板和显卡上被大量采用。钽电容与普通电解电容相比，具有更长的使用寿命、更高的可靠性、不易受高温影响等显著特点，属于优质电容。主板使用的钽电容越多，主板的质量相应越高。

铝电解电容为了提高电容器的容量，铝壳里边有金属薄膜、绝缘纸和电解质涂层，故体积相对较大。由于电解质的极性趋向，电解电容不单有正负极之分，且耐热性差。目前，档次较高的计算机主板引用的滤波电容是容量大、体积小、耐温高的固态电容，如图2—6所示。

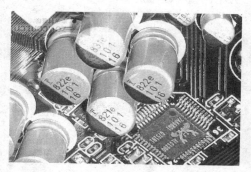

图2—6 体积小、耐温高的固态电容

（3）主板散热性能。

在选购主板时还应当注意的是芯片组的散热性能，尤其是控制内存和AGP显卡的北桥芯片。在主板制造时，用料较足的生产厂会在北桥芯片上装配大尺寸的铜质散热片。固态降温相比风扇降温，可以降低噪声，提高可靠性。

主板良好的散热性能，不仅能够有效地保证整机长时间工作的稳定，同时还能够进一步提升电脑的整体超频性能。

（4）集成芯片及插槽选择。

越来越多的主板集成化程度很高，包含显卡、声卡、网卡等功能的主板产品在市场上比比皆是。在选购这类集成主板时，主要还是应当考虑使用者自身的需求，同时应当注意到这些集成控制芯片所代替的板卡，在性能上会逊色于同类中的高端板卡产品。如果消费者在某一方面有较高需求的话，可以选购相应高端板卡实现更高的性能。

主板插槽数量方面的选择也应当如此，主要考虑自身的需求。如果需要使用大量扩展卡来实现一些附加功能则应当选择扩展插槽较多的产品；如果希望配置大容量内存就应当挑选DIMM内存插槽较多的产品等。

（5）品牌与售后服务。

选购商品，品牌效应的确影响着每一个用户。有实力的厂商，为了打响自己的品牌，会从主板的设计、选料筛选、工艺控制、品管测试、包装运送等层层严格把关。目前，市场流行的有华硕、微星和技嘉等品牌的主板。

另外，主板销售的质保服务也不容忽视。无论主板档次如何，厂商的售后服务保证应当一致。为了自己的合法权益，在产品质保期内，请保存好主板购买时的发票和质保卡，以及产品的说明书、配件和完好的包装等。

6. ATX 主板实例分析

电脑市场中微机主板的品牌很多，下面仅以华硕为例，一斑窥豹。

华硕 P5Q 主板（如图 2—7 所示）基于 Intel P45＋ICH10R 芯片组，支持 1600 FSB，支持 45nm 双核及四核处理器，支持 DDR2 1200 规格内存。华硕 P5Q 主板配备了 8 相供电设计，全日系固态电容。封闭式电感以及独特设计的金色散热片，保证了平台的稳定，并为超频提供了基础。主板配备了华硕独家的 EPU 6 省电技术，支持 Express Gate 开机 5 秒快速上网功能以及 Drive Xpert 磁盘备份技术。

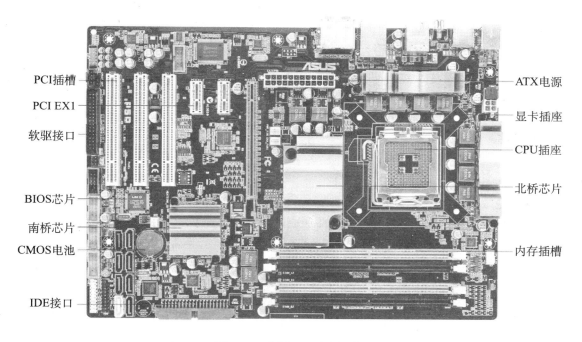

图 2—7　华硕 P5Q 主板示例

华硕 P5Q 主板提供了 4 条内存插槽，为主流 DDR2 规格，配备了 2 相稳重供电设计。磁盘接口方面较为丰富，提供了 8 个 SATA 接口，另外还有 1 组 IDE 设备接口，也是充分考虑到了老用户的需要。主板还提供 1 条 PCI-E 显卡插槽，显示出了主板的普及型定位。提供了全速的 16x 接口，支持 PCI-E 2.0 规格。另外提供了 2 条 PCI-E x1 插槽和 3 条 PCI 插槽。主板板载了 Realtek ALC1200 音效芯片，支持 8 声道 HD 音频输出。板载了 Atheros 网络控制芯片，支持千兆网络接入能力。

华硕 P5Q 主板的外部 I/O 端口有：6 个 USB 2.0 接口、1 个 IEEE 1394 接口、千兆网络 RJ45 端口、8 声道音频输出集成端口、保证了高品质数字音效的 S/PDIF 输出端口。

小资料：

（1）音频端口：红色——MIC；绿色——Line in；蓝色——Speak（立体声）；加上黄、黑、灰色三个接口共输出 6 个声道，音频输出总数为 8 声道。

（2）IEEE1394 接口：该接口是苹果公司开发的串行标准，中文译名为火线接口（Firewire）。同 USB 一样，IEEE1394 也支持外设热插拔，可为外设提供电源，省去了外设自带的电源，能连接多个不同设备，支持同步数据传输。

（3）S/PDIF 接口：S/PDIF（Sony/Philips Digital Inter Face）是索尼和飞利浦共同制定的一个数字音频输入/输出标准。相对于原来的声卡来说，S/PDIF 接口可以有效抑制因模拟连接所带来的噪声影响，使信噪比可高达 120dB，同时可以减少模数—数模转换和电压不稳引起的信号损失。又由于它能以 20 位采样音频工作，所以能在一个高精度的数字模式下，使整个音频系统保持很高的品质。

（4）固态电容：固态电容全称为"固态铝质电解电容"。它与普通电容（即液态铝质电解电容）的最大差别在于采用了不同的介电材料，液态铝电容的介电材料为膏状电解质，而固态电容的介电材料则为导电性高分子。

固态电容具备环保、低阻抗、高低温稳定、耐高纹波及高信赖度等优越特性，是目前电解电容产品中的最佳产品。目前在个人计算机主板上越来越多出现大量的固态电容，使得固态电容得到普及。

2.1.2　中央处理器——CPU

CPU 是微机系统完成各种运算和控制的核心，是决定微机性能的关键部件。CPU 是一个复杂的集成电路芯片，主要由控制部件、算术逻辑运算部件（ALU）和存储部件（包括内部总线及缓冲器）三部分组成。

1.CPU 的主流产品

在 20 世纪 80 年代中期，386 和 486CPU 分为 SX 和 DX 两大类，SX 芯片为廉价的大众商品，DX 芯片为高端专业商品，两者的区别是 DX 芯片内部集成有"数字协处理器（80387 或 80487）"功能部件（如图 2—8 所示）。镶有 80486 SX 芯片的主板上一般留有 80487 芯片的插槽，装配了数字协处理器芯片之后，计算机的科学计算功能大为提升，程序运行速度明显提高。在时代进步的今天，CPU 芯片中都内置了数字协处理器功能部件，不再有 SX 的标识出现。

图 2—8　芯片家族中的 80487——数字协处理器

目前 CPU 的主要生产厂家是 Intel 和 AMD 两家，其市场主流产品是 Intel 公司的 Pentium 系列、酷睿 i 系列，AMD 公司的 Athlon XP 系列等，如图 2—9 所示。

图 2—9　Pentium 系列和酷睿 i 多核系列 CPU 芯片

2. CPU 的工作原理

CPU 内部包括控制器和运算器，以及数据暂存部件。CPU 的工作原理是：控制部件负责先从内存中读取指令，然后分析指令，并根据指令的需求协调各个部件配合运算部件完成数据的处理工作，最后把处理结果存入存储部件。

3. CPU 的外观与构造

CPU 的物理结构主要包括内核、基板、封装以及接口四个部分，但从 CPU 的外观上看，不同的生产厂家、不同的型号以及不同的时期会有一定的差异。

（1）内核。

内核又称为核心（Die），是 CPU 最重要的组成部分。内核是由单晶硅以一定的生产工艺制造出来的，CPU 所有的控制、接受/存储命令、数据处理都由核心执行。各种 CPU 核心都具有固定的逻辑结构，一级缓存、二级缓存、执行单元、指令级单元和总线接口等逻辑单元都有科学的布局。

CPU 核心的发展方向是更低的电压、更低的功耗、更先进的制造工艺、集成更多的晶体管、更小的核心面积（晶片面积减小会降低 CPU 的生产成本，从而最终会降低 CPU 的销售价格）、更先进的流水线架构和更多的指令集、更高的前端总线频率、集成更多的功能（例如集成内存控制器等）以及双核心和多核心等。CPU 核心的进步对普通消费者而言，最大的意义就是能以更低的价格买到性能更强的 CPU。

（2）基板。

基板是承载 CPU 内核、负责内核和外界通信的电路板。基板上有控制逻辑、贴片电容、电阻等元件。基板一般采用陶瓷或有机物制造。因有机物的电气和散热性能比陶瓷好，所以目前基板大多采用有机物材料。内核芯片和基板之间及内核芯片周围会加一些填充物，一方面可以把芯片固定在电路基板上，另一方面可用来缓解来自 CPU 散热器的压力。

（3）接口。

CPU 的接口有针脚式、引脚式、卡式、触点式等，目前多为触点式和针脚式接口。

注意：不同 CPU 接口类型的插孔数、体积、形状都有变化，所以对应主板的 CPU 插座类型也不同，不能互相接插。选购主板的同时应注意选购与之匹配的 CPU。

4. CPU 的主要性能指标

（1）CPU 主频。

主频又称内频，是 CPU 内核工作的时钟频率（CPU Clock Speed），单位是 MHz 或 GHz，是 CPU 内数字脉冲信号震荡的速度。如 Intel 酷睿 i3 530 处理器，它的主频为 2.93GHz。一般说来，主频越高 CPU 的运算速度也就越快。但主频并不直接代表 CPU 的运算速度，因为各种 CPU 的内部结构不同，有可能主频较高的 CPU 其实际运算速度并不高，如 AMD Athlon XP 系列 CPU 的主频大多低于 Intel 公司 Pentium 4 系列 CPU 的主频，而实际运算速度并不低。因此，CPU 的实际运算速度还要看 CPU 其他方面的性能指标，如缓存、指令集、CPU 的位数等。

（2）CPU 外频。

外频是指主板为 CPU 提供的基准时钟频率，也称系统总线频率，单位是 MHz。如 Intel 酷睿 i3 530 处理器，其主频为 2.93GHz，外频为 133MHz，倍频数是 22X。

提示：一个 CPU 默认的外频只有一个，主板必须能支持这个外频。因此在选购主板和 CPU 时必须注意，如果两者不匹配，系统就无法工作。选购计算机硬件时可倾听主板或 CPU 销售商的推荐意见。

（3）前端总线（Front Side Bus，FSB）频率。

总线是微机各部件间互连和传输信息的通道。总线的速度对系统性能有着极大的影响。总线根据传输信息内容不同又可分为数据总线（DB）、地址总线（AB）和控制总线（CB）。数据总线是外部设备和总线主控设备之间进行数据和代码传送的数据通道；地址总线是外部设备和总线主控设备之间传送地址信息的通道，地址线的数目决定了直接寻址的范围；控制总线是传送控制信号的总线，用来实现命令、状态传送、中断、直接对存储器存取的控制，以及提供系统使用的时钟和复位信号等。

总线主要性能指标有总线频率、总线宽度和总线传输速度。总线频率是影响总线传输速度的重要因素之一，总线频率越高，速度越快。总线宽度是指总线能同时传送数据的位数。总线传输速度是指单位时间内总线上可传送的数据总量。

前端总线频率指 CPU 和北桥芯片间总线的速度，直接影响 CPU 与内存传输数据的速度。在 Intel Pentium 4 之前，前端总线频率与外频相同。从 Intel Pentium 4 开始，采用了四倍数据传输（Quad Data Rate，QDR）技术，使得前端总线频率提高为外频的 4 倍。如 Intel 酷睿 i3 530 处理器，它的外频为 133MHz，则前端总线为 532MHz。

（4）倍频系数。

在 Intel 80486 之前，CPU 的主频与外频也相同。Intel 80486 之后，利用数字电路的倍频技术可使 CPU 主频提高为外频的倍数，而外部设备仍工作在较低的外频上，这样做不会增加主板的费用。倍频系数（或称倍频）则指 CPU 主频与外频的比值，计算公式如下：

主频＝外频×倍频

通过提高外频或倍频来提高 CPU 的主频，称为超频。目前 CPU 的倍频一般被生产厂商锁定，所以超频时经常需要超外频。

注意：超频有一定的风险，有可能会损坏微机硬件。

（5）字长。

字长是指 CPU 一次能同时处理的二进制数的位数，字长一般是字节的整数倍。字长越长，用来表示数值的有效数位就越多，计算精度也就越高。因此，字长直接影响着微机的计算精度和运算速度。

（6）缓存。

缓存（Cache）是位于 CPU 与内存之间的小容量高速存储器，其目的是使高速的 CPU 直接从相对高速的缓存中读取数据，从而提高了 CPU 的运行效率。缓存分一级缓存（L1 Cache）和二级缓存（L2 Cache）。

CPU 读取数据的过程为：先从 L1 中寻找所需读取的数据，如在 L1 中找不到再从 L2 中寻找，若 L2 中也找不到则再到内存中寻找。因 CPU 访问缓存的命中率一般在 90％以上，所以大大缩短了 CPU 访问数据的时间。

（7）其他。

CPU 的性能指标还有工作电压、Hyper Transport 总线技术、制作工艺、指令集、流水线和超标量等。

5. CPU 的新技术

（1）超线程技术（Hyper-Threading，HT）。

超线程技术是把单个物理的处理器模拟成两个逻辑的处理器，从而实现并行处理，提高 CPU 的运行效率，目前市场流行的 CPU 几乎都支持超线程技术。

（2）多核处理器。

多核处理器包括双核、4 核等。双核处理器是指在单个处理器上放置两个一样功能的处理器核心，即将两个物理处理器核心整合入一个内核中，如 Intel Pentium D、Core 2 Duo 和 AMD Athlon 64 X2 都是双核处理器；Intel 酷睿 2 Q9400 则是 4 核处理器，4 核售价一般为 600～2 000 元，实际应用一般选择双核 CPU 即可。

6. CPU 的选购

CPU 的更新换代速度很快，一般最新推出的 CPU 产品价格都较高。因此，选购 CPU 时应根据具体应用需求选择性价比合适的主流产品，同时还应考虑 CPU 与其他微机部件的关系。

目前流行主机装配 CPU 介绍——酷睿 i3：core i3 是全球第一款 32nm CPU，也是全球第一款由 CPU＋GPU 封装而成的 CPU。其中 CPU 部分采用 32nm 制作工艺，基于改进自 Nehalem 架构的 Westmere 架构，采用原生双核设计，通过超线程技术可支持四个线程同时工作；GPU 部分则是采用 45nm 制作工艺，基于改进自 Intel 整合显示核心的 GMA 架构，支持 DX10 特效。

Intel 智能高清侠酷睿 i3 530 处理器是酷睿 i3 系列的低端型号，双核心设计，主频为 2.93GHz，外频 133MHz，倍频 22X，共享使用 4MB 三级缓存，具备超线程功能，但去掉了睿频加速功能。IGP 部分为一颗 45nm 工艺 DX10 规格显示芯片，频率 733MHz。处理器采用了 LGA1156 接口设计，在不使用整合显卡时可与 P55 主板兼容。处理器 TDP 为 73W。

提示："TDP"热功耗是反映一颗处理器热量释放的指标。TDP 的英文全称是"Thermal Design Power"，中文直译是"热量设计功耗"。TDP 热功耗的含义是当处理器在满负荷的情况下，将会释放出多少的热量，也就是说是处理器的电流热效应以及其他形式产生的热能，并以瓦作为单位。处理器的 TDP 功耗并不代表处理器的真正功耗，更没有算术关系。TDP 功耗的多少主要提供给散热片和风扇等散热器制造厂商，是设计散热器时所使用的参数，用户也可以用其评判 CPU。

7. CPU 散热器

为了防止烧坏 CPU，近代的 CPU 上都要求安装散热器，以便及时散发热量。CPU 散热器分为风冷散热器和固态散热器，固态散热器采用大面积的金属散热片，特点是无风扇噪声；风冷散热器主要由散热片和散热风扇组成，优点是相对体积较小，如图 2—10 所示。为了增加 CPU 与散热片之间的传导效果，在 CPU 的散热片上涂适量的导热硅脂。风冷散热器的性能指标主要呈现在散热风扇上，有风量、风压、转速、噪声和使用寿命等参数。

（1）风量。

风量是指散热风扇每分钟排出或吸入的空气总体积，单位是 CFM（Cubic Feet Per Minute，立方英尺/分钟）。当散热片材质（铜或铝）相同时，风量是衡量散热性能最重要的指标。

（2）风压。

风压是指输出气流对出口处物体施加的压力值。如果风扇转速高、风量大，但风压小，风则吹不到散热器的底部；相反风压大、风量小，没有足够的冷空气与散热片进行热交换，也会造成散热效果不好。

图 2—10 CPU 风冷散热器

（3）转速。

风扇转速是指风扇扇叶每分钟旋转的次数，单位是 rpm（Revolutions Per Minute，转/分钟）。风扇的转速越高，风量就越大，CPU 获得的冷却效果就会越好。

（4）噪声。

噪声是风扇工作时产生的杂音，单位为 dB（Decibel，分贝）。产生风扇噪声的主要因素是轴承摩擦、空气流动和风扇的自身振动。风扇一般在使用 1～2 年后出现较大的噪声，常表现为：开机时主机箱内嗡嗡作响，几分钟后计算机就安静下来了。产生原因是风扇的轴承缺少润滑油，可在风扇转轴上添加少许缝纫机润滑油。

（5）风冷散热器的选购。

散热器种类繁多，价格悬殊较大。选购时注意散热器的安装框架应与 CPU 类型和主板相匹配，还要重点查看风扇的尺寸、转速、电流与功率值。从导热系数上讲，铜质散热片比铝质的好，铜铝混合的比纯铝的好。一般来说，散热片厚重、风扇的体积较大，其散热效果好。

提示：

（1）选购散热器还需要考虑散热片的尺寸、形状、空隙大小等因素，使热交换面尽可能大，保证气流顺畅，充分发挥风扇的性能。

（2）在选择 CPU 芯片时，最好选择盒装的 CPU，因为盒装的 CPU 一般都会有配套使用的散热器。盒装 CPU 的价格略高于散装 CPU 的价格。

2.1.3　主存储器

微机的存储系统由"辅助存储器"和"主存储器"构成。辅助存储器指的是可以脱机保存数据的硬盘和光盘等存储体，主存储器指的是主机系统的内存，内存包括 RAM、ROM 和 Cache。内存存放当前正在运行的数据和程序，CPU 可直接读写内存。存储器结构如图 2—11 所示。

内存有两种基本的类型：ROM（Read-Only Memory，只读存储器）和 RAM（Random Access Memory，随机存储器）。ROM 中存储的内容只能读出不能写入，且断电后所存储的信息不会消失，称为"非易失性存储器"。RAM 用来存储程序运行所需要的信息，既能读出又能写入，且断电后信息将全部丢失，故 RAM 又称为"易失性存储器"。

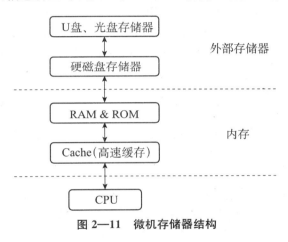

图 2—11　微机存储器结构

1. ROM

ROM 一般用于存储微机硬件系统的重要信息和驱动程序，如主板的 BIOS（基本输入/输出系统）等。ROM 可分为 MASK ROM（MASK Read-Only Memory，掩蔽型只读存储器）、PROM（Programmable Read-Only Memory，可编程只读存储器）、EPROM（Erasable Programmable Read-Only Memory，可擦写可编程只读存储器）和 EEPROM（Electrically Erasable Programmable Read-Only Memory，电可擦除可编程只读存储器）四种。

（1）MASK ROM：微机主板广泛应用的标准 ROM，用于永久性存储重要信息。

（2）PROM：允许一次性写入信息，但不可修改内容，一旦写入永久保存。

（3）EPROM：可利用紫外线照射此类芯片，擦除信息后重新编程写入。

（4）EEPROM：利用电擦除方式清除芯片所存信息，重新编程写入。

另外，Flash Memory（闪存）也是一种非易失性的内存，属于 EEPROM 的改进产品。目前 Flash Memory 已被广泛用于 BIOS 和用作硬盘替代品（U 盘和固态硬盘等）。

2. RAM

RAM（Random Access Memory）是随机存取存储器的缩写。RAM 可分为 SRAM

(Static RAM，静态随机存储器）和 DRAM（Dynamic RAM，动态随机存储器）两种。

（1）SRAM：SRAM 由晶体管构成的触发器电路来实现二进制信息存储功能，它的工作速度可以和 CPU 同步，存取速度很快。SRAM 的一位存储器需要 6 只晶体管电路构成，制造成本较高。SRAM 多用作主板、CPU 等部件的高速缓冲存储器（Cache）。

（2）DRAM 就是通常所讲的内存条。DRAM 中的一位数据存储由 1 个晶体管的结电容来完成，它的存取速度比 SRAM 慢得多。相对静态存储器，动态存储器的价格便宜很多，因此由动态存储器构成的内存条通常容量很大。目前市场中 DRAM 的主要类型有 SDRAM（Synchronous DRAM，同步动态随机存储器）、DDR SDRAM（Double Data Rate SDRAM，简称 DDR，双倍速度同步动态随机存储器）、DDR2 SDRAM（Double Data Rate 2 SDRAM，简称 DDR2，第二代双倍速度同步动态随机存储器）和 RDRAM（Rambus DRAM，简称 RDRAM，存储器总线式动态随机存储器）。

① SDRAM。

SDRAM 是在奔腾 CPU 推出后出现的新型内存条，内存工作速度与系统总线速度同步，一个时钟周期内只传输一次数据。内存条金手指（即内存条引脚）每面为 84 针，有两个卡口。其插槽为 168 针 DIMM（Double In-line Memory Module，双列直插内存模块）结构，故称为 168 线内存条。DIMM 提供了 64 位的数据通道，因此它在奔腾主板上可以单条使用。目前许多正在使用的老款微机安装此内存条。

② DDR SDRAM。

DDR 内存在一个时钟周期内传输两次数据，因此称为双倍速度同步动态随机存储器。DDR 内存插槽为 184 针 DIMM 结构，内存条金手指每面有 92 针，只有 1 个卡口。

③ DDR2 SDRAM。

DDR2 是 DDR 的换代产品。它的预读取能力是 DDR 的两倍，DDR2 内存每个时钟能够以 4 倍外部总线的速度读/写数据，并且能够以内部控制总线 4 倍的速度运行。DDR2 内存插槽为 240 针 DDR2 DIMM 结构，内存条金手指每面有 120 针，也只有 1 个卡口，但卡口位置与 DDR 稍有不同，因此 DDR 内存和 DDR2 内存不能互插。目前 DDR2 内存已成为市场的主流产品。

④ DDR3 SDRAM。

为了更省电、传输效率更快，DDR3 使用了 SSTL 15 的 I/O 接口，运行 I/O 电压是 1.5V，采用 CSP、FBGA 封装方式包装，DDR3 内存插槽同为 240 针。除了延续 DDR2 SDRAM 的 ODT、OCD、Posted CAS、AL 控制方式外，另外新增了更为先进的 CWD、Reset、ZQ、SRT、RASR 功能。DDR3 是现时流行的内存产品。DDR 系列内存如图 2—12 所示。

⑤ RDRAM。

RDRAM 是采用串行数据传输模式的内存，内存插槽为 184 针 RIMM（RAMBUS In—line Memory Module，RAMBUS 内联内存模块）结构，中间有两个靠得很近的卡口。较为少见。

3. DDR 内存条的区别

无论 DDR、DDR2 还是 DDR3，其工作频率主要有以下几种 100MHz、133 MHz、167MHz、200MHz 等。DDR 采用一个周期的脉冲上升沿和下降沿各传递一次数据，因此传输数据量在相同时间内比 SDRAM 增加一倍，即每个时钟周期的传输数据位宽为 2bit。DDR 就像工作在两倍的工作频率一样，为了直观，以等效的方式命名为：DDR 200 266 333 400。

DDR2 工作频率没有变化，传输数据位宽则由 DDR 的 2bit 变为 4bit，那么相同时间内传递的数据量是 DDR 的两倍，因此也用等效频率命名：DDR2 400 533 667 800。

DDR3 内存也没有增加工作频率，传输数据位宽变为 8bit，为 DDR2 两倍，在同样工作频率下能达到更高带宽，因此用等效方式命名为：DDR3 800 1066 1333 1600。

可以看到，如 DDR 400、DDR2 800、DDR3 1600 这三种内存的工作频率并没有区别，只是由于传输数据位宽倍增，才导致带宽的增加。

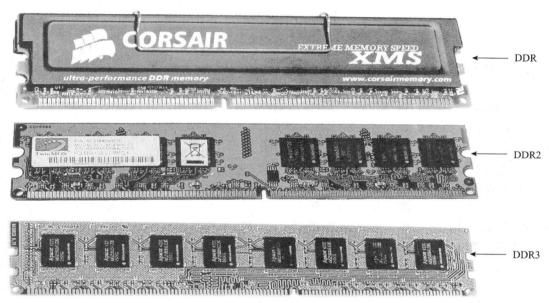

图 2—12　DDR 系列的内存储器

DDR 内存的主要区别：

（1）DDR 的工作电压为 2.5V，DDR2 的工作电压为 1.8V，DDR3 的工作电压为 1.5V。

（2）DDR 的 pin 脚为 184pin，DDR2 和 DDR3 的 pin 脚为 240pin 。

（3）DDR 的主频为 266/333/400，DDR2 的主频为 400/533/667/800/1 066MHz。DDR 的频率最高到 400，DDR2 的最高到 1 066，DDR3 的则更高。

不同类型的内存条不可以混插；同类型的内存条不同频率的可以混插，但最终工作频率以低端内存为基准。DDR 的三种接口都不一样，在内存的金手指上都有一个小缺口，但三种内存的小缺口位置都不在同一处。因此，购买主板的同时应当注意选配理想的内存条。

4. 内存性能指标

（1）容量。

内存容量是内存条的关键性参数，目前微机采用的主流内存容量有 1GB 和 2GB 等。

（2）内存主频。

内存主频表示内存所能达到的最高工作频率，以 MHz 为单位。内存主频越高，一定程度上表示内存所能达到的速度越快。目前市场主流：DDR3 内存主频为 400MHz、533MHz、

677MHz 和 800MHz。

(3) CL（CAS Latency）设置。

CL 设置一定程度上反映内存在 CPU 接到读取内存数据的指令到开始读取数据所需的等待时间。例如金士顿 2GB DDR3 1333 的内存的默认 CL 值是 9，少量内存的 CL 值仅达到 3。

内存总延迟时间是反应内存速度最直接的指标，其计算公式为：

总延迟时间＝时钟周期×CL 值＋存取时间

5. 内存的选购

内存是计算机主机系统的关键部件之一，内存的容量、规格指标以及做工质量将会影响到整个系统的性能发挥和稳定性。在组装计算机时，内存选择方面一是要注意主板所支持的内存类型和最大容量，二是要注意单条内存所支持的容量大小。现在较新的计算机主板一般都支持 2GB，甚至高达 16GB 的内存，单条内存也可以支持 1GB 甚至更高。

目前 PC 机支持的内存类型主要有 DDR、DDR2、DDR3 这三种。主流的内存品牌有：金士顿（KingSton）、威刚（Adata）、胜创（KingMax）、宇瞻（Apacer）、三星（SAMSUN）、黑金刚（KingBox）、现代（HY）等。这些品牌的内存性能都不错，而且价格非常接近。

目前的内存容量基本上都是单片 1GB 或以上，价格也比较便宜，1GB 的 DDR2 内存通常是在百元左右，2GB 的 DDR3 内存也只要 200 元左右。第一版的 DDR 内存现在只有在二手市场上才可以找到，主流应用的是 DDR2 内存，DD3 内存在新装机市场中占主流份额。

目前新型号的计算机主板基本上都支持 DDR2-800，如果想要支持最新的 DDR3 内存，则要注意 CPU 和主板芯片组。基于 Nehalem 架构的 Core i7 处理器是 Intel 首款整合了 DDR3 内存控制器的 CPU，而在此之前的 Intel CPU 并不整合内存控制器，因此一些 4 系列主板其实也能支持 DDR3 内存。AMD 方面，首次支持 DDR3 内存的是 AM3 版本 Phenom Ⅱ处理器。

 小资料：

DDR2 内存单面金手指 120 个（双面 240 个），缺口左边 64 个针脚，右边有 56 个针脚；DDR3 内存单面金手指 120 个（双面 240 个），缺口左边有 72 个针脚，右边有 48 个针脚，所以是不能使用 DDR3 内存代替 DDR2 内存的。

还有，DDR3 相比起 DDR2 有更低的工作电压，从 DDR2 的 1.8V 降落到 1.5V，性能更好更为省电；DDR2 的 4bit 预读升级为 8bit 预读，DDR3 目前最高能够可以达到 1 600MHz 的速度，由于目前最为快速的 DDR2 内存速度已经提升到 800MHz/1 066MHz 的速度，因而首批 DDR3 内存模组将会从 1 333MHz 开始。DDR3 采用了点对点的拓扑架构，以及最新生产工艺。

2.2 显示适配器和显示器

显示适配器和显示器是微机系统输出的重要部件，是微机操作人员进行人机会话的重要途径。微机检修工作中的"最小化微机系统"指的是：主板、CPU、内存条、显卡、显示器和电源。微机的硬件系统在主板、CPU 和电源完好的情况下，如果内存和显卡出现问题，主板上的蜂鸣器会第一时间发出报警信号，其他外部设备的信息则要通过显示器告知用户。

2.2.1 显示适配器

显示适配器的先期产品是独立的接口板卡，故显示适配器也称为显示卡，简称显卡。显卡的工作位置介于主机与显示器之间，是微机显示输出处理的重要部件。目前许多一体化主板已将显示适配器的功能集成在主板上，没有特殊需要，不用单独购买。

1. 显卡的工作原理

显卡从 CPU 接受显示数据和控制命令，把需要显示的信息通过总线送入显示芯片（GPU）进行处理。显示芯片负责完成大量的图像运算和内部控制工作，并把处理后的数据送入显存，再由显存送入 RAMDAC 完成把数字信号转换成模拟信号，最后送给显示器输出显示。显卡的数据处理流程如图 2—13 所示。

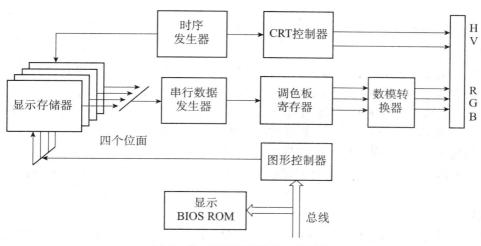

图 2—13 显示适配器的工作原理

2. 显卡的结构

显卡由显示芯片、显存、显示 BIOS、数字/模拟转换器（Random Access Memory Digital/Analog Converter，RAMDAC）、总线接口以及输出接口等组成。其中显示芯片是显卡的核心芯片，直接决定显卡的性能。独立显卡如图 2—14 所示。

图 2—14 PCI Express 显卡

3. 显卡的接口类型

显卡的接口类型决定着显卡与系统之间数据传输的最大带宽，也就是瞬间所能传输的最大数据量。显卡接口有 ISA、PCI、AGP、PCI Express，ISA 总线接口已经淘汰，PCI 和 AGP 接口的显卡还在使用，目前 PCI Express 接口已成主流。

 小资料：图形处理芯片——GPU

GPU 是显卡的"心脏"，也就相当于 CPU 在电脑中的作用，它决定了该显卡的档次和大部分性能，同时也是 2D 显卡和 3D 显卡的区别依据。2D 显示芯片在处理 3D 图像和特效时主要依赖 CPU 的处理能力，称为"软加速"；3D 显示芯片是将三维图像和特效处理功能集中在显示芯片内，即"硬件加速"。显卡大多采用 NVIDIA 和 AMD 两家公司的图形处理芯片。

4. 显卡的技术指标

（1）芯片位宽。

芯片位宽是指显示芯片内部数据总线的位宽。目前已推出的最大显示芯片位宽是 512 位，是由 Matrox（幻日）公司推出的 Parhelia-512 显卡，这是世界上第一颗具有 512 位宽的显示芯片。而目前市场中所有的主流显示芯片，包括 NVIDIA 公司的 GeForce 系列显卡，ATI 公司的 Radeon 系列等，全部采用 256 位的位宽。采用更大的位宽意味着在数据传输速度不变的情况，瞬间所能传输的数据量更大。显示芯片位宽增加并不代表该芯片性能更强，只有在其他部件选配、制造工艺等方面都完全配合的情况下，显示芯片位宽的作用才能得到体现。

（2）核心频率。

核心频率是指显示芯片的工作频率，在一定程度上可以反映出显示核心的性能。但显卡的性能是由核心频率、显存、像素管线、像素填充率等多方面的情况所决定的，因此在显示核心不同的情况下，核心频率高并不代表显卡性能强劲。

（3）显存。

显存的性能和容量直接关系到显卡的最终性能表现。显存的作用是用来存储经显卡芯片处理或者即将提取的渲染数据。

①显存类型：目前市场上的显存类型主要有 SDRAM，DDR SDRAM 和 DDR SGRAM。

②显存容量：显存容量决定显存能临时存储数据的能力，特别在使用三维动画制作软件或玩大型 3D 游戏时大容量的显存显得尤为重要。目前主流显卡的显存容量为 256MB、512MB，高档显卡则可达 1GB、2GB。

（4）屏幕分辨率和颜色质量。

屏幕分辨率、颜色质量决定显示器的显示效果。屏幕分辨率是指显示器所能描绘的像素点数量，通常以"水平像素×垂直像素"表示，如 1 280×1 024 等；颜色质量是显卡所能描绘图像的色彩数，屏幕分辨率和颜色质量的多少都和显卡上的显示存储器有关。当显存容量不足时，若增大分辨率则颜色质量相对会减小。

由于存储器的价位不高，目前应用的显存容量一般很大，完全能够满足用户的需求。不同显示参数设置时，所需显存容量不同。计算举例如下：

如果设置显示器的屏幕分辨率为 1 280×1 024，同时选择 32 位真彩色，则此时所需显卡的显存容量最少为：

1 280×1 024×32÷8＝5MB

5. 显卡的选购

显卡的选购除了选择品牌、用料、做工、设计等以外，还应考虑实际需求、显卡接口、显卡性能等因素，如果没有特殊需求可以使用主板的集成显卡。

首先，从性能上说，应该选择工艺水平较高的显卡，例如 NV 的 GT200，以及正在酝酿的 GT300 系列，或者 AMD 的 4XXX 系列和 5XXX 系列，更好的工艺水准代表更低的功耗或者更好的性能。显卡的命名规则为，第一个数字代表系列值，第二个数字代表显卡的性能，理论上来说第二个数字越大越好。选购时要了解显卡的参数，其中，流处理器、显存类型和频率、带宽都很重要，理论上，是越大越好。

好的显卡还体现在做工方面，一是 PCB 板的厚度，品质好的显卡会多采用优质 PCB 板以保证质量。二是电容类型，品质好的显卡多采用固态电容，电解电容寿命较短。三是散热方式，品质好的显卡装有降温效果好的散热器。对于显卡而言，大多数是散热片＋风冷模式，少数的散热器采用水冷散热方式。另外，市场上有些显卡有缩水现象，选购时注意甄别。

 小资料：DVI 接口

1998 年 Intel 发明的一种高速传输数字信号的技术，即 DVI 数字视频接口，共有 DVI-A、DVI-D 和 DVI-I 三种不同类型的接口形式。DVI-D 只有数字接口，DVI-I 有数字和模拟接口，目前应用主要以 DVI-D 为主，同时 DVI-D 和 DVI-I 又有单通道（Single Link）和双通道（Dual Link）之分，我们平时见到的都是单通道版的，双通道版的成本很高。

DVI 线有 18＋1 和 24＋1 以及 18＋5 和 24＋5 这四种规格，18＋5 和 24＋5 这两种规格属于 DVI-I，多出的 4 根线用于兼容传统 VGA 模拟信号，多在显卡接口上使用。DVI 是一种国际开放的接口标准，在 PC、DVD、高清晰电视（HDTV）、高清晰投影仪等设备上有广泛的应用。

2.2.2 显示器

显示器是微机的主要输出设备，一般可分为 CRT（Cathode Ray Tube，阴极射线管）显示器和 LCD（Liquid Crystal Display，液晶显示）显示器两类。

1. 工作原理

（1）CRT 显示器工作原理。

CRT 显示器的主要部件是阴极射线管，CRT 主要由电子枪、加速阳极、偏转线圈、荫罩、荧光粉层及玻璃外壳 6 部分组成。在主机信号的控制下，阳极对电子枪发出的电子进行加速，经过垂直和水平的偏转线圈控制高速电子的偏转角度后，高速电子穿过荫罩后击打在荧光屏上，使荧光粉发出强弱不同的红、绿、蓝三色光，形成一个像素点，从而产生图像。CRT 显示器的工作原理图如图 2—15 所示。

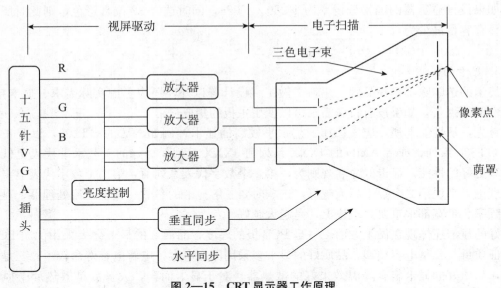

图 2—15　CRT 显示器工作原理

（2）液晶显示器工作原理。

液晶显示器，无论是 LCD 还是 LED，只是背光源的发光机制不同而已，但它们的主要部件都是相同的液晶屏幕。简单地说，液晶屏幕能够显示图像的基本原理就是在两块平行玻璃板之间填充液晶材料，通过电压来改变液晶材料内部分子的排列状况，以达到遮光和透光的目的来显示深浅不一、错落有致的图像。而且只要在两块平板间再加上三元色的滤光层，就可实现显示彩色图像。

液晶是一种有机复合物，由长棒状的分子构成。在自然状态下，这些棒状分子的长轴大致平行。LCD 的第一个特点是必须将液晶灌入两个刻有细槽的平面之间才能正常工作。这两个平面上的槽互相垂直（90°相交），也就是说，若一个平面上的分子南北向排列，则另一平面上的分子必然是东西向排列，而位于两个平面之间的分子被强迫进入一种 90°扭转的状态。由于光线顺着分子的排列方向传播，所以光线经过液晶时也被扭转 90°。但当液晶上加一个电压时，分子便会重新垂直排列，使光线能直射出去，而不发生任何扭转。

LCD 的第二个特点是它依赖极化滤光片和光线本身，自然光线是朝四面八方随机发散的，极化滤光片实际是一系列越来越细的平行线。这些线形成一张网，阻断不与这些线平行的所有光线，极化滤光片的线正好与另一个垂直，所以能完全阻断那些已经极化的光线。只有两个滤光片的线完全平行，或者光线本身已扭转到与第二个极化滤光片相匹配，光线才得以穿透。LCD 正是由这样两个相互垂直的极化滤光片构成，所以在正常情况下应该阻断所有试图穿透的光线。但是，由于两个滤光片之间充满了扭曲液晶，所以在光线穿出第一个滤光片后，会被液晶分子扭转 90°，最后从第二个滤光片中穿出。另一方面，若为液晶加一个电压，分子又会重新排列并完全平行，使光线不再扭转，所以正好被第二个滤光片挡住。总之，加电将光线阻断，不加电则使光线射出。（例证：当液晶屏控制电极损坏时，屏幕出现亮线！）当然，也可以改变 LCD 中的液晶排列，使光线在加电时射出，而不加电时被阻断。但由于液晶屏幕几乎总是亮着的，所以只有"加电将光线阻断"的方案才能达到最省电的目的。

（3）LCD 与 LED 的区别。

目前市场流行的液晶显示器有两种，即 LCD 与 LED。主要区分是液晶背光技术不同，相对而言 LED 更省电。

液晶背光技术包括 CCFL（冷阴极荧光灯）和 LED（发光二极管）两类。LCD 采用冷阴极荧光灯管作为背光源，而 LED 采用发光二极管作为背光源。CCFL 管为条状光源，每个显示屏需要 2 个或 4 个灯管，同时 CCFL 管则必须有"高压板"、扩散板和反射板配套使用。发光二极管呈点光源，使用低压直流供电。LED 的背光源矩阵可以由集成电路完成，这种液晶显示器效率高、屏幕薄、寿命长。LED 的光控机制如图 2—16 所示。

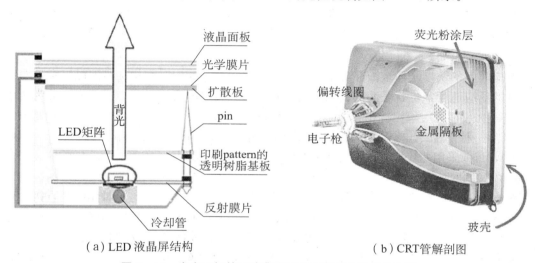

（a）LED 液晶屏结构　　　　　　　　（b）CRT 管解剖图

图 2—16　发光二极管矩阵背光源与电子激励发光的比较

冷阴极荧光灯的工作原理是当高电压加在灯管两端后，灯管内少数电子高速撞击电极后产生二次电子发射，开始放电，管内的水银或者惰性气体受电子撞击后，激发辐射出 253.7nm 的紫外光，产生的紫外光激发涂在管内壁上的荧光粉而产生可见光。CCFL 灯管寿命一般定义为：在 25℃ 的环境温度下，以额定的电流驱动灯管，亮度降低到初始亮度的 50% 的工作时间长度为灯管寿命。目前液晶屏背光源的标称寿命可达到 60 000 小时。CCFL 背光源的特点是成本低廉，但是色彩表现不及 LED 背光源。

发光二极管由数层很薄的掺杂半导体材料制成，一层带有过量的电子，另一层则缺乏电子而形成带正电的空穴，工作时电流通过，电子和空穴相互结合，多余的能量则以光辐射的形式被释放出来。通过使用不同的半导体材料可以获得不同发光特性的发光二极管，可以提供红、绿、蓝、青、橙、琥珀、白等颜色。普通的 LED 使用红、绿、蓝三基色作为背光源，在高端产品中也可以应用多色 LED 背光源来进一步提高色彩表现力，如六原色 LED 背光源。

采用 LED 背光源可以使液晶屏做的更薄，大约为 1.5 厘米；寿命更长，10 万小时的使用寿命是 CCFL 的两三倍；LED 是半导体发光管，结构简单、低压低、功耗小，特别有利于提高笔记本电脑的续航能力。LED 显示器的色域很广，能够达到 NTSC 色域的 105%，黑色的光通量可以降低到 0.05 流明，进而使液晶显示器的对比度高达 10 000∶1，因此 LED 深受欢迎。

2. 显示器的技术指标

相比液晶显示器，电子管显示器的体积、耗电、重量和电磁辐射等方面都表现出较大的缺陷。但是电子管荧光屏在色彩的表现力和过渡，图像灰度的表现以及点距和反应速度等方面要优于液晶显示器，而色彩和灰度方面的鉴别正是图像处理工作所必需的。

CRT 显示器的屏幕尺寸为 4∶3，是人眼观察外部景象的正常比例。目前的液晶产品（电视和显示器）多为 16∶9，即宽屏显示器。宽屏适合演播高清影视，但在观看常规电视节目时，景物皆被横向拉长，即矮胖。如果将液晶电视设为 4∶3 模式，则宽屏的两边将未被使用。

目前，只有图像制作部门依然使用 CRT 显示器，一般应用都选择液晶显示器。以下仅介绍液晶显示器的性能指标：

（1）响应时间。

响应时间的快慢是衡量液晶显示器好坏的重要指标，响应时间指的是液晶显示器对于输入信号的反应速度，也就是液晶由暗转亮或者是由亮转暗的反应时间。一般来说分为两个部分：T_r（上升时间）、T_f（下降时间），响应时间指的就是两者之和，响应时间越小越好，如果超过 40 毫秒，就会出现运动图像的迟滞现象。早期的液晶显示器的响应时间为 12ms（CRT 为 1ms），目前采用芯片控制技术实现了"加速"，主流液晶产品已实现了 4ms 的响应速度。

（2）对比度。

对比度是指在规定的照明条件下，显示器亮区与暗区的亮度之比。对比度是直接体现液晶显示器能否体现丰富色阶的参数，对比度越高，还原的画面层次感就越好。高档液晶显示器的对比度为 400∶1 或 500∶1，对比度必须与亮度配合才能产生最好的显示效果。高对比度将使显示出来的画面色彩更加鲜艳，图像更柔和，游戏或者电影效果直逼 CRT 显示器。

（3）亮度。

液晶显示器亮度普遍高于传统 CRT 显示器。液晶显示器亮度一般以 cd/m²（流明/每平方米）为单位，亮度越高，显示器对周围环境的抗干扰能力就越强，显示效果显得更明亮。此参数至少要达到 200cd/m²，最好在 250cd/m² 以上，现在此参数已达 500cd/m²。传统 CRT 显示器的亮度越高，辐射危害就越大，而液晶显示器的亮度是通过荧光管或发光二极管的背光来获得的，所以没有辐射。

（4）屏幕坏点。

屏幕坏点最常见的就是白点或者黑点。黑点的鉴别方法是将整个屏幕调成白屏，那黑点就无处藏身了；白点则正好相反，将屏幕调成黑屏，白点就会现出原形。通常一般坏点不超过三个的显示屏算合格品。

（5）可视角度。

液晶显示器属于背光型显示器件，正视是唯一的最佳的欣赏角度。从其他角度观看，由于背光可以穿透旁边的像素而进入人眼，就会造成颜色的失真，不失真的范围就是液晶显示器的可视角度。液晶显示器的视角还分为水平视角和垂直视角，水平视角一般大于垂直视角。就一般要求而言，只要水平视角达到 120°，垂直视角达到 140° 即可满足用户需求。

（6）点距。

液晶显示器的点距是指组成液晶显示屏的每个像素点之间的间隔大小，目前 19 吋液晶显示器产品的点距已达 0.243 毫米。

（7）带宽。

带宽是显示器非常重要的一个参数，能够决定显示器性能的好坏。带宽是显示器视频放大器通频带宽度的简称，一个电路的带宽实际上反映该电路对输入信号的响应速度。带宽越宽，惯性越小，响应速度越快，允许通过的信号频率越高，信号失真越小，它反映了显示器的解像能力。该数字越大越好。一般液晶显示器的带宽以 80MHz 为标准。

（8）厚度。

由于液晶显示器的液晶板厚度都是一样的，也就是说，影响液晶显示器厚度的主要因素是获取照明的背光源和电路控制器的技术。相比之下，LED 的机身厚度要比 LCD 薄许多。

总之，液晶显示器由于纯平效果、超薄机身、低工作电压、低功耗、低辐射（来自电路的高频信号）、重量轻、体积小、无闪烁、减少视觉疲劳、绿色环保、有利人体健康等原因而赢得了越来越多的计算机用户的青睐。

2.3 外部存储器

开机后，只有主板上的 BIOS（基本输入输出系统）程序在做硬件上电自检和操作系统（OS）的引导工作，而微机的操作系统和应用程序皆存放在硬盘中。硬盘、光盘和优盘等属于微机存储系统的外部存储器，和内存相比较，外部存储器具有非易失性、大容量、存储体可更换和便于携带等优点，其中硬盘是微机中必不可少的外部存储器。

2.3.1 硬盘驱动器

硬盘属于磁介质外存储器，由磁头、硬磁盘片、驱动电机和控制电路组成。信息存储在表面涂有磁性介质的盘片上，由磁头负责读写。磁头根据存取数据的地址，通过磁盘的转动找到正确的位置，读取数据并保存到硬盘的缓冲区中，缓冲区中的数据通过硬盘接口与外界进行数据交换，从而完成数据的读写操作。

硬盘驱动器是一个密封单元，在 PC 中用作非易失性数据存储器。硬盘驱动器通常存储着应用程序和用户数据，当硬盘发生故障时，后果通常非常严重。为了能够正确地使用、维护以及扩充 PC 系统，理解硬盘驱动器工作原理是非常必要的。

1. 硬盘的结构

硬盘尺寸主要有 3.5 吋、2.5 吋、1.8 吋、1 吋和 0.85 吋。台式机多使用 3.5 吋硬盘，防振方面并没有特殊的设计。2.5 吋硬盘是专门为笔记本电脑设计的，所以抗振性能比较好，也广泛应用于移动硬盘。

硬盘接口类型主要有 IDE（Integrated Drive Electronics，电子集成驱动器）、SCSI（Small Computer System Interface，小型计算机系统接口）和 SATA（Serial ATA，串行ATA）、USB（Universal Serial Bus，通用串行总线）和 IEEE 1394。SCSI 硬盘主要应用于中、高端服务器和高档工作站。目前市场主流硬盘接口为 SATA 和 IDE，微机装配中使用IDE 接口的居多。

小资料：SATA 硬盘

SATA 即串行 ATA，采用串行方式进行数据传输，具备更强的纠错能力和更高的数据传输可靠性，且串行接口结构简单、支持热插拔。SATA 1.0 的数据传输速度达 1.50MB/s，

SATA 2.0 的数据传输速度可达 300MB/s，SATA 3.0 的最高数据传输速度将达到 600MB/s。SATA 1.0 和 SATA 2.0 为目前的主流硬盘接口。

（1）硬盘的外部结构。

无论何种硬盘，其外部结构基本相同。硬盘的外部结构主要由电源接口、数据接口、硬盘跳线、控制电路板构成。

① 电源接口：IDE 硬盘电源接口为 D 型 4 针接口，SATA 硬盘采用 15 针的 SATA 专用电源接口（有的还会另外再提供 D 型 4 针电源接口）。

② 数据接口：IDE 硬盘采用 80 芯 40 针数据接口（老式硬盘采用 40 芯 40 针数据接口），SATA 硬盘的数据线接口采用 7 针数据接口。硬盘接口如图 2—17 所示。

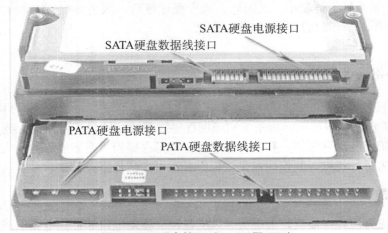

图 2—17　硬盘接口（PATA 即 IDE）

③ 控制电路板：硬盘的控制电路板由主轴调速电路、磁头驱动与伺服定位电路、读写控制电路、控制与接口电路等构成。此外，还有高速缓存和一块用于存储硬盘初始化程序的 ROM 芯片。硬盘控制电路板如图 2—18 所示。

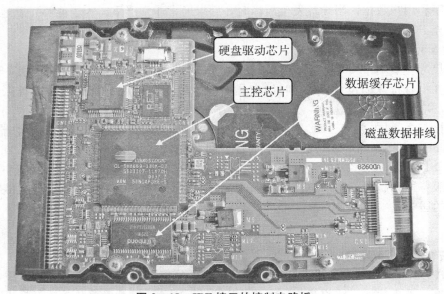

图 2—18　IDE 接口的控制电路板

（2）硬盘的内部结构。

硬盘内部结构包括磁盘组件、主轴电机、磁头驱动机构和读写磁头等主要部件，硬盘的内部结构如图 2—19 所示。

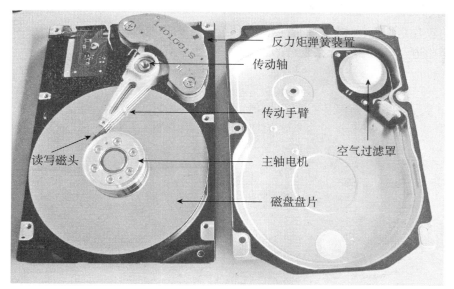

图 2—19　硬盘的内部结构

① 磁盘组件：磁盘组件又称盘体，由多个碟片组成。硬盘中的碟形盘片，通常由铝或玻璃制成。与软盘不同，这些盘片不能弯曲或折绕，也因此称为硬盘。

② 主轴电机：硬盘的主轴组件主要是轴承和马达。硬盘内的电机都为无刷电机，在高速轴承支撑下机械磨损很小，可以长时间连续工作。硬盘轴承有滚珠轴承、油浸轴承和液态轴承，目前市场主流为液态轴承。主轴电机和磁盘组是固定在一起的。

③ 磁头驱动机构：磁头驱动机构主要由电磁线圈电机、磁头驱动小车和防振动装置构成。高精度的轻型磁头驱动机构能够对磁头进行正确的驱动和定位，并能在很短的时间精确定位系统指令指定的磁道。

④ 读写磁头组件：读写磁头组件由读写磁头、传动手臂、传动轴三部分组成。磁头采用非接触式结构，读写数据时通过传动手臂和传动轴以固定半径扫描盘片。

磁存储器的工作原理是利用特定的磁粒子的极性来记录数据。磁头在读取数据时，将磁粒子的不同极性转换成不同的电脉冲信号，再利用数据转换器将这些原始信号变成电脑可以使用的数据，写的操作与此相反。

磁盘在工作时高速旋转，目前流行的硬盘转速是 7 200 转/分钟。在笔记本电脑中，硬盘可以在空闲的时候停止旋转，以便延长电池的使用时间。当驱动器正在运转时，非常薄的空气垫层使每个磁头悬浮在盘片之上或之下一个很小的距离（磁头在盘面上的飞行高度降到 0.1～0.3 μm），这种现象称为"温氏效应"。如果空气垫层受到灰尘颗粒或振动的干扰，磁头可能会触及全速旋转的盘片。这种接触的力量大到足以造成损坏的事件称作磁头碰撞。磁头碰撞会出现从丢失几个字节到损毁整个驱动器的结果。因此硬盘的内部空间要求无尘，而不是真空。

由于盘片组件是密封的，并且不许拆卸，所以盘片上的磁道密度能做得非常高。现在，硬盘驱动器的磁道密度达 20 000 以上 TPI（每英寸磁道数）。工厂在有绝对卫生条件的超净室里，生产盘片的磁头盘组（HDA），组装和密封硬盘。硬盘肯定会坏，注意备份数据。

2. 磁道、扇区和柱面

硬盘的盘片是圆形物体，不能套用内存的行列方式管理数据的读出与写入，硬盘的存储区域是按照磁道、扇区和柱面来划分的，如图 2—20 所示。

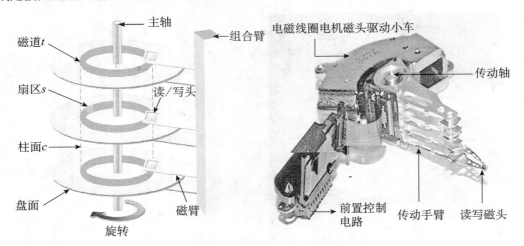

图 2—20　磁盘的扇区、柱面示意图和磁头组件剖析

（1）磁道。

磁道是磁盘面上的一个圆形区域，一个盘面上的若干个磁道属于一个同心圆。硬盘通常由重叠的一组盘片构成，每个盘面都被划分为数目相等的磁道，并从外缘的"0"开始编号。许多盘片的一个磁道能存储 100 000 字节甚至更多的数据，如果将磁道作为一个存储单元，则磁盘利用效率较低。微机采用"段页式"数据管理，每页为一个存储单位，不需要太大的存储空间。段页式管理数据存储使用效率高。

（2）扇区。

将磁道分成若干个编号的圆弧段扇形区域，称为扇区。磁道上的扇区不同于磁道，磁道编号从 1 开始。不同类型的磁盘驱动器依据磁道密度，将磁道划分成不同数量的扇区。例如，软盘使用每磁道 8～36 个扇区，而硬盘通常以更高的密度存储数据，可以使用每磁道 17～100 个或更多的扇区。PC 系统中，通过标准格式化程序产生的扇区容量为 512 字节。

（3）柱面。

磁盘组通常由几个盘片组成，一个盘片有两个面，且每个磁盘面的磁道数和磁道编号都是相同的，具有相同编号的磁道在空间上形成一个柱体，其表面称为磁盘的柱面。磁盘的柱面数与一个盘面上的磁道数是相等的。

由于每个盘面都有自己的磁头，因此，盘面数等于总的磁头数。硬盘的 CHS，即 Cylinder（柱面）、Head（磁头）、Sector（扇区），只要知道了硬盘的 CHS 的数目，即可确定硬盘的容量：

硬盘的容量＝柱面数×磁头数×扇区数×512B

48

3. 硬盘的技术指标

硬盘的主要技术参数有主轴转速、数据传输速度、平均寻道时间、平均潜伏期、平均访问时间、缓存、单碟容量、耐用性等。

（1）主轴转速。

主轴转速直接影响硬盘的平均寻道时间和实际读写时间，也就是直接影响硬盘的数据传输速度，单位为 rpm（Rotation Per Minute，转/分钟）。

（2）数据传输速度。

硬盘的数据传输速度与硬盘的转速、接口类型、系统总线类型有重要关系，是衡量硬盘速度的一个关键参数，也直接关系到系统的运行速度。

（3）平均寻道时间。

平均寻道时间是指从发出一个寻址命令，到磁头移到指定的磁道（柱面）上方所需的平均时间。平均寻道时间越小，硬盘的运行速度相应也就越快。平均寻道时间一般为 7.5～14ms。

（4）平均潜伏期。

平均潜伏期是指当磁头移动到指定的磁道后，要等多长时间指定的读/写扇区会移动到磁头的下方（磁盘工作时，盘片高速旋转），盘片转得越快，平均潜伏期越短。平均潜伏期是指磁盘转动半圈所用的时间。

（5）平均访问时间。

平均访问时间（也称平均存取时间）是指从读/写指令发出到第一笔数据读/写时所用的平均时间，包括了平均寻道时间、平均潜伏期与相关的内务操作时间（如指令处理）。由于内务操作时间一般很短（一般在 0.2ms 左右），可忽略不计，所以平均访问时间可近似等于平均寻道时间与平均潜伏期之和，因而又称平均寻址时间。

（6）缓存。

缓存是为了提高硬盘的读写速度，减少读写硬盘时 CPU 的等待时间。缓存的主要作用是预读取、写缓存和读缓存。缓存的大小与速度是直接关系到硬盘传输速度的重要因素。

（7）单碟容量。

单碟容量越大，使用的碟片就越少，系统可靠性也就越好，同时磁头的寻道动作和移动距离减少，使平均寻道时间减少，加快硬盘访问速度。

（8）耐用性。

耐用性即使用寿命，通常用平均无故障时间、元件设计使用周期和保用期等指标来衡量，磁盘的磁性寿命为 10 年以上，而马达的寿命较短，一般在 5 万小时左右，另外 PCB 线路以及工作环境都是影响硬盘寿命的因素。

4. 硬盘的选购

以前的微机主板通常设有 2 个 IDE 接口和一个软驱接口，微机装配时只能选择 IDE 接口的硬盘。目前销售的主板大多还配有 SATA 接口（如图 2—21 所示），使用这样的主板给硬盘的选择留有空间。选购硬盘除了需要考虑品牌、接口类型和容量外，还应考虑转速、缓存大小、单碟容量等因素。目前装机至少选择转速在 7 200 转/分钟、250G 以上的硬盘。随着硬盘技术的不断发展，2TB 以上容量的硬盘已经面世。

图 2—21 两个 L 型 SATA 硬盘控制器接口

2.3.2 光盘驱动器

光学信息存储技术是从 20 世纪 70 年代发展起来的，早期开发主要集中在音像娱乐制品上，如激光数字音响 CD（Compact Disc）盘和激光视频录像 LD（Laser Disc）盘，此后推出了计算机用外存光盘（CD-ROM）。由于光存储技术有很多优点，随着计算机应用的普及和对信息存储、检索量越来越大的需求，推动了光存储技术的迅速发展。

1. 光学信息存储的优点

光学信息存储器包括光盘和驱动器两部分，光盘是存储介质，驱动器是光学信号转换设备。光盘的使用类似于软盘，更换方便，携带容易。和硬、软磁盘相比，光盘存储器不仅存储容量大，还具有存储密度高、成本低、非易失、易保存、可靠性高、寿命长、互换性好的特点。主要表现如下：

（1）存储密度高：光盘的线密度一般是千位/mm，道密度是 600～700 道/mm，所以光盘的面密度一般可达 10～100 兆位/cm^2。

（2）数据传输速度快：一般数据传输速度可达几兆至几十兆字节/s。

（3）数据保存时间长：光盘的记录介质是封在两层保护膜中的，并且光学信息的存取过程是非接触式的，无磨损、抗污染，因此寿命很长，数据保存时间可达 20 年。

（4）信息位价格低：目前的光盘介质非常便宜，每片盘的成本低于 1 元人民币。

2. 光学信息存储标准

目前常用的光盘有 CD、VCD、DVD、CD-ROM、CD-R、CDR-W 几种格式，它们是以不同的光存储信息标准划分的，而记载这些工艺标准的文件分别用不同的颜色包装以示区别，所以称它们为"彩皮书"。

（1）CD（Compact Disc）激光唱片（红皮书）。

它是为了存储数字式高保真音乐而制定的标准。这一标准也称为 CD-DA（Compact Disc-Digital Audio）标准。其中规定了 CD 的尺寸、特性、编码、错误校正等。

（2）VCD（Video CD）电影光盘（白皮书）。

它通常简称 VCD 电影光盘。这是一种数字电视视盘，存有数字化的电视图像和伴音。是激光视盘（LD）的替代产品。一片 VCD 光盘存放 74 分钟的电视节目，图像质量和声音质量分别达到家用放映机 VHS 和激光唱片 CD-DA 的水平。VCD 盘上的视频和音频信号采用国际标准 MPEG-1 进行压缩编码，播放时要进行实时解压缩处理。

（3）DVD（Digital Versatile/Video Disc）数字多用途光盘。

视频 DVD 利用 MPEG2 的压缩技术来储存影像。作为其他用途，还可以存储计算机数据和音频。DVD 集计算机技术、光学记录技术和影视技术等为一体，其目的是满足人们对大存储容量、高性能存储媒体的需求。

DVD 作为数据存储常见的有 DVD-R、DVD-RW 和 DVD-RAM。其中 DVD-RAM 可以用做虚拟硬盘，能随机存取。DVD-RAM 的优点在于非线性的资料存取，可允许随机方式存取资料，用起来就像硬盘一样，可以随意删除或增添档案片段，所以其最大的性能优势就在于资料的存取上。目前应用的 DVD-RAM 是 2.0 版本，容量为 4.7GB（单面）或 9.4GB（双面）、卡匣式包装、可以重写 10 万次。但 DVD-RAM 必须在专用的 DVD-RAM 烧录机或录放映机上才能读取，所以兼容性相对于 DVD-RW 或是 DVD＋RW 较差。

DVD-Video 用于电影和其他可视娱乐产品。若采用双面每面双层结构，总容量可达 17GB。

（4）CD-ROM（CD-Read Only Memory）只读 CD 光盘（黄皮书）。

CD-ROM 光盘是以 CD 光盘为信息载体的电子出版物。一片 CD-ROM 光盘可以存储650MB 以上的数据，相当于 20 万页文本的数据量。它还具有易于分发、保管，方便携带，有利于保密等优点。CD-ROM 在 CD-DA 的标准基础上增加了错误检测和错误校正功能。

（5）CD-R（CD-Recordable）和 CD-RW（CD-Rewritable）（橙皮书）。

CD-R 是可写入式 CD 光盘，但信息写入后不可改写，数据可以分多次写入，称为Multi-session。CD-RW 是可反复擦写的，在光盘上的信息擦去后，可重新写入新的信息。目前 CD-RW 主要有磁光型（MO）和相变型（PC）。

在使用光碟的过程中，人们经常疑问哪一种颜色介质的光碟性能最好？早期的光碟使用金属薄膜作为光信息记录介质，现在市场上销售的多种光碟都是由"有机聚合染料"制成的，不同的有机聚合染料做成的光碟表面颜色不同，物理性质也有差别。表 2—1 列出了常用的颜色组合，并给出了使用组合的品牌及一些技术信息。

表 2—1 　　　　　　　　　　　　　 CD-R 介质颜色及其对记录的影响

质颜色	品牌	技术特点
金色—金色	Mitsui Kodak MaxELL Ricoh	酞菁染料 电源变化容差小，适用的驱动器面不广 由 Mitsui Toatsu Chemicals 发明 在长写策略（长激光脉冲）刻写介质的光驱中工作最好
金色—绿色	Imation（3M） Memorex Kodak BASF TDK	花青染料，对读盘和写盘变化较宽容，额定有 10 年寿命 Taiyo Yuden 研制的颜色组合 在原 CD-R 标准开发中使用，事实上的 CD-R 工业标准 在 CD-R 技术开发期间使用的原始颜色组合 用短写策略（短激光脉冲）刻写介质的光驱中工作最好
银色—蓝色	Verbatim DataLifePlus HiVal MaxELL	由 Verbatim 开发的工艺 偶氮染料 性能类似绿介质，额定寿命能到 100 年 长期文档保存的理想选择

市场上光碟五光十色，那是厂商使用了几种颜色的组合。不同的颜色组合有各自的优点，究竟选择哪一种类型的介质？最好的方法是尝试几种主要品牌的光碟，在自己的光驱中进行满盘刻写和部分刻写，然后将刻写完成的介质在各种品牌和速度的光驱中进行测试。

3. CD-ROM 驱动器工作原理

光驱主要由主体支架、光盘托架、激光头组件、电路控制板组成（如图 2—22 所示），其中激光头是光驱最精密的心脏部分，由一组透镜和光电二极管组成，主要负责数据的读取工作。当光驱在读光盘时，从光电二极管发出的电信号经过转换，变成激光束，再由平面棱镜反射到具有凹凸小坑的光盘上形成相应强弱的反射光，反射光再经过平面棱镜的折射，由光电二极管变成电信号，经过控制电路的电平转换，变成数字信号，也即光盘的内容。

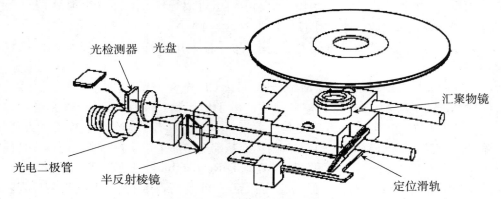

图 2—22　CD-ROM 驱动器的主要部件

（1）CD-ROM 驱动器的工作方式。

① 激光二极管向一个反射镜发射一束低功率的红外线光束。

② 伺服电机根据微处理器的命令，通过移动反射镜将光束定位在 CD-ROM 正确的轨道上。

③ 当光束照到光盘时，这个红外光已通过盘片下面的第一个透镜聚集起来并聚焦，从镜子反射回来的光束送到光束分离器。

④ 光束分离器将返回的激光束送往另一个聚焦透镜。

⑤ 这个最后的透镜将光束送往一个光检测器，在那里将光信号转换成电脉冲。

⑥ 这些电脉冲由微处理器解码，然后以数据的形式送往主机。

（2）光盘中数据的存放方式。

① 光道：CD-ROM 上的光道与磁盘中的不同，它是一条螺旋线，如图 2—23 所示。CD-ROM 上的螺旋线开始于 CD-ROM 上的中心，逐渐向外沿展开。所以光碟的外边沿损坏，不影响光碟内侧圆的数据存储。

② 扇区：CD-ROM 的扇区结构很复杂。扇区沿螺旋线排列，有 3 种物理扇区方式，即扇区方式 0，扇区方式 1 和扇区方式 2。

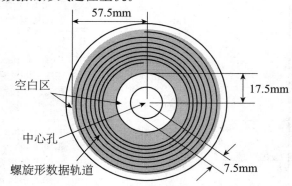

图 2—23　光盘的数据记录格式

4. 光驱的主要技术指标

光驱的性能指标包括数据传输模式、数据传输速度、平均寻道时间等。

（1）数据传输模式：光驱的传输模式主要有 PIO（Programmed Input/Output，可编程输入输出）、MDA（Direct Memory Access，直接内存访问）和 UMDA（Ultra DMA）三种。UMDA 模式下光驱读取数据时 CPU 的占用率最低，并且有最高的传输速度。

（2）数据传输速度：数据传输速度是光驱最基本的性能指标，它是指光驱在每秒钟能读取的最大数据量。第一代光驱的读取速度为 150KB/s，以此数据传输速度为单倍速基准，则 56 倍速光驱其数据传输速度即为 8 400KB/s。但 DVD 光驱的单倍速基准为 1 385KB/s，则 16 倍速 DVD 光驱的传输速度为 22 160KB/s。

（3）平均寻道时间：寻道时间是指激光头在接收到读取命令后将激光头调整到数据所在轨道上方所用的时间。40～56 倍速光驱的寻道时间为 80～100ms，刻录光驱的平均寻道时间一般都比 CD-ROM 的平均寻道时间要长。

（4）CPU 占用时间：CPU 占用时间是指光驱在维持一定的转速和数据传输速度下读取数据所占用 CPU 的时间。该指标是衡量光驱性能的一个重要指标。

（5）容错能力：光驱的容错能力也是光驱的重要技术参数。AIEC（Artificial Intelligence Error Correction，人工智能纠错）是一项比较成熟的光驱容错技术。有些光驱为了提高容错能力，提高了激光头的功率，但这会加速激光头的老化。

（6）缓存：光驱的缓存能够提高数据传输效率，目前主流光驱的缓存大小为 512KB 和 2MB。

5. 光驱接口

光驱的前面板大家熟知，光驱的背面接口对于微机装配至关重要。光驱接口如图 2—24 所示，主要由电源插座、数据线接口、主/从跳线、音频输出接口等组成。光驱的接口方式有 IDE、SATA、SCSI 和 USB 接口等。IDE 和 SATA 是目前微机普遍使用的光驱接口方式；SCSI 光驱接口一般应用于网络服务器；USB 接口一般用于外置光驱。音频输出接口可通过音频线和声卡相连，用以播放 CD 乐曲。主/从跳线用以区分在同一条数据线上连接两个 IDE 设备的主从关系。

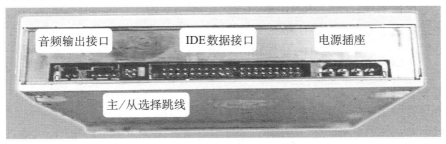

图 2—24　光驱接口的说明

6. 光驱的选购

光驱的选购除了考虑品牌和直接影响整个多媒体系统性能充分发挥的性能指标外，还应注意以下几点：

（1）数据传输速度。

无须盲目追求高传输速度，虽然传输速度高读写光盘的速度快，但是高转速时读写数据的出错率将上升，容错性将变差。另外，光驱在读取质量稍差的盘片时，光驱会自动提升激光强度、降低读盘速度，所以这个最快速度是很难达到的。其实光驱的缓存、寻址能力和容错性也起着重要作用。

（2）DVD 刻录机类型。

由于盘片的兼容性问题，目前市场上主流刻录机是 DVD Dual 机型和 DVD Super-Multi 机型。其中 DVD Dual 机型兼容 DVD—R/RW 和 DVD＋R/RW，满足一般用户需求；DVD Super＿Multi 机型能够兼容所有的盘片格式。

2.3.3 移动存储设备

存储介质和读写驱动器封装在一起、能够脱离主机的计算机部件称为移动存储设备。随着移动存储技术的发展，移动存储设备的应用越来越普及，目前常用的移动存储设备有移动硬盘、U 盘和微硬盘等。由于 U 盘的体积微小、容量大、价格便宜，深受大家欢迎。

1．优盘

优盘与微机之间的连接采用 USB 接口，优盘也称为 U 盘或闪存盘，如图 2—25 所示。U 盘使用半导体材料、闪存（Flash Memory）模式，脱机存储时不需要供电维持。U 盘结构简单，由存储芯片、控制芯片和 USB 接口组成，具有体积小、防磁、防振、防潮等优点。目前，U 盘已领先于移动硬盘等成为移动存储设备的主角。

图 2—25　优盘

（1）容量：目前主流的 U 盘容量有 2GB、4GB 和 8GB 等。随着 Flash 芯片技术的提高，已推出了容量高达 16GB 和 32GB 的 U 盘。

（2）可靠性：可以采用独有的加密模式对盘体整体加密，也可以对 U 盘进行自定义分区，并对每个分区进行自定义加密。

2．移动硬盘

移动硬盘采用 2.5 吋硬盘作为存储设备，搭配接口电路后封装在精美的外壳中。移动硬盘的存储容量大，携带方便，即插即用，是早期电脑工作者必备的移动存储设备之一，如图 2—26 所示。目前市场上主流移动硬盘的容量为 40GB 或 80GB。

（1）接口类型：移动硬盘大多采用 USB 或 IEEE1394 接口，能提供较高的数据传输速度。目前市场主流接口类型为 USB 接口，数据传输标准是 USB 2.0。

（2）转速：目前市场主流移动硬盘的转速为 5 400rpm 和 7 200rpm。

（3）可靠性：移动硬盘多采用硅氧盘片，增加了盘面的平滑性和盘面硬度，具有较高的可靠性。

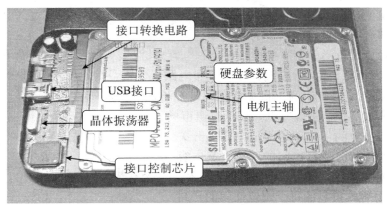

图 2—26　移动硬盘的内外结构（硬盘参数：40GB、5400 转/分、8 兆缓存）

3. 微硬盘

采用标准硬盘结构的存储设备，尺寸为 1.8 英寸及以下的硬盘称为微硬盘。微硬盘采用低成本高容量的硬盘技术，一般用于笔记本电脑、数码相机、MP3 以 MP4 播放器、手机、PDA、掌上导航设备以及迷你移动硬盘等。目前，微硬盘逐渐被"闪存"所取代。

 小资料：USB 接口的标准

目前流行的微机 USB 接口数据传输标准是 USB 2.0，有的主板已经使用 USB 3.0 的传输标准。USB 2.0 将设备之间的数据传输速度增加到 480Mbps，比 USB 1.1 标准快 40 倍左右，速度的提高对于用户的最大好处就是意味着用户可以使用到更高效的外部设备，而且具有多种速度的周边设备都可以被连接到 USB 2.0 的线路上，无须担心数据传输时发生瓶颈效应。

USB 2.0 可以使用原来 USB 定义中同样规格的电缆，接头的规格也完全相同，在高速的前提下同样保持着 USB 1.1 的优秀特色。USB 数据线不分 1.1 和 2.0，但是线有质量好坏之分。有的线质量不好，线缆的阻抗不匹配，导致数据传输速度大打折扣，甚至不能正常使用。另外数据线应该尽量短，最大长度为 5 米。USB 接口理论上可以支持 127 个装置，通过 USB 扩展器可连接多个周边设备。

2.4　输入输出设备

输入输出设备也称为 I/O 设备，是实现人机交互的主要途径。常用的输入设备有键盘、鼠标、扫描仪、触摸屏等；输出设备有显示器、打印机、音响等。

显示器和显示卡已成为计算机最小系统的必要设备，前边已做介绍。

2.4.1　键盘

键盘是最常见的计算机输入设备，它广泛应用于微型计算机和各种终端设备上。计算机操作者通过键盘向计算机输入各种指令、数据，指挥计算机工作。计算机的运行情况输出到显示器，操作者可以很方便地利用键盘和显示器与计算机对话，对程序进行修改、编辑，控制和观察计算机的运行。

1. 键盘结构

键盘按工作原理分类主要有机械式键盘、电容式键盘、塑料薄膜式键盘和导电橡胶式键盘等。无论哪种键盘，都是由按键、键位分布电路板、键盘控制电路几部分组成。20 世纪 90 年代初，计算机广泛使用的是机械式键盘。这种键盘由印刷电路（PCB）和分立键控元件构成，生产成本高、制造效率低，现已退出市场。

（1）电容式键盘的工作原理类似电容式开关的应用，通过按键时改变电极间的距离引起电容容量的改变从而驱动编码器，工作原理如图 2—27 所示。由于电容式键盘的每个键位使用的是封闭式结构，其整体成本远高于开放式结构的薄膜接触式键盘。目前市场上宣称电容式键盘的廉价商品，其实都是工艺简单的薄膜接触式键盘。

（2）薄膜接触式键盘。

薄膜接触式键盘又称薄膜式键盘。尽管形状各异，但它的基本工作原理和机械触点式键盘一样，都是依靠机械性的导电触点产生按键信号。

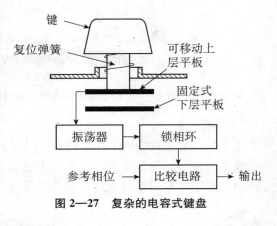

图 2—27　复杂的电容式键盘

薄膜式键盘和机械式键盘一样，存在使用寿命短、易损坏等问题。但是，由于薄膜式键盘中的橡胶弹簧取代了金属弹簧，所以它的手感比机械式键盘要好，接近于电容式键盘。虽然使用寿命不及电容式键盘，但比机械式键盘要长得多。

2. 薄膜式键盘的工作原理

键盘内的核心部件是控制电路板，板上的微处理器（俗称单片机）负责控制整个键盘的工作，如上电自检、按键触发扫描、扫描码的缓冲以及和主机的通信等。

键盘的内部电路主要由逻辑电路和控制电路组成。逻辑电路在塑料薄膜上排列成矩阵形状，每个按键都安装在矩阵的一个交叉点上；控制电路由按键识别扫描电路、编码电路和接口电路组成，集成在键盘控制的单片机中，如图 2—28 所示。当某个热键按下时，交叉点将连通，从导电薄膜传来的导通信号输入到电路板上的微处理器芯片。微处理器根据上下两组表面导线的编号，通过芯片内部的一张按键排列表查找出对应按键的 ASCII 码，并将该按键的二进制代码传送给主机。

薄膜式键盘的逻辑电路由三层薄膜组成，上层和下层具有镀膜电路，中间层是带有键位孔的绝缘层，如图 2—29 所示。当某按键按下时，被中间层隔开的上下层电路触点接触；按键释放时，上下层电路触点还原，由中间绝缘层隔开，这就是薄膜接触式键盘的触发动作的关键

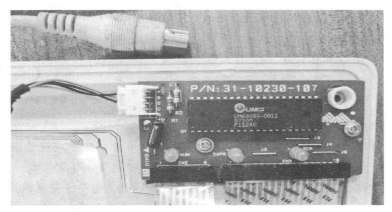

图 2—28　薄膜接触式键盘内部的控制电路板

之处。薄膜式键盘的致命缺陷是惧怕严寒，低温会使塑料薄膜变硬脆裂而损坏电路。

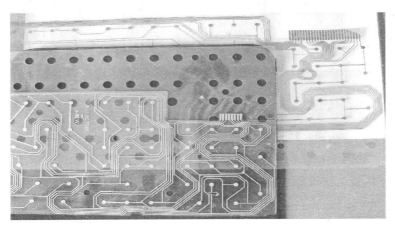

图 2—29　键盘内的三层薄膜电路

3. 键盘的选购

（1）键盘的触感。

作为日常接触最多的输入设备，手感毫无疑问是很重要的。判断一款键盘的手感如何，会从按键弹力是否适中、按键受力是否均匀、键帽是否松动或摇晃，以及键程是否合适这几方面来测试。虽然不同用户对按键的弹力和键程有不同的要求，但一款高质量的键盘在这几方面应该都能符合绝大多数用户的使用习惯。

（2）键盘的外观。

外观包括键盘的颜色和形状，一款漂亮时尚的键盘会为你的桌面添色不少，而一款古板的键盘会让你的工作更加沉闷。因此，对于键盘外观只要你觉得漂亮、实用就可以了。

（3）键盘的做工。

键盘的售价较低，但也应该精心挑选。好键盘的表面及棱角精致细腻，键帽上的字母和符号通常采用激光刻入，手摸上去有凹凸的感觉。最好不要购买那种用油墨印上去的字符键帽，因为印上去的油墨会较快脱落。

（4）键盘的噪声。

一款好的键盘必须保证在高速敲击时也只产生较小的噪声，不会影响到别人休息。

（5）键位冲突问题。

在玩游戏的时候，常常会连续使用某些组合键的，所以购买键盘时应注意键位冲突问题。

 小资料：多媒体键盘

多媒体键盘是在传统键盘的基础上，增加了一些常用的快捷键或音量调节装置，如图2—30所示。增加的这些按键（快捷键）使PC操作进一步简化，可以实现一键关机、休眠、唤醒等操作，对于打开浏览器软件、启动多媒体播放器等也只需要一键完成。

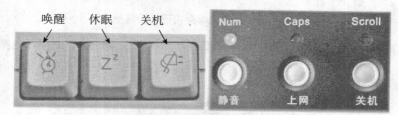

图2—30　多媒体键盘的快捷键

2.4.2　鼠标

鼠标的全称为：显示系统纵横位置指示器。鼠标是计算机最基本的输入设备之一，可分有线和无线两种，如图2—31所示。鼠标的运用使计算机操作界面图形化成为现实，Windows的桌面图标代替了指令系统，鼠标操作取代了烦琐的键盘输入，使计算机应用更加简便，深受大家欢迎。

图2—31　有线和无线鼠标

1. 鼠标分类

（1）**按结构分类**：常用鼠标可分为机械式、光机式、光学式等。

（2）**按接口分类**：可分为COM接口、PS/2接口、USB接口等。

另外，还有一些新型的鼠标，如无线鼠标、蓝牙鼠标、3D鼠标等。

2. 鼠标的工作原理

鼠标的基本工作原理是当移动鼠标时，把移动的距离和方向信息转换成脉冲信号，再把脉冲信号转换成鼠标器光标的坐标数据，从而达到指示位置的目的。当然不同类型的鼠标其具体的工作原理还是有区别的。

（1）机械鼠标。

机械鼠标主要由滚球、辊柱和光栅信号传感器组成。当拖动鼠标时，带动滚球转动，滚球推动辊柱转动，装在辊柱端部的光栅信号传感器产生的光电脉冲信号反映出鼠标器在垂直和水平方向的位移变化，再通过主机的程序处理和转换控制屏幕上的光标箭头移动。

（2）光机式鼠标。

光机式鼠标器也称为半光电鼠标，是一种光电和机械相结合的鼠标。在机械鼠标的基础上，将最易磨损的接触式电刷和译码轮改为非接触式的 LED 对射光路元件。当小球滚动时，X、Y 方向的滚轴带动码盘旋转。在码盘两侧安装有两组发光二极管和光敏三极管，LED 发出的光束在码盘的遮挡影响下照射到光敏三极管上，从而产生两组相位相差 90°的脉冲序列。脉冲的个数代表鼠标的位移量，而相位表示鼠标运动的方向。由于采用了非接触部件，降低了磨损率，从而大大提高了鼠标的寿命并使鼠标的精度有所增加。光机鼠标的外形与机械鼠标没有区别，不打开鼠标的外壳很难分辨。半光电鼠标的结构如图 2—32 左图所示。

（3）光电鼠标。

光电鼠标通过检测鼠标的位移，将位移信号转换为电脉冲信号，再通过程序的处理和转换来控制屏幕上的光标箭头的移动。光电鼠标用光电传感器代替了滚球。这类传感器需要特制的、带有坐标图案的垫板配合使用。此鼠标价格昂贵、使用不便，现已退出市场。

（4）光学鼠标。

光学鼠标是目前流行的、微软公司设计的一款高性能鼠标，采用光学图像处理技术识别鼠标的运动轨迹。鼠标内的图像处理芯片底部的小洞里有一个小型感光头，感光头接收红外线发光管的回传信息。发光二极管每秒钟向外发射 1 500 次光束，感光头将反射回馈的信息传送给定位分析系统，从而实现准确的光标定位。这种鼠标不受接触界面的限制，可在任何表面上移动，但透明物体除外。光学鼠标的内部结构如图 2—32 右图所示。

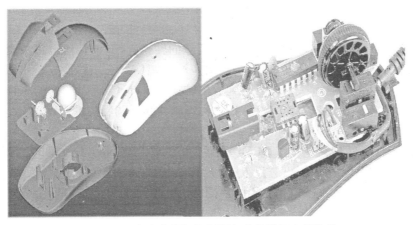

图 2—32　半光电鼠标解剖图和光学鼠标内部结构

2.4.3　打印机

打印机是计算机的输出设备之一，利用打印机可以将微机的输出内容打印成各种文档、图形、图像等。根据工作原理打印机可为针式打印机、喷墨打印机和激光打印机。另外还有一些比较特殊的打印机，如热升华打印机、热蜡打印机等，主要用于高级印刷、广告招贴等专业领域。

2.4.4　扫描仪

扫描仪是计算机的输入设备，是一种高精度光电一体化的高科技产品。扫描仪能够将图片、文字及各种印刷品，甚至是立体实物的图像信息输入到计算机系统中。

（相关打印机和扫描仪的内容详见第 3 章。）

小资料：OCR

光学字符识别（Optical Character Recognition，OCR），是指一种使用光学手段通过光学特征识别，将图像信息转换成文本信息的技术。生成的文本信息可用任何文本编辑器编辑，从而实现图形字符识别。

扫描仪将文本信息转换成 PDF 格式的图像文件，OCR 识别系统则可以对 PDF 格式的文件进行分析，通过文字特征抽取、模式识别比对判断，将图像文件中的文字信息变换成计算机文字代码，最后经人工校正将认错的文字更正，输出人们所需要的文本文件。

2.5　多媒体设备

2.5.1　声卡

声卡也叫音频卡，是多媒体电脑中进行音频信息处理，实现模/数信号相互转换的硬件。声卡具有声音合成、多声道混音、录音三个基本功能，可把来自话筒、光盘的原始声音信号加以转换，输出到耳机、音箱等设备，或通过 MIDI 接口（Musical Instrument Digital Interface，音乐设置数字接口）使乐器发出美妙的声音。

1. 声卡的工作原理

声卡的工作原理就是实现模拟信号和数字信号的转换。模/数转换电路负责从话筒中获取声音模拟信号，通过模数转换器（ADC），将声波振幅信号采样转换成一串数字信号，存储到计算机中。重放时，这些数字信号送到数模转换器（DAC），以同样的采样速度还原为模拟波形，放大后送到扬声器发声，这一技术称为脉冲编码调制技术（PCM）。

2. 声卡的结构

声卡主要由音频处理主芯片、MIDI 电路、CODEC（Coder Decoder，编码/解码器）模/数与数/模转换芯片、运放输出芯片组成。

不同的声卡其输入/输出接口稍有不同，图 2—33 所示的声卡具有四个音频接口和一个 MIDI 接口。

（1）线型输入或话筒插孔（Line In，粉红色）：即音频输入接口，通常连接话筒或外部音频设备。

（2）线性输出插孔 1（Line Out 1，淡蓝色）：即音频输出接口，连接音箱、耳机或其他放音设备。

（3）线性输出插孔 2（Line Out 2，绿色）：音频输出接口。

（4）线性输出插孔 3（Line Out 3，橙色）：音频输出接口。

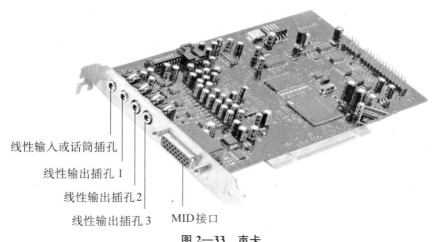

线性输入或话筒插孔

线性输出插孔 1

线性输出插孔 2

线性输出插孔 3   MID 接口

图 2—33 声卡

（5）MIDI 接口（标记为 MIDI）：该接口可以配接游戏摇杆、模拟方向盘，也可以连接电子乐器上的 MIDI 接口，实现 MIDI 音乐信号的直接传输。

3. 声卡的性能指标

（1）采样频率。

因为模拟音频信号是连续的电信号，所以必须对模拟音频信号进行采样和量化，转换成计算机所能处理的数字音频信号。

采样频率是指每秒钟对音频信号的采样次数。采样频率越高，声音的还原就越真实越自然。目前市场主流声卡的采样频率已达到 44.1kHz 或 48kHz，即达到了 CD 音质水平。

（2）量化位数。

采样得到的离散信号序列为模拟量，还需要把它们转化为数字量。转换后的数字用 n 位二进制来表示，称为量化位数。8bit 可以描述 256 种状态，16bit 则可以表示 65 536 种状态。量化位数越高，声音的质量就越好。目前市场上主流产品的量化位数是 16 位和 24 位。

（3）声道。

声道是指音频信号通过扬声器的通道。可分为单声道、多声道、准立体声、立体声、四声道环绕等。

（4）信噪比。

信噪比是输出信号电压与同时输出的噪声电压的比例，是声卡抑制噪声的能力，也是衡量声卡音质的一个重要因素，单位是 dB。信噪比越大，代表噪声越小。一般集成声卡的信噪比在 80dB 左右，PCI 声卡的信噪比大多数可以达到 90dB，有的高达 195dB 以上。

（5）频率响应。

频率响应是对声卡 D/A 与 A/D 转换器频率响应能力的评价。人耳的听觉范围在 20Hz～20kHz 之间，声卡就应该对这个范围的音频信号响应良好，最大限度地重现播放的声音信号。

（6）声效合成技术和三维音效技术。

声效合成技术有 Wave 音效合成技术、MIDI 音乐合成技术、FM 合成技术、波表合成技术和 DLS 合成技术等。三维音效技术有 Direct Sound 3D，A3D，A3D Surround 和 EAX

等三维音效 API（Application Programming Interface，应用编程接口）。

4. 集成声卡

目前主板上集成的声卡主要有两种，一种是符合 AC97（Audio Codec'97，音效多媒体数字信号编/解码器）标准的软声卡，另一种就是集成有音效芯片的硬声卡。无特殊要求，可以采用一体化集成主板。

5. 声卡的选购

声卡的选购除按需选购外，同时还应关注声卡的技术指标、兼容性、生产工艺水平，以及与音箱的合理搭配等因素。

2.5.2 音箱

音箱（如图 2—34 所示）是将电信号还原成声音信号的一种装置，声音还原的真实性是作为评价音箱性能的重要标准。

1. 音箱结构

音箱的主要结构分为扬声器和箱体两部分。

音箱的发声部件是扬声器，俗称"喇叭"。音箱中的扬声器大多是动圈式结构，喇叭的个头越大，其输出功率越大、低音效果越好。箱体的作用有二，一是承载扬声器，二是为了阻挡扬声器振膜正面和反面的声波信号直接形成回路，产生仅让波长很小的高频、中频声音可以传播出来，而其他较低频率的声音信号被叠加抵消掉的作用。使用箱体可以消除扬声器单元的声波信息短路、抑制声响共振、拓宽频响范围、减少失真。

图 2—34 音箱

2. 音箱的分类和特点

（1）按使用场合来分。

按使用场合来分可分为专业音箱与家用音箱两大类。

家用音箱一般用于家庭放音，其特点是音质细腻柔和，外形较为精致、美观，放音声压级不太高，承受的功率相对较小，价格相对较低。

专业音箱一般用于影剧院、体育场馆、大会堂、歌舞厅等专业文娱场所。一般专业音箱的灵敏度较高，放音声压高，力度好，承受功率大，价格甚至接近万元大关。在专业音箱系统中的监听音箱，其性能与家用音箱较为接近，所以常被家用 HI-FI 音响系统所采用。

（2）按放音频率来分。

按放音频率来分可分为全频带音箱、低音音箱和超低音音箱。

全频带音箱是指能覆盖低频、中频和高频范围放音的音响。全频带音箱的下限频率一般为 $30 \sim 60 Hz$，上限频率为 $15 \sim 20 kHz$。在一般中小型的音响系统中只用一对或两对全频带音箱即可完全担负放音任务。低音音箱和超低音音箱一般是用来补偿全频带音箱的低频和超低频放音不足的专用音箱。这类音箱一般用在大、中型音响系统中，用以加强低频放音的力度和震撼感。使用时，大多经过一个电子分频器（分音器）分频后，将低频信号送入一个专门的低音功放，再推动低音或超低音音箱。

（3）按用途来分。

按用途来分一般可分为主放音音箱、监听音箱和返听音箱等。

主放音音箱一般用作音响系统的主力音箱，承担主要放音任务。主放音音箱的性能对整个音响系统的放音质量影响很大，也可以选用全频带音箱和超低音音箱进行组合放音。监听音箱用于控制室、录音室作节目监听使用，它具有失真小、频响宽而平直，对信号很少修饰等特性，因此最能真实地重现节目的原来面貌。返听音箱又称舞台监听音箱，一般用在舞台或歌舞厅供演员或乐队成员监听自己演唱或演奏的声音。一般返听音箱做成斜面形，放在舞台地板上，这样既不致影响舞台总体造型，又可让演员听清楚，还不致造成啸叫声。

（4）按箱体结构来分。

按箱体结构来分可分为密封式音箱、倒相式音箱、迷宫式音箱、声波管式音箱和多腔谐振式音箱等。其中在专业音箱中用得最多的是倒相式音箱，其特点是频响宽、效率高、声压大，符合专业音响系统音箱形式，但因其效率较低，故在专业音箱中较少应用，主要用于家用音箱，只有少数的监听音箱采用封闭箱结构。密封式音箱具有调试简单，频响较宽、低频瞬态特性好等优点，但对扬声器单元的要求较高。目前，在各种音箱中，倒相式音箱和密封式音箱占大多数比例，其他形式音箱的结构形式繁多，但所占比例很少。

（5）按有无内置功率放大器分。

按有无内置功率放大器分为有源音箱和无源音箱。"源"指电源、功率放大器。

① 有源音箱：就是音箱内部有一组电路，有功放的作用。内置功率放大电路接通电源和输入信号就能工作。

② 无源音箱：内部没有功率放大电路，需外接功率放大器才能工作。无源音箱又称为"被动式音箱"。即是我们通常采用的，内部不带功放电路的普通音箱。无源音箱虽不带放大器，但常常带有分频网络和阻抗补偿电路等。可以把它看成是"木箱子加上喇叭"，这样的好处是声音能达到最佳状态，不会受到干扰。

3. 音箱的选购

家用音箱一般选用双声道，音乐发烧友可以选用多声道系统，如 5.1 音箱。多声道系统的整数部分表示包含几个声道，小数部分表示含有一个低音炮音箱，购买多声道音箱时注意要匹配主机音频输出的具体情况。选购时还应注意音箱的输出功率等性能指标，以及箱体材质、振膜材质、扬声器单元口径、防磁性能等因素。

2.6 机箱与电源

2.6.1 机箱

机箱是微机组成不可或缺的单元，它的作用是放置和固定微机组成的各个配件，起到承托和保护作用。此外，机箱还具有屏蔽电磁辐射的重要作用。机箱一般包括外壳、支架和面板。面板上装有开关、指示灯和扩展接口等；支架用于固定主板、电源和各种驱动器；外壳部分由铁皮冲压完成，组装微机时小心铁皮的毛刺划伤自己。

1. 机箱的分类

机箱可分为 AT、ATX、Micro ATX 以及最新的 BTX 四种类型。各种机箱类型支持的主板类型会有所不同，且电源的使用也有差别。

AT 机箱的全称应该是 BaBy AT，主要应用到只能支持安装 AT 主板的早期机器中。ATX 机箱是目前流行的机箱，支持目前市场上绝大部分类型的主板。Micro ATX 机箱是为了进一步节省桌面空间而制造的产品，因而比 ATX 机箱表现得轻薄一些。最新推出的 BTX 机箱改变了布局，重新设计了机箱内部的气流回路，使散热、机械性能及噪声等方面到达最佳平衡，同时便于主板的安装。各个类型的机箱只能安装其支持类型的主板，一般是不能混用的，而且电源也有所差别。所以大家在选购时一定要注意甄别。

2. 机箱的选购

机箱用来支撑、固定和保护电脑部件，在选购时，既要考虑选择好的品牌、材质、工艺，以及拆装方便性，也要综合考虑散热、扩展性、防振、防尘和减少辐射电磁波等性能。

2.6.2　电源

计算机属于数字信号运行设备，采用直流供电。CPU 等计算机芯片的供电电压不高于 5V；电机驱动部分为了提高输出功率，采用 12V 供电。由此可知，计算机电源的作用是将交流市电转换为电脑工作时所需要的低压直流电。计算机电源采用轻巧的开关电源变换器，封装在单独的铁盒内，如图 2—35 所示。

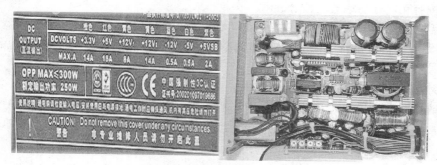

图 2—35　ATX 电源性能指标和剖析的电源盒

1. 电源分类

计算机电源分为 AT 电源和 ATX 电源。早期的电脑设备使用的是 AT 电源，这种电源使用双联开关控制交流电的通断，与 ATX 电源的最大区别是 AT 电源不支持 Windows 关机，会显示"你可以安全地关闭计算机了"！此刻还需手动关闭电脑电源。AT 机型的主板与电源在机器维修和教学实验中时常见到。ATX 电源与 Win 95 相伴，现已成为业界的标准。

（1）AT 电源。

AT 电源应用在早期的主板上，电源供电功率一般为 150～220W，共有四路输出（+5V、−5V、+12V、−12V）。一般，连接电源开关的四根接线用 4 种颜色所示，分别是棕、蓝、白、黑，接线方式如图2—36所示。在实际接线时，可随便选一种颜色的线，比如蓝色线接在开关的任意一个接头上，此刻其他三个接头就被接线规则固定了。接头不要搞错！否则，会使电源短路而造成严重后果。

AT电源连接主板的接头也很特殊，是两个六芯的插头。红色线表示5V，黑色线表示地线，接插时注意应使两个插头的黑线在中间。

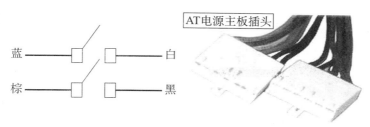

图 2—36　AT 电源的接插线规定

（2）ATX 电源。

ATX 电源广泛应用在现行的电脑中，它更符合"绿色电脑"的节能标准，对应的主板是 ATX 主板。与 AT 电源相比，ATX 电源增加了"+3.3V、+5VSB、PS-ON"三个输出。其中"+3.3V"输出主要是给 CPU 供电；而"+5VSB"、"PS-ON"输出则体现了ATX 电源的特点。ATX 电源取消了传统的机械开关控制电源是否工作，而是采用"+5VSB、PS-ON"的组合实现电源的软开启和关闭。只要控制"PS-ON"信号电平的变化，就能控制电源的开启和关闭，使微机的自动关机和远程唤醒成为现实。

2. 电源功率

电源功率可分为：额定功率、最大功率、峰值功率。额定功率是指在环境温度−5～50℃下、输入电压在180～264V 之间时，电源长时间稳定输出的功率，是选购电源的重要指标；最大功率是指环境温度在25℃左右、输入电压在200～264V 之间，电源可以长时间稳定输出的功率；峰值功率是指电源在极短时间内能达到的最大功率，时间仅能维持30s左右。

3. 电源的选购

随着计算机运算速度的提升，微机部件的功耗越来越大，电源的承载功率也应加大。电源的性能直接关系到电脑各个部件的正常运作，劣质电源会导致系统工作不稳定或死机，甚至造成 CPU、主板、显卡和硬盘等部件的物理损坏。选购电源时，除了选择好的品牌外，还应考虑如下因素。

（1）电源输出的额定功率不低于230W。如果有条件或热衷于"超频"，可考虑选购300W 以上的电源。如果电源输出功率太小，会出现电脑不能启动的现象。

（2）电源的风扇转动应顺畅，且噪声比较小。

（3）应具有双重过压保护功能，以防电压不稳定。否则一旦遇到瞬间高压，会烧毁系统。

（4）优质电源应拥有3C 认证（China Compulsory Certificate，中国国家强制性产品认证）、FCC 认证（Federal Communication Commission，美国联邦通信委员会）、CE 认证（Communate Europpene，欧盟），以及其他安全规范认证。

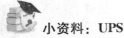

小资料：UPS

UPS（Uninterruptible Power System，不间断电源系统）是一种含有储能装置，以逆变器为主要组成部分的恒压、恒频的不间断电源。主要用于给计算机、服务器或银行办公的电子设备提供不间断的电力供应。当市电输入正常时，UPS 将市电稳压后供应给负载使用，同时还向机内的蓄电池充电，此时的 UPS 就是一台交流稳压器；当市电中断（如事故停电）时，UPS 立即将机内电池的电能，通过逆变转换的方法向负载继续供应 220V 交流电，使负载不间断地维持正常工作，保护负载软、硬件不受损坏。

实训2　认识微机的主要部件

1. 实训目的

正确识别微机主板、CPU、内存、硬盘等基本部件和常用的外围设备，了解各部件的主要技术指标。

2. 实训内容

（1）认识 CPU、主板、内存条，了解主要技术指标。

（2）认识硬盘、光盘、优盘、移动硬盘等存储设备，了解主要技术指标。

（3）认识键盘、鼠标、显卡、显示器等输入输出设备，了解主要技术指标。

（4）认识打印机、扫描仪等外部设备，了解主要技术指标。

（5）认识声卡、音箱等多媒体设备，了解主要技术指标。

（6）认识机箱、电源等其他部件，了解主要技术指标。

3. 实训要求

实训前认真复习本项目内容，通过观察微机各部件的外观及标识，参考相应的产品说明书，记录各个部件的型号和技术指标等信息。

4. 实训器材

（1）微机部件：主板、CPU 和风扇、内存条、硬盘、光盘驱动器、显卡、显示器、打印机、扫描仪、键盘、鼠标、声卡、音箱、机箱和电源。

（2）工具：十字螺丝刀、一字螺丝刀、镊子、万用表。

（3）其他：各微机部件相应说明书及实训报告书。

5. 实训步骤

（1）注意事项。

微机部件要轻拿轻放，不要碰撞，尤其是硬盘等精密电子器件。不要用手接触主板、声卡等各类板卡上的集成电路，以防静电损坏芯片。应尽量拿板卡的边缘。

（2）准备工作。

第一步：消除静电。

可以用手摸一摸金属水管等接地设备，有条件也可以佩戴防静电环，防止人体所带静电损坏电子器件。

第二步：检查设备。

检查实训所需微机部件和工具是否齐全。

（3）主机部件的认识。

第一步：认识CPU。

观察CPU的外观及标识，仔细阅读CPU、主板说明书，并记录CPU的型号和技术指标等信息。

第二步：认识CPU散热器。

观察CPU散热器的外观及标识，并记录CPU散热器的型号和技术指标等信息。

第三步：认识主板。

建议将主板放在比较柔软的物品上，如防静电包装袋或泡沫板，以免刮伤主板背部的印刷电路。仔细阅读主板说明书，参考主板PCB上的印刷，观察主板输出接口的不同形状（如图2—37所示），认识主板的主要芯片组及CPU插槽等主要组成部分，并记录主板的型号和技术指标等信息。

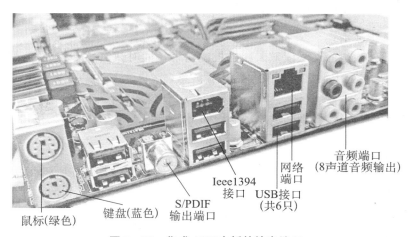

图 2—37　集成 ATX 主板的输出端口

第四步：认识内存。

观察内存的外观及标识，仔细阅读内存、主板说明书，同时认真查看主板的内存插槽，并记录内存的型号和技术指标等信息。

（4）外存储器的认识。

第一步：认识硬盘。

观察硬盘的外观及标识、IDE硬盘数据线和电源线以及它们的接口、SATA硬盘数据线和电源线以及它们的接口（硬盘的壳体由金属铝铸造，采用粗纹螺钉固定，如图2—38所示），仔细阅读硬盘、主板说明书，同时认真查看主板的IDE和SATA硬盘数据线插槽，并记录硬盘的型号和技术指标等信息。

第二步：认识U盘和移动硬盘。

观察U盘和移动硬盘的外观及接口，认真查看主板及机箱的UBS插口，同时仔细阅读主板说明书，并记录U盘和移动硬盘的型号和技术指标等信息。

（5）输入输出设备的认识。

第一步：认识键盘和鼠标。

观察键盘和鼠标的外观，注意区分键盘和鼠标接口，认真查看主板的PS/2插口，UBS插口，并记录键盘和鼠标的型号和技术指标等信息。

图 2—38　自攻螺钉紧固面板（左）、细纹螺钉
紧固光驱等铁皮介质（中）、粗纹螺钉（右）

第二步：认识显卡。

观察显卡的外观，仔细阅读显卡和主板说明书，同时认真查看主板的 AGP 插槽或 PCI EX16 插槽，并记录显卡的型号和技术指标等信息。

第三步：认识显示器。

观察显示器的外观，仔细阅读显示器说明书，同时认真查看显卡的接口或主板的集成显卡接口，并记录显示器的型号和技术指标等信息。

（6）多媒体设备的认识。

第一步：认识光驱。

观察光驱的外观、数据线及接口，仔细阅读光驱说明书，同时认真查看主板的 IDE 数据线插槽、SATA 数据线插槽，并记录光驱的型号和技术指标等信息。

第二步：认识声卡。

观察声卡的外观及上面的标识，仔细阅读声卡说明书，同时认真查看主板的 PCI 插槽或主板的集成声卡接口，并记录声卡的型号和技术指标等信息。

第三步：认识音箱。

观察音箱的外面，仔细阅读音箱说明书，同时认真查看声卡的输入输出接口或主板的集成声卡接口，并记录音箱的型号和技术指标等信息。

（7）其他设备的认识。

第一步：认识机箱。

观察机箱的外观及上面的标识、机箱面板连线，仔细阅读主板说明书，同时认真查看主板的机箱面板连线插座（面板连线如图 2—39 所示；常规连线标准如图 2—40 所示），并记录机箱的型号和技术指标等信息。

图 2—39　主板与面板的连线提示

第二步：认识电源。

观察电源的外观、电源连线，仔细阅读电源、主板说明书，同时认真查看主板的电源插座、电源所带的电源插头，并记录电源的型号和技术指标等信息。

（8）整理工作。

清点实训器材是否齐全和完好无损，整理工作台，为下次实验做好准备。

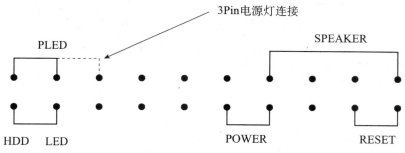

图 2—40　ATX 机箱面板常用连线说明

PLED＝POWER LED，电源指示灯；SPEAKER，面板喇叭（大多主板具有蜂鸣器）；HDD LED，硬盘指示灯；POWER，微机启动按钮（开关）；RESET，复位按钮。

（9）实训总结。

通过本次实训，能够对微机各部件有一个较深入的感性认识，并能基本掌握微机各部件的主要性能指标。结合教材内容和实训情况，认真总结，按照要求撰写实训报告。

实训 3　组装微机

1. 实训目的

熟悉微机的组装顺序、组装技术和方法，掌握内部数据线及信号线的连接。

2. 实训内容

按要求进行主板部件组装、主机各部件组装及连接、整机连接。

3. 实训要求

认真复习本章内容，通过微机的实际组装，熟悉微机的组装顺序，掌握微机组装技术和方法。在组装过程中，逐步填写微机组装过程单，并记录实训中遇到的问题和解决的办法。

4. 实训步骤

（1）检查实训设备，做好准备工作。

对照微机组装进程表，核对微机组装各部件、工具是否齐全；并对照装机注意事项做好准备工作。

（2）安装 CPU。

第一步：打开固定的 CPU 盖子，露出 CPU 插座。用适当的力向下轻压 CPU 的锁定压杆，同时稍向外侧推，使其脱离固定卡扣，如图 2—41 所示；然后将固定 CPU 的盖子与压杆反方向提起，如图 2—42 所示；打开盖子后，可看到 LGA 775 触点式 CPU 插座，如图 2—43 所示。

第二步：放入并固定 CPU。对准 CPU 标示方向，将 CPU 凹槽对准插座凸起位置，把 CPU 放进插座，如图 2—44 所示；然后盖上固定 CPU 的盖子，最后压下固定 CPU 的压杆，将其卡入固定卡扣，固定好的 CPU 如图 2—45 所示。

图 2—41　松开压杆

图 2—42　提起压杆

图 2—43　LGA 775 插座

图 2—44　将 CPU 放进插座

第三步：安装 CPU 散热器。先在 CPU 表面均匀地涂上一层适量的导热硅脂，然后将散热器固定在对应插座上，如图 2—46 所示；在主板上找到标识为 "CPU_FAN" 的风扇电源接口，将风扇连接线插入电源插头，如图 2—47 所示。操作完成如图 2—48 所示。

图 2—45　固定处理器的盖子和卡扣

图 2—46　固定 CPU 散热器

（3）安装内存。

将内存条对准 DIMM 插槽，如图 2—49 所示，均匀用力插到底，插槽两端的卡子会自动卡住内存条，如图 2—50 所示。

图2—47　将风扇连线插入电源插头

图2—48　连接后的风扇电源

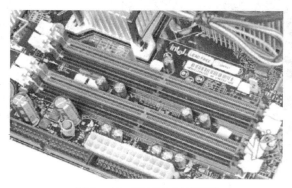

图2—49　DIMM内存插槽

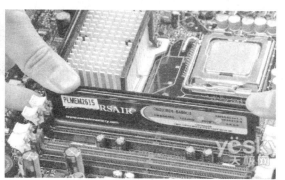

图2—50　安装内存条

（4）安装主板。

第一步：拆开机箱，取下机箱的外壳，使机箱底板水平放置。

第二步：将主板平放于机箱中，并使其外部接口与底板上的预留位置对齐。

第三步：用螺丝钉将主板固定在机箱中，如图2—51所示。

图2—51　安装主板

（5）安装电源。

将电源放入机箱内的电源固定架上，对齐安放位置，拧紧螺丝即可。

（6）安装显卡和声卡。

第一步：去除机箱上对应显卡、声卡位置的槽口挡板。图 2—52 所示为显卡插槽和 PCI 插槽。

第二步：将显卡或声卡以垂直于主板的方向插入插槽，用力适中并要插到底部，保证卡上的金手指和插槽的簧片接触良好，如图 2—53 所示。

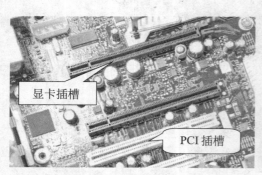

图 2—52　显卡插槽和 PCI 插槽

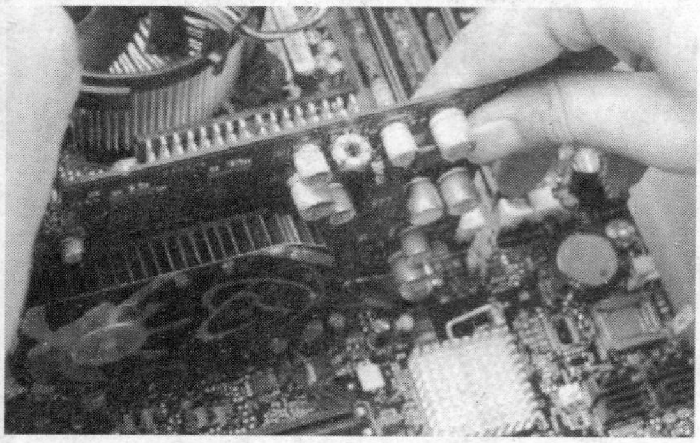

图 2—53　适当用力播入显卡

第三步：安装好显卡和声卡后，用细纹螺钉将显卡和声卡固定在机箱上。

（7）安装驱动器。

第一步：安装光驱。先从机箱面板上取下一个 5 吋的固定架前的槽口挡板，然后将光驱从机箱前面板插入固定托架，如图 2—54 所示。

第二步：将光驱的正面与机箱面板对齐，如图 2—55 所示，在光驱两侧分别用两个细纹螺钉初步固定，进一步调整光驱的位置，使其保持水平且正面与机箱面板平齐，然后再把螺钉拧紧（注意力度不要太大）。

图 2—54　插入光驱

图 2—55　光驱与机箱面板平齐

第三步：安装硬盘。将硬盘插入机箱内的 3.5 吋固定托架，如图 2—56 所示。

第四步：在硬盘两侧分别用两个粗纹螺钉初步固定，进一步调整硬盘的位置，使其保持水平，然后再把螺丝拧紧。

（8）连接电源线和数据线。

第一步：连接主板主电源。ATX 电源输出线中最大的、双排 24 芯（或 20 芯）接头为主板供电，将其插入主板的主电源插槽，如图 2—57 所示。

图 2—56 安装硬盘

第二步：连接主板辅助电源。电源线中方头四芯的是 ATX 12V 电源接头，将其插入主板的辅助电源插槽，如图 2—58 所示。

图 2—57 插入主电源接头

图 2—58 插入辅助主电源接头

第三步：连接硬盘驱动器电源和数据线。取出 SATA 串口硬盘数据线，将一端插入主板对应的 SATA 接口，如图 2—59 所示，另一端插入硬盘背面的接口。再从主机电源盒中找出一个硬盘驱动器电源接头，将其插入硬盘背面的电源插槽即可，如图 2—60 所示。

图 2—59 主板和串口硬盘的数据接连线

图 2—60 连接硬盘的数据线和电源线

第四步：连接光驱电源和数据线。光驱一般为 IDE 接口。取出 IDE 数据线，将一端插入主板对应的 IDE 接口，如图 2—61 所示，另一端插入光驱背面的接口。再从主机电源盒中找出一个光驱电源接头，将其插入光驱背面的电源插槽，如图 2—62 所示。

图2—61　主板和光驱数据接连线

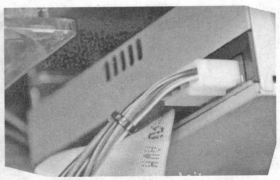

图2—62　连接光驱的数据线和电源线

（9）连接机箱面板线。

第一步：连接扬声器线缆（SPEAKER）。从机箱内取出插头标注"SPEAKER"的线缆，找到主板上标注"SPEAKER"的插针，将红线对准正极，插入即可（其实喇叭不分极性）。

第二步：连接复位开关线缆（RESET SW）。取出插头标注"RESET SW"的线缆，找到主板上标注"RESET SW"的插针，如图2—63所示。

第三步：连接电源开关线缆（POWER SW）。取出插头标注"POWER SW"的线缆，找到主板上标注"POWER SW"的插针。

第四步：连接硬盘指示灯线缆（HDD LED）。取出插头标注"HDD LED"的线缆，找到主板上标注"HDD LED"的插针，将红

图2—63　机箱面板线的接脚连接

线对准标注"1"的位置插入插头。（正负极接反了，发光二极管不会点亮。）

（10）收尾工作。

仔细检查一下各部件的连接情况，确保无误后，梳理好机箱内所有连线并稍加捆绑固定（整洁、美观）；把剩余的槽口用挡板封好。

（11）连接外设。

第一步：连接显示器。将显示器的数据线插到机箱背面的D型15针显卡接口上。

第二步：将键盘的连线接头插入机箱背面的PS/2接口。

第三步：将USB鼠标连线的接头插入机箱背面的USB接口。

（12）通电测试。

第一步：检查主机内各板卡、电源线、数据线的连接，主机和外设的连接。

第二步：将主机电源、显示器电源连接到市电电源插座。

第三步：按动主机启动按钮，观察并记录开机情况，如有故障，则关闭电源后排查以上各安装步骤是否有误。若正常启动，则关闭电源，合上机箱端盖。

本章小结

本章主要介绍了计算机各部件的基本功能、分类、主要性能指标和选购要点。重点介绍

了 CPU 的工作原理、外观与构造、主要性能指标、CPU 研发新技术以及风扇的性能指标；主板的结构及其主要组成部件的作用和性能；内存的主要类型和性能。介绍了硬盘、移动硬盘和 U 盘等常用外存储器设备的性能指标及选购方法。介绍了显卡和显示器的工作原理和性能指标，对键盘、鼠标、打印机和扫描仪等其他输入输出设备的分类和选购要点也进行了相应阐述。同时还讲解了光驱、声卡和音箱等多媒体设备的工作原理、性能指标和选购要点。在实训课程中详细描述了微机选配和组装过程。相信通过本章的学习，同学们的微机硬件知识会有一个飞跃般的提升。

思考与练习

1. 思考题

（1）简述微机系统的组成。

（2）微机的主要性能指标有哪些？

（3）简述微机的工作原理。

（4）简述微机的发展历程。

（5）微机的硬件系统一般都包括什么？

（6）什么是微机软件系统？

2. 单项选择题

（1）以下不属于微机输入或输出设备的是（　　　）。

A. 鼠标　　　　　　B. 键盘　　　　　　C. 扫描仪　　　　　　D. CPU

（2）以下属于应用软件的是（　　　）。

A. Windows XP Home　　　　　　B. Linux

C. Office 2003　　　　　　D. DOS

（3）CPU 的主要功能是对微机各部件进行统一协调和控制，它包括运算器和（　　　）。

A. 分析器　　　　B. 存储器　　　　C. 控制器　　　　D. 触发器

（4）1981 年，开创先河的 IBM 推出的首款个人电脑所选用的芯片是（　　　）。

A. Intel 4004　　　B. Intel 8086　　　C. Intel 8088　　　D. Intel 80286

（5）Intel 公司推出的 80x86 系列中的第一个 32 位微处理器芯片是（　　　）。

A. Intel 4004　　　B. Intel 8086　　　C. Intel 80286　　　D. Intel 80386

（6）硬盘驱动器属于计算机硬件系统的（　　　）。

A. 内存储器　　　B. 外存储器　　　C. 高速缓存　　　D. 虚拟存储器

（7）CPU 能直接访问的存储器是（　　　）。

A. 内存　　　　B. 硬盘　　　　C. U 盘　　　　D. 光盘

（8）以下不属于冯·诺依曼原理基本内容的是（　　　）。

A. 采用二进制来表示指令和数据

B. 计算机应包括运算器、控制器、存储器、输入和输出设备 5 大基本部件

C. 程序存储和程序控制思想

D. 软件工程思想

（9）计算机在使用过程中，鼠标若出现定位不准、移动不灵活的现象，则引发该故障的原因不可能是（　　　）。

A. 鼠标有关触点受灰尘污物污染　B. 鼠标与机箱的连接不良或鼠标线有断裂

C. 计算机感染病毒　　　　　　　　D. 主板的 CPU 出现严重故障

（10）键盘出现部分按键失效或不灵敏，引发该类故障的原因不可能是（　　　）。

A. 键盘受灰尘污染严重　　　　　　B. 用户非常规的操作失误

C. 计算机感染病毒　　　　　　　　D. 键盘与主机连接错误

（11）键盘某些功能失常，下列选项中不可能的原因是（　　　）。

A. 碗形塑料支撑变形　　　　　　　B. 印制线损坏

C. 印制板锈蚀以及断裂　　　　　　D. 微处理器损坏

3. 判断题

（1）微机的核心部件是 CPU，它是微机的控制中枢。（　　　）

（2）一个完整的微机系统由硬件系统和软件系统组成。（　　　）

（3）微机的软件系统可分为系统软件和应用软件。（　　　）

（4）微机系统的工作过程是取指令、分析指令、执行指令的不断循环的过程。（　　　）

（5）微机的字长是指微机进行一次基本运算所能处理的二进制位数。（　　　）

（6）计算机内部采用二进制表示指令，但数据还是用十进制表示。（　　　）

（7）运算速度是衡量微机性能的唯一指标。（　　　）

（8）内存是指在主机箱内的存储部件，外存是指主机箱外可移动的存储设备。（　　　）

（9）SATA 硬盘数据线和 IDE 接口硬盘数据线相同。（　　　）

（10）并口数据传输一定比串口数据传输快。（　　　）

第3章 计算机常用外部设备

学习目标

- 理解计算机的串行传输和并行传输技术
- 能够自主安装和使用计算机外部设备
- 能够正确认识单反相机的优缺点

工作任务

- 安装和设置网络打印机
- 安装扫描仪设备
- 安装视频聊天设备——摄像头

3.1 信息传输技术

3.1.1 串行通信和并行通信的区别

1. 数字信息的传输方式

计算机主机内部的数据信息采用并行传输方式。计算机与外设、计算机之间的信息通信则可以采用并行传输或串行传输之间的任何一种。在同样的工作频率条件下，并行传输的数据传输速度高于串行传输的数据传输速度。两种工作方式如图3—1所示。

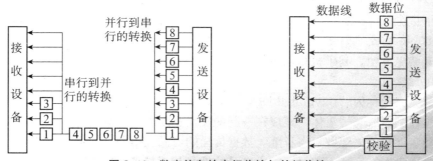

图3—1 数字信息的串行传输与并行传输

（1）并行通信传输中允许多个数据位，同时在两个设备之间传输。发送设备将这些数据位通过对应的数据线传送给接收设备，还可附加一位数据校验位。接收设备可同时接收到这些数据，不需要做任何变换就可直接使用。并行方式主要用于近距离通信。计算机内的总线结构就是并行通信的例子。这种方法的优点是传输速度快，处理简单。

（2）串行数据传输时，数据是一位一位地在通信线路上传输的，先由具有几位总线的计算机内的发送设备，将几位并行数据经并/串转换硬件转换成串行方式，再逐位经传输线到达接收设备中，并在接收端将数据从串行方式重新转换成并行方式，以供接收方使用。串行数据传输的速度要比并行传输慢得多，但对于覆盖面极其广阔的公用电话系统来说具有更大的现实意义。串行数据通信的方向性结构有三种，即单工、半双工和全双工。

2. 串行传输和并行传输的区别

从技术发展的情况来看，串行传输方式大有彻底取代并行传输方式的势头，USB 取代 IEEE 1284，SATA 取代 PATA，PCI Express 取代 PCI……

从原理来看，并行传输方式其实优于串行传输方式。通俗地讲，并行传输的通路犹如一条多车道的宽阔大道，而串行传输则是仅能允许一辆汽车通过的乡间公路。以古老而又典型的标准并行口（Standard Parallel Port）和串行口（俗称 COM 口）为例，并行接口有 8 根数据线，数据传输速度快；而串行接口只有 1 根数据线，数据传输速度慢。在串行口传送 1 位的时间内，并行口可以传送一个字节。当并行口完成单词"advanced"的传送任务时，串行口中仅传送了这个单词的首字母"a"。

（1）并行传输的特点：

① 传输速度快：一位（比特）时间内可传输一个字符。

② 通信成本高：每位传输要求一个单独的信道支持；因此如果一个字符包含 8 个二进制位，则并行传输要求 8 个独立信道的支持。

③不支持长距离传输：由于信道之间的电容感应，远距离传输时，可靠性较低。

（2）串行传输的特点：

① 传输速度较低，一次一位；

② 通信成本也较低，只需一个信道；

③ 支持长距离传输，目前计算机网络中所用的传输方式均为串行传输。

串行传输有两种传输方式：同步传输和异步传输。

3. PATA（IDE）与 SATA 接口的区别以及 SATA 的优势

IDE 接口尺寸很宽，大概 5cm 宽，线缆也很宽，一根线缆有 3 个接口，一个接主板，两个接硬盘（可以接两个 IDE 设备）；SATA 接口比较窄，1cm 多一点，一根线缆只有 2 个接口，一个接主板，一个接硬盘（只能接一个硬盘）。SATA 与 IDE 相比最明显的优势就是数据线从 80pin 变成了 7pin，而且 IDE 线的长度不能超过 0.4m，而 SATA 线可以长达 1m。串口硬盘安装更方便，利于机箱散热。

（1）IDE 接口。

IDE 的英文全称为"Integrated Drive Electronics"，即"电子集成驱动器"。它的本意是指把"硬盘控制器"与"盘体"集成在一起的硬盘驱动器。把盘体与控制器集成在一起的做法减少了硬盘接口的电缆数目与长度，数据传输的可靠性得到了增强，硬盘制造起来变得更容易，因为硬盘生产厂商不需要再担心自己的硬盘是否与其他厂商生产的控制器兼容，对用户而言，硬盘安装起来也更为方便。IDE 接口技术从诞生至今就一直在不断发展，性能也不断提高，其拥有的价格低廉、兼容性强的特点，为其造就了其他类型硬盘无法替代的地位。

IDE 代表着硬盘的一种类型，IDE 口属于并行接口，因此为了和 SATA 口硬盘相区别，IDE 口硬盘也叫 PATA 口硬盘。PATA 的全称是 Parallel ATA，就是并行 ATA 硬盘接口规范，也就是我们现在最常见的硬盘。

（2）SATA 接口。

使用 SATA（Serial ATA）口的硬盘又叫串口硬盘，是未来 PC 机硬盘的趋势。Serial ATA 采用串行连接方式，串行 ATA 总线使用嵌入式时钟信号，具备了更强的纠错能力，与以往相比其最大的区别在于能对传输指令（不仅仅是数据）进行检查，如果发现错误会自动校正，这在很大程度上提高了数据传输的可靠性。串行接口还具有结构简单、支持热插拔的优点。

串口硬盘是一种完全不同于并行 ATA 的新型硬盘接口类型，由于采用串行方式传输数据而知名。相对于并行 ATA 来说，就具有非常多的优势。首先，Serial ATA 以连续串行的方式传送数据，一次只会传送 1 位数据。这样能减少 SATA 接口的针脚数目，使连接电缆数目变少，效率也会更高。实际上，Serial ATA 仅用四支针脚就能完成所有的工作，分别用于连接电缆、连接地线、发送数据和接收数据，同时这样的架构还能降低系统能耗和减小系统复杂性。其次，Serial ATA 的起点更高、发展潜力更大。Serial ATA 1.0 定义的数据传输速度可达 150MB/s，这比目前最新的并行 ATA（即 ATA/133）所能达到的最高数据传输速度 133MB/s 还高，而 Serial ATA 2.0 的数据传输速度将达到 300MB/s，最终 SATA 将实现 600MB/s 的最快数据传输速度。

SATA 接口比同转速的 IDE 接口的传输速度要快，价格比较同容量同转速同品牌的硬盘便宜 80～150 元钱，而且内置高速缓存通常都在 8M 以上，而普通 IDE 缓存在 2M 左右，相差甚远。

（3）SATA 硬盘的优势。

① 硬盘数据线一对一连接，没有主从盘的烦恼。每个设备都直接与主板相连，独享 300MB/s 带宽（2.0 版本），设备间的速度不会互相影响。

② SATA 提高了错误检查的能力，除了对 CRC 数据检错之外，还会对命令和状态包进行检错，因此和并行 ATA 相比提高了接入的整体精确度，使串行 ATA 在企业 RAID 和外部存储应用中具有更大的吸引力。

③ SATA 的信号电压最高只有 0.5V，低电压一方面能更好地适应新平台强调 3.3V 电源的趋势，另一方面有利于速度的提高。

④ SATA II 可以通过 Port Multiplier，让每一个 SATA 接口连接 4～8 个硬盘，即主板若有 4 个 SATA 接口，可以连接最多 32 个硬盘。

⑤ SATA 具有 "Dual Host Active Fail Over" 技术，可以通过 Port Selector 接口选择器，让两台主机同时接一个硬盘。这样，当一台主机出现故障的时候，另一台备用机可以接管尚为完好的硬盘阵列和数据。

⑥ SATA II 在 SATA 的基础上加入了 NCQ 原生指令排序、存储设备管理（Enclosure Management）、底板互连、数据分散/集中这四项新特性，可以减少磁头的内外圈来回摆动次数，提高读盘效率。

⑦ SATA 需要在安装操作系统前用 SATA 接口驱动程序软盘引导计算机，然后安装，

且 CMOS 设置较为复杂。而 SATA II 出现后，在许多主板生产厂商的支持下，已经不需要驱动软盘的引导可直接由主板识别，且 CMOS 设置也更为简单，自动化程度提高。

3.1.2 USB 接口通信技术

USB 是英文 Universal Serial BUS（通用串行总线）的缩写（中文简称为"通串线"），是一个外部总线标准，用于规范微机与外部设备的连接和通信。USB 是在 1994 年底由英特尔、康柏、IBM、Microsoft 等多家公司联合提出的，应用在 PC 领域的接口技术中，USB 接口支持设备的即插即用和热插拔功能。

从 1994 年 11 月 11 日发表了 USB V0.7 版本以后，USB 版本经历了多年的发展，到现在已经发展为 3.0 版本。USB 3.0 是最新的 USB 规范，该规范由 Intel 等大公司发起。USB 3.0 将成为新一代的 USB 接口，其传输速度非常快，理论值能达到 4.8Gbit/s，USB 3.0 比现在的 480Mbit/s 的 High Speed USB（简称为 USB 2.0）快 10 倍。USB 3.0 的外形和现在的 USB 接口基本一致，能兼容 USB 2.0 和 USB 1.1 设备。

目前，USB 2.0 已经得到了 PC 厂商普遍认可，接口更成为了硬件厂商的必备接口。当前流行主板主要采用的是 USB 2.0，各 USB 版本间能够很好地兼容，放心使用。

USB 用一个 4 针插头作为标准接口（USB 3.0 标准为 9 针），采用菊花链形式外设控制方式把所有的 USB 外设接口连接起来，最多可以连接 127 个外部设备，并且不会损失带宽。USB 需要主机硬件、操作系统和外设三个方面的支持才能工作。目前的主板一般都采用支持 USB 功能的控制芯片组，主板上安装有 USB 接口插座，而且除了背板的插座之外，主板上还预留有 USB 插针，可以通过连线接到机箱面板上，作为前置 USB 接口方便客户使用（注意：在接线时要仔细阅读主板说明书并按图连接，千万不可接错而使设备损坏）。

USB 接口还可以通过专门的 USB 连机线实现双机互连，并可以通过 Hub 扩展出更多的接口。USB 具有传输速度快（USB 1.1 是 12Mbit/s，USB 2.0 是 480Mbit/s，USB 3.0 是 5Gbit/s）、使用方便、支持热插拔、连接灵活和独立供电等优点，可以连接鼠标、键盘、打印机、扫描仪、摄像头、闪存盘、MP3 机、手机、数码相机、移动硬盘、外置光软驱、USB 网卡、ADSL Modem、Cable Modem 等几乎所有的外部设备。

USB 接口自 20 世纪 90 年代推出后，已成功替代了外部设备的串口和并口，并成为当今个人电脑和大量智能设备的必配接口之一。

3.1.3 USB 技术的应用

随着计算机硬件的飞速发展，微机的外部设备日益增多，键盘、鼠标、调制解调器、打印机、扫描仪早已为人所共知，数码相机、MP3、MP4、导航仪等数码设备接踵而至，面对众多的设备，USB 接口的引入解决了所有的问题。常用 USB 接口如图 3—2 所示。

USB 的显著优点就是支持外部设备接口的热插拔。在微机正常运行的情况下，可以安全地连接或断开 USB 设备，真正地实现了即插即用功能。不过，并非所有的 Windows 系统都支持 USB 技术，只有 Windows 98 以上版本的微机操作系统对 USB 的支持较好。当前流行的 Windows XP、Win 7 和 Win 10 使 USB 接口的数据传输能力大为提升。

miniUSB公口	miniUSB公口	USB公口	USB母口(A型插座)	USB公口(A型插座)
(A型插头)	(B型插头)	(B型)		

图 3—2　常见的 USB 接口

目前 USB 设备已被广泛应用，应用比较普遍的是 USB 2.0 标准。USB 2.0 具有高速、全速和低速三种工作速度，高速是 480Mbit/s，全速是 12Mbit/s，低速是 1.5Mbit/s。其中全速和低速是为兼容 USB 1.1 和 USB 1.0 而设计的，因此选购 USB 产品时不能只听商家宣传的是 USB 2.0，还要搞清楚是高速、全速还是低速设备。

USB 3.0 被认为是 SuperSpeed USB。USB 3.0 在保持与 USB 2.0 的兼容性的同时，还提供了以下几项增强功能：

（1）极大提高了带宽，高达 5Gbit/s 全双工（USB 2.0 则为 480Mbit/s 半双工）。

（2）实现了更好的电源管理。

（3）能够使主机为器件提供更多的功率，从而实现 USB—充电电池、LED 照明灯和迷你风扇等应用。

（4）能够使主机更快的识别器件。

（5）新的协议使得数据处理的效率更高。

USB 3.0 可以在存储器件所限定的存储速度下传输大容量文件（如 HD 电影）。例如，一个采用 USB 3.0 的闪存驱动器可以在 3.3s 内将 1GB 的数据转移到一个主机，而 USB 2.0 则需要 33s。

3.1.4　IEEE 1394 串行通信技术

IEEE 1394 接口是苹果公司开发的串行通信标准，中文译名为火线接口（Firewire）。同 USB 一样，IEEE 1394 也支持外设热插拔，可为外设提供电源，省去了外设自带的电源，能连接多个不同设备，支持同步数据传输。

IEEE 1394 的原来设计，是以其高速转输速度，容许用户在电脑上直接通过 IEEE 1394 界面来编辑电子影像档案，以节省硬盘空间。在没有 IEEE 1394 以前，编辑电子影像必须利用特殊硬件，把影片复制到主机硬盘上再进行编辑。但随着硬盘价格越来越便宜，高速的 IEEE 1394 反而取代了 USB 2.0 成为外接电脑硬盘的最佳标准。

IEEE 1394 理论上所能支持的最长线长度为 4.5m，标准正常传输速度为 100Mbit/s，并且支持多达 63 个设备。

3.2 打印机的选用、安装与维护

打印机（Printer）是计算机的输出设备之一，用于将计算机处理结果打印在相关介质上。衡量打印机好坏的指标有三项：打印分辨率、打印速度和机械噪声。打印机的种类很多，按打印元件对纸张是否有击打动作，分击打式打印机与非击打式打印机；按一行字在纸上形成的方式，分串式打印机与行式打印机。按所采用的技术，分针式、喷墨式、热敏式、激光式、静电式、热蜡式等打印机。

3.2.1 打印机的分类

打印机按用途分为以下几类：

（1）办公和事务通用打印机：在这一应用领域，针式打印机一直占领主导地位。由于针式打印机具有中等分辨率、耗材便宜，同时还具有高速跳行、多份拷贝打印、宽幅面打印、维修方便等特点，目前仍然是办公和事务处理中打印报表、发票等的优选机种。

（2）商用打印机：商用打印机是指商业印刷用的打印机，由于这一领域要求印刷的质量比较高，有时还要处理图文并茂的文档，因此，一般选用高分辨率的激光打印机。

（3）专用打印机：一般是指各种微型打印机、存折打印机、平推式票据打印机、条形码打印机、热敏印字机等用于专用系统的打印机。

（4）家用打印机：家用打印机是指与家用电脑配套进入家庭的打印机，根据家庭使用打印机的特点，目前低价的彩色喷墨打印机逐渐成为主流产品。

（5）便携式打印机：一般用于与笔记本电脑配套使用，具有体积小、重量轻、可用电池驱动、便于携带等特点。

（6）网络打印机：此类用于网络系统，要为多数人提供打印服务，因此要求这种打印机具有打印速度快、能自动切换仿真模式和网络协议、便于网络管理员进行管理等特点。

3.2.2 常用打印机的工作原理

1. 针式打印机

针式打印机是最早出现的打印机，如图3—3所示。针式打印机主要由打印头、字车机构、色带、输纸机构和控制电路组成。打印头是针式打印机的核心部件，包括纵向排成单列或双列的打印针、电磁铁等。计算机输出的打印信息驱动电磁铁的磁场变化，打印针在电磁铁的带动下，通过击打色带，把点阵信息转印到纸上形成字符或图案。

针式打印机速度慢、噪声大、打印质量差、价格高，但针式打印机可以打印多层的压感纸，所以在票据和报表打印等特殊场合应用较多。

2. 喷墨打印机

喷墨打印机主要由墨盒、喷头、清洗部分、传感器、输纸机构、字车机械和控制电路等组成。喷墨打印机多可以打印单色和彩色信息，广泛应用于家庭和办公环境，如图3—4所示。

图3—3 针式票据打印机

图3—4 喷墨式打印机

（1）喷墨技术。

喷墨打印机按工作原理分为固态喷墨和液态喷墨两种。液态喷墨又分为连续喷墨和间断喷墨两种方式。目前常用的间断喷墨方式有压电喷墨技术和热喷墨技术。

压电喷墨技术利用压电陶瓷在交变电压作用下发生伸缩变形使喷嘴喷出墨汁，在输出介质表面形成字符或图案，其墨盒和喷头为分离式结构。

热喷墨技术通过强电场的作用将喷头管道中的一部分墨汁汽化，形成气泡，将喷嘴处的墨水喷到输出介质表面形成字符或图案，其墨盒和喷头为一体化结构。

（2）打印质量。

目前市场主流喷墨打印机的分辨率为 4 800×1 200dpi。但打印质量受墨水和纸张等多种因素的影响，具有不稳定性。彩色喷墨打印机的颜色数是打印质量的重要因素。目前市场上一般彩色喷墨打印机为 4 色，照片打印机则为 6 色。

喷墨打印机的主要缺陷是长期停止使用时喷嘴容易堵塞，注意日常维护。

3.激光打印机

激光打印机是近年来高科技发展的产物，也是有望代替喷墨打印机的一种机型。激光打印机分为黑白和彩色两种，它提供了更高质量、更快速、更低成本的打印方式。其中低端黑白激光打印机的价格目前已经跌破千元，基本达到了普通用户可以接受的水平。激光打印机如图3—5所示。

（1）工作原理。

激光打印机由光学系统、感光硒鼓、电晕设施和静电清除器等组成。激光打印机利用受控的激光扫描，在转动

图3—5 激光打印机

的硒鼓表面上形成电荷潜影，然后吸附带有胶粒的墨粉，再将墨粉转印到打印纸上，最后经过高温加热定影使文字或图像固着在纸张表面。

（2）打印质量。

黑白激光打印机的分辨率有 600×600dpi，1 200×600dpi，1 200×12 00dpi，2 400×600dpi 等，彩色激光打印机的分辨率有 600×600dpi，2 400×600dpi，9 600×600dpi 等。但激光打印机 600dpi 分辨率的打印效果已高于喷墨打印机的 1 200dpi 分辨率。激光打印机对纸张的要求比较低，打印效果足以和印刷文档媲美。

4. 其他打印机

除了以上三种最为常见的打印机外，还有热转印打印机和大幅面打印机等几种应用于特殊行业的专业打印机。热转印打印机是利用透明染料进行打印的，它的优势在于专业高质量的图像打印方面，可以打印出近于照片的连续色调的图片来，一般用于印前及专业图形输出。大幅面打印机，它的打印原理与喷墨打印机基本相同，但打印幅宽一般都能达到 24 英寸（61cm）以上。它的主要用途主要集中在工程与建筑图纸打印领域。随着其墨水耐久性的提高和图形解析度的增加，大幅面打印机也开始被越来越多的应用于广告制作、大幅摄影、艺术写真和室内装潢等装饰宣传的领域中，成为打印机家族中的重要一员。

美国 ZCorp 是专业三维打印机生产商，生产全球最快的三维打印机，也是唯一的真彩色三维打印机，加之极低的耗材使用成本使其得到全球众多用户的青睐。

5. 打印机的选购

目前打印机市场品种繁多，购买打印机时除了注重品牌与服务外，还应综合考虑应用需求、打印成本和打印速度等因素。一般情况，家用选择喷墨式打印机，办公选用单色激光式打印机。

彩色激光打印机的图像输出质量堪比照片级别，但是销售价位很高，价格一般在万元以上。彩色激光打印机一般用在大型企业和政府办公设备中。

3.2.3　计算机耗材

计算机耗材主要是指在日常办公时，打印机所消耗的相关材料，如纸张、色带、墨粉等。按打印机类型分，耗材大概可以有以下几类：

（1）针式打印机：纸张是所有打印机共同消耗的材料。除此之外，针式打印机的色带需要经常更换。色带分宽带和窄带，部分色带可以单独更换，有些色带需连色带架一起更换。对于彩色针式打印机，可以根据需要更换不同颜色的色带。

针式打印机的打印针容易折断；胶辊长期使用后，其表面会出现凸凹不平的现象，容易引起断针事故。

（2）喷墨打印机：墨水是喷墨打印机的主要耗材。喷墨打印机有分离式墨盒和一体式墨盒两种。一体式墨盒是将喷头和墨盒做在一起，当墨水用完时，喷头也要一起更换。

喷墨打印机根据打印颜色的不同，有 4 种颜色（见图 3—6）、5 种颜色或 6 种颜色几种。现在打印机墨水一般可以单独更换其中的一种颜色，而不必像早年的喷墨打印机，只要其中一种颜色的墨水用完了，就必须连同余下的墨水一起丢掉造成浪费。

图 3—6　独立封装墨盒：黑、蓝、红、黄

有些打印机墨水用完后，只需更换用完的墨水，打印喷头可以永久使用。这种打印机的好处是换墨水的成本较低，不足之处是在打印机使用多年后，打印质量有所下降。长期使用的喷头容易出现喷嘴堵塞问题，堵塞严重时打印机需要维修或报废。

一体化墨盒在墨水用完时要连同喷嘴一同换掉，虽然这种墨盒的成本比较贵，但好处是可以保证喷头的性能良好，打印质量可以保持精美、不会出现喷嘴堵塞等问题。

一些大型喷墨打印机使用的是"连续供墨系统"。大型墨盒外置，通过长长的软管和机内打印头衔接在一起。这样的设备可以实现在打印时机外添加墨水。如图3—7所示。

（3）激光打印机：墨粉和硒鼓成为激光打印机的耗材。有些激光打印机的墨粉和硒鼓是分离的，墨粉用完后，可以方便地填充墨粉，然后继续使用。硒鼓老化也是一个正常现象，当打印机印字不清楚时，可能就是硒鼓应该更换了。

有些激光打印机墨粉和硒鼓是一体的，这种类型的设备，在墨粉用完时，连同硒鼓需要一起丢掉。一体化墨盒硒鼓系统如图3—8所示。这样的设计也有一定的理由，更换墨粉时一起更换硒鼓，可以确保机器每时每刻都具有高质量的印字水平。

图3—7　外置式连续供墨系统
（黄、黑、浅蓝、浅洋红、洋红、蓝）

图3—8　一体化硒鼓墨盒系统（浅湖蓝色
圆辊是硒鼓，注意不要触摸和长期曝光）

3.2.4　打印机安装

安装打印机，对于微机工作人员是一个很简单的操作，但对于一个不熟悉电脑的人，可能会遇到的一些问题，特别是办公系统中的网络打印机安装，还是需要一定的基础知识。下面以 HP LaserJet 1020 为例，介绍打印机的安装过程。

1. 本地打印机的安装

随着 Windows 系统的庞大，系统携带的外部设备驱动程序也越来越多。先期推出的计算机周边产品，在进行驱动程序安装时可直接在 Windows 系统中查找即可，不用另行插入外设的驱动程序介质。但对于最新研发的计算机外设，可能 Windows 系统中的驱动程序不能应用，此时可以取出外部设备随机配送的光盘进行安装。具体步骤如下：

（1）首先把随机配送光盘放进光驱，如果要安装打印机的电脑没有光驱的话，也可以直接把光盘文件拷到 U 盘，再连接到电脑上即可。

（2）如果由光盘启动的话，系统会自动运行安装引导界面，如图3—9所示。如果拷贝文件则需要找到 launcher. exe 文件，双击运行。

图 3—9　打印机安装提示信息 1

（3）系统会提示是新安装一台打印机，还是修复本机上的驱动程序。我们点击"添加另一台打印机"单选项；如果是打印机驱动程序遭到破坏而不能使用，则点击"修复"单选项，如图 3—10 所示。

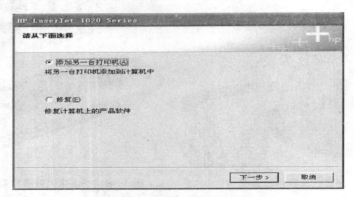

图 3—10　打印机安装提示信息 2

（4）由于在安装过程中，系统要检测打印机的参考信息和测试纸张的打印情况，屏幕会提示把打印机插上电源，并将数据线连接到电脑，如图 3—11 所示。

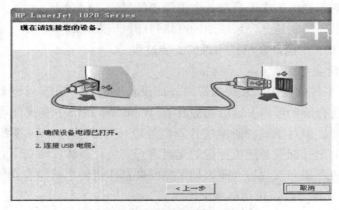

图 3—11　打印机安装提示信息 3

（5）此时确认打印机的线缆连接正常，并开启打印机，然后系统即在本机上安装驱动程序，如图3—12所示为程序安装进度条。

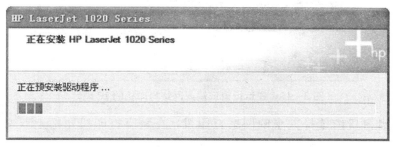

图3—12 打印机安装提示信息4

（6）系统安装完毕后弹出会话界面，提示"恭喜！软件安装已完成。"

（7）如果需要检测打印质量，可以从"开始"菜单进入"打印机和传真"界面（见图3—13），选择刚刚安装的打印机点击右键，在快捷菜单里选择"属性"，弹出的对话框如图3—14所示。装上打印纸后，点击"打印测试页"，此刻该打印机将打印出测试样张。

图3—13 从开始菜单调出打印机对话框

图3—14 打印机打印效果的检测

2.安装网络打印机

网络打印机的安装相对于本地打印机的安装简单一些，无须驱动盘，也无须连接打印机的线缆，只要你的计算机能连上共享打印机即可。但是必须知道所需要共享的打印机的IP地址。操作方法如下：

方法1：

（1）打开开始菜单，直接在"运行"窗口内输入共享打印服务端的IP地址，然后点击"确定"按钮，如图3—15所示。

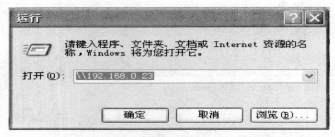

图 3—15　在运行窗口输入网络打印机的 IP 地址

（2）在弹出窗口内选择共享的网络打印机，在共享打印机图标上双击，如图 3—16 所示。

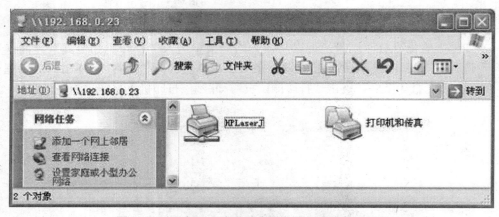

图 3—16　图标下有电缆的表示可共享的网络打印机

（3）弹出连接打印机的提示，点击"确定"按钮完成网络打印机的安装。

方法 2：

（1）打开控制面板，选择打印机与传真，点击左侧的"添加打印机"，如图 3—17 所示。

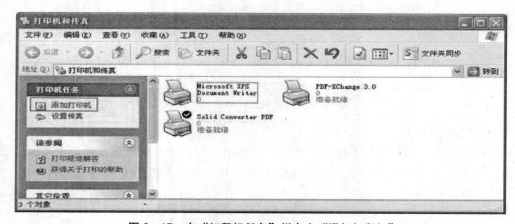

图 3—17　在"打印机任务"栏点击"添加打印机"

（2）弹出添加打印机向导窗口，直接点击"下一步"。

（3）提示要安装的打印机选项，选择网络打印机，如图 3—18 所示。向下执行。

88

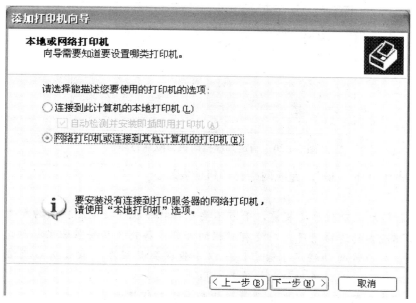

图 3—18　在安装向导中选择"网络打印机"

（4）接着弹出的对话框是网络打印机的查找方式。对话框内有三个寻找共享打印机的路径：在本工作组查找共享打印机、局域网内查找打印机和查找 Internet 上的共享打印机。将已知共享打印机的 IP 地址和打印机名输入到"名称"文本框内，如图 3—19 所示。输入网络共享打印机路径后，点击"下一步"。

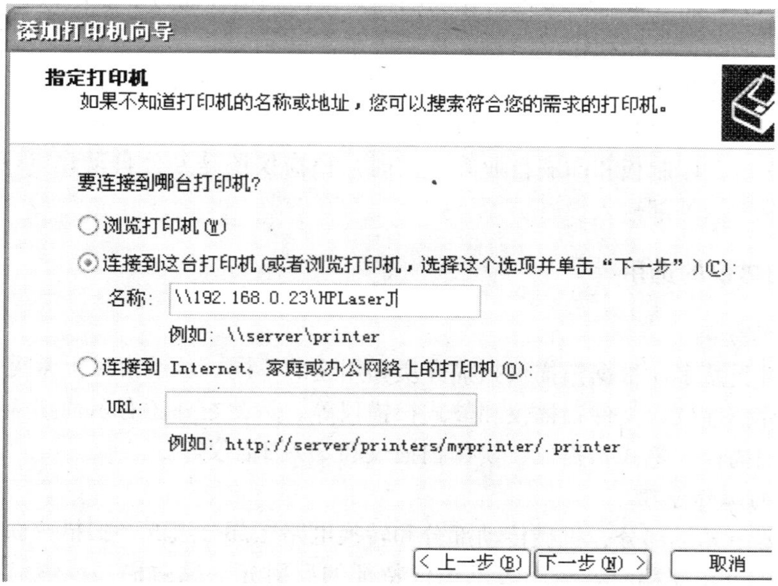

图 3—19　在安装向导中输入共享打印机的 IP 和机名

（5）在"连接到打印机"的提示对话框中选择"是"，系统将从共享打印机服务端下载驱动，并安装到本地。系统安装完成后，提示是否设置成默认打印机，如图 3—20 所示。

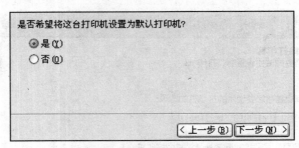

是否希望将这台打印机设置为默认打印机?

◉ 是(Y)
○ 否(O)

〈上一步(B)〉 〈下一步(N)〉

图 3—20　确定共享打印机为默认打印机

（6）直接点击"下一步"，完成网络打印机的安装。

注意：

● 在本地打印机驱动程序安装前，千万不要先将打印机连接电脑！因为智能的操作系统会自动监测外部设备的连接情况，对没有驱程的外部设备将自动安装驱动程序。但系统自带的驱动程序可能和原装驱动程序不兼容，所以一般在驱动程序安装成功后或者在安装提示"现在请连接你的设备！"时再把打印机连到电脑上。

● 网络打印机安装前要确保本地计算机能与网络打印机连通。

3.3　扫描仪的选装与使用技巧

扫描仪（Scanner）是常用的计算机外部输入设备之一，是一种高精度光电一体化高科技产品，如图 3—21 所示。照片、书报、图纸、图画、照相底片、菲林软片，甚至纺织品、标牌面板、印制板样品等三维对象都可作为扫描对象，扫描仪通过捕获图像并将之转换成计算机可以显示、编辑、存储和输出的数字化二进制信息。

扫描仪还是计算机辅助设计（CAD）中的输入系统，通过相关的计算机应用软件、输出设备（激光打印机、激光绘图机）接口，组成网印前计算机处理系统。自动化网印系统广泛应用于标牌面板、印制板和印刷行业等。同时，扫描仪还是办公自动化（OA）和家庭电脑系统中不可缺少的外部输入设备。

3.3.1　扫描仪的选用

1. 扫描仪的分类

扫描仪的种类繁多，根据扫描仪扫描介质和用途的不同，目前市场上常见扫描仪有平板式扫描仪、底片扫描仪、文件扫描仪和鼓式扫描仪等。除此之外还有名片扫描仪、手持式扫描仪、馈纸式扫描仪、笔式扫描仪、实物扫描仪和 3D 扫描仪等。

2. 扫描仪的工作原理

扫描仪主要由光学部分、机械传动部分和转换电路三部分组成。扫描仪获得图像时，首先由光源将光线照在原稿上，产生表示图像特征的反射光（反射稿）或透射光（透射稿）。光学系统采集这些光线，将其聚焦在感光器件上，由感光器件将光信号转换为电信号，然后由电路对这些信号进行 A/D（模拟/数字）转换，产生对应的数字信号输送到计算机中存储。

感光元件是扫描仪的核心，是影响扫描仪扫描质量的关键。目前大多数扫描仪采用的感光元件是 CCD（Charge Coupled Device，电荷耦合器）、CIS（CMOS Image Sensor，接触式感光器件）和 CMOS（Complementary Metal-Oxide Semiconductor，互补性氧化金属半导体）。其中，CCD 感光元件因技术成熟应用最为广泛。

3. 扫描仪的性能指标

（1）分辨率：分辨率是衡量扫描仪的关键指标之一。它表明了系统能够达到的最大输入分辨率，以每英寸扫描像素数（dpi）表示。制造商常用"水平分辨率×垂直分辨率"作为扫描仪的标称。其中水平分辨率又称为"光学分辨率"；垂直分辨率又称为"机载分辨率"。光学分辨率是由扫描仪的传感器以及传感器中的单元数量决定的。机械分辨率是步进电机在平板上移动时所走的步数。光学分辨率越高，扫描仪解析图像细节的能力越强，扫描的图像越清晰。目前市场上的扫描仪的分辨率有 1 200×1 200dpi，1 200×2 400dpi，6 400×9 600dpi 等，选购时主要考察扫描仪的水平分辨率。

图 3—21　平板扫描仪

（2）色彩深度：也称色彩位数，是扫描仪对图像进行采样的数据位数，也是扫描仪所能辨析的色彩范围。扫描仪的色彩位数越高，图像色彩就越真实、丰富。目前市场上主流扫描仪的色彩深度有 36 位、42 位和 48 位等多种，但一般家用 36 位就足够。

（3）亮度：亮度决定的是明暗色调的强度，是一幅影像中明暗程度的平衡。

（4）色彩校准：色彩校准确保影像的色彩能够被精确地重建。色彩校准通常分为两个步骤：第一步是校准输入设备（扫描仪）；第二步是校准输出设备（打印机或显示器）。精确地校准输入和输出设备后，扫描仪就可以准确地捕捉色彩，屏幕或打印机也可以忠实地将色彩表现出来。

（5）对比度：对比度指的是一幅影像中最亮的色调和最暗的色调之间的差异范围，对比度越大表示差异范围越大，对比度低的影像看起来灰暗且平淡。

（6）扫描幅面：扫描幅面通常有 A4、A4 加长、A3 等规格。大幅面扫描仪价格很高，如果没有特殊需求一般选用 A4 幅面的扫描仪。

4. 接口类型

扫描仪的接口是指扫描仪与微机的连接方式。扫描仪的接口从 SCSI 接口发展到了 EPP（Enhanced Parallel Port）接口，以前扫描仪到微机，需要专用的接口卡安装在主机内部。目前市场流行的扫描仪均采用 USB 接口，并且多采用 USB 2.0 规范。

5. 扫描仪的选购

选购扫描仪时，一般考虑扫描仪的性能指标、品牌、外观、噪声以及附带的软件等因素。当然还需要根据实际需求选购，如报纸、书本等普通文字扫描识别，对扫描仪的要求比较低，而照片的扫描需要高档次的扫描仪。选购扫描仪时，也可以自带黑白和彩色原稿，用以检查扫描仪的实际扫描效果。

6. 软件配置及其他

扫描仪的软件配置包括图像软件类、OCR 类和矢量化软件等。其中 OCR 的光学文字识别技术可以将扫描得到的图片中包含的文字信息内容转化为微机代码，提供了一种全新的文字输入手段，大大提高了计算机用户的兴趣和工作效率。

此外，扫描仪快捷键也有相应的发展，使用户操作得心应手。对于家用扫描仪来说，除了分辨率、色彩位、接口类型外还有其他一系列辅助的技术指标，来增强扫描仪的易用性和其他功能。如 Microtek 系列扫描仪中配备自动预扫描功能、"GO"键设计、节能设计等。由于快捷功能键的出现，简化了使用步骤，提高了扫描仪的易用程度。

3.3.2 扫描仪的安装

1. 并口扫描仪

安装之前，先进入微机的 BIOS 设置。在 I/O Device Configuration 选项里，把并口的模式改为 EPP（增强型并行端口）如图 3—22 所示。

然后连接扫描仪与主机：将连接线接于扫描仪后方标示为"PORT A"的端口与计算机上打印机连接端口之间。放入标示为"扫描驱动程序与软件"的 CD 安装光盘，系统会自动激活安装程序。选择 EPP接口方式后，首先安装驱动程序。在驱动程序的复制动作将近结束时，会出现一个

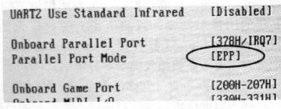

图 3—22　并口安装时 BIOS 设置

小画面询问是否要测试扫描仪的连接情形，此时请选择"Yes"。若一切正常，会显示出一个画面告诉找到一个扫描仪。在按下"确定"键后会进行第二次测试，若正常则会出现同前次的画面，此时点击"确定"键，静待安装程序作业完毕即可。

接下来可以安装其他想要使用的软件，这些在随机光盘中都有提供。软件安装后，进行实际操作的第一个步骤就是"选择影像来源"（不同的软件可能有不同的写法，如选择扫描仪 Select TWAIN _ 32 Source 等）。此动作会调出一个对话框，其中显示出目前计算机中所有符合 TWAIN 的影像来源，比如选择"Canon N640P"等。

2. USB 接口扫描仪

安装 USB 扫描仪时请先不要连接硬件，应先在"系统属性"的选项里确认通用串行总线（USB）装置是否正常，如图 3—23 所示。再利用随机的驱动光盘来安装扫描仪驱动程序，安装好驱动程序后重新启动计算机。

图 3—23　系统属性下的设备管理截图

重新开机后，用随机附带的 USB 连接线连接扫描仪与计算机，此时计算机上即会出现找到新的硬件信息，并会自行寻找对应的安装程序。如此 USB 扫描仪就算安装完毕，之后的软件安装与初步设定同前面并口机种所述。

3. 安装 SCSI 扫描仪

SCSI 扫描仪也是目前很典型的一种。该扫描仪的安装相对来说要比前面两种类型的扫描仪的安装要复杂一些。

在安装使用 SCSI 接口的扫描仪时，首先需要打开与扫描仪相连的电脑的机箱，并在其中选择一个空闲的 PCI 插槽，然后将扫描仪随机附带的 SCSI 接口卡插入到 PCI 插槽中，再用螺丝钉将 SCSI 卡固定在电脑的机箱中。

下面再用扫描仪随机附带的 SCSI 数据线，将扫描仪与对应电脑机箱中的 SCSI 卡上的接口相连；随后按照先扫描仪、后计算机的顺序来接通电源，计算机中的 Windows 系统会自动将安装在系统的 SCSI 接口卡检测到，根据 Windows 系统版本高低的不同，计算机会自动识别 SCSI 接口卡并设置好与该卡对应的驱动程序。

如果系统不能识别 SCSI 接口卡的话，就会打开一个设备安装向导对话框，大家可以根据提示说明来完成扫描仪的安装工作。如果在安装扫描仪 SCSI 接口卡时，系统提示遇到硬件冲突时，特别是当有几个 SCSI 设备串接到同一个 SCSI 接口上时，就需要对每一台 SCSI 设备的 ID 标识进行设置，同时要将 SCSI 终结器设置合适，这样才能保证扫描仪被正确使用。

3.3.3　扫描仪的使用技巧及维护

1. 使用技巧

（1）确定合适的扫描方式。

使用扫描仪可以扫描图像、文字以及照片等，不同的扫描对象有其不同的扫描方式。打开扫描仪的驱动界面，会看到程序提供的三种扫描方式选项：

① 黑白：黑白模式适用于不含图像的书刊报纸的原稿，扫描仪会按照 1 个位来表示黑与白两种像素，这种方式扫描产生的文档容量很小，存放时节省存储空间。

② 灰度：灰度模式适用于既有图片又有文字的图文混排稿样。

③ 照片：照片模式适用于扫描彩色对象，它要对红绿蓝三个通道进行多等级的采样和存储。这种方式扫描产生的文档容量一般较大，存放时会占用较多的存储空间。

在扫描工作开始之前，要先根据被扫描的对象，选择一种合适的扫描方式，以获得理想的扫描效果。

（2）优化扫描仪分辨率。

扫描分辨率越高得到的图像越清晰，但是考虑到如果超过输出设备的分辨率，再清晰的图像也不可能打印出来，仅仅是多占用了磁盘空间，没有实际的价值，因此选择适当的扫描分辨率就很有必要。例如，准备使用 600dpi 分辨率的打印机输出结果，则以 600dpi 扫描。如果可能，在扫描后按比例缩小大幅图像。例如，以 600dpi 扫描一张 4 英寸×4 英寸的图像，在组版程序中将它减为 2 英寸×2 英寸，则它的分辨率就是 1 200dpi。

（3）设置好扫描参数。

扫描仪在预扫描图像时，一般都是按照系统默认的扫描参数值进行扫描的，对于不同的扫描对象以及不同的扫描方式，效果可能是不一样的。所以，为了能获得较高的图像扫描质量，可以用人工的方式来调整参数，例如当灰度或彩色图像的亮度太亮或太暗时，可拖动亮度滑动条上的滑块，改变亮度。如果亮度太高，则图像看上去发白，没有层次；亮度太低，则图像太黑，分不清图像的结构。对于其他参数，可以按照同样的调整方法进行局部修改，直到自己的视觉效果满意为止。总之，一幅好的扫描图像不必再用其他图像处理软件进行调整，即可满足打印输出，而且最接近印刷质量。

（4）设置好文件的大小。

无论被扫描的对象是文字、图像还是照片，通过扫描仪输出后都是图像，而图像尺寸的大小直接关系到文件容量的大小，因此在扫描时应该设置好文件的尺寸。通常，扫描仪能够在预览原始稿件时自动计算出文件大小，但了解文件大小的计算方法更有助于在管理扫描文件和确定扫描分辨率时做出适当的选择。

（5）存储曲线并装入扫描软件。

有时，为了得到最好的色彩和扫描对比度，先做低分辨率的扫描，在 Photoshop 中打开它，并用 Photoshop 的曲线功能做出色彩和对比度的相应改进。存储曲线并装载到扫描软件，扫描仪再次使用时将使用此色彩纠正曲线来建立更好的高分辨率文件。如果用类似的色域范围扫描若干个图像，可使用相同的曲线，并且也可以经常存储曲线，再根据需要装载回它们。

（6）根据需要的效果放置好扫描对象。

在实际使用图像的过程中，有时希望能够获得倾斜效果的图像，有很多设计者往往都是通过扫描仪把图像输入到电脑中，然后使用专业的图像软件来进行旋转，以使图像达到旋转效果。殊不知，这种过程是很浪费时间的，根据旋转的角度大小，图像的质量也会下降。如果事先就知道图像在页面上是如何放置的，那么使用量角器和原稿底边在滚筒和平台上放置原稿成精确的角度，会得到最高质量的图像，而不必在图像处理软件中再作旋转。

（7）在玻璃平板上找到最佳扫描区域。

为了能获得最佳的图像扫描质量，可以找到扫描仪的最佳扫描区域，然后把需要扫描的对象放置在这里，以获得最佳、最高保真度的图像效果。

具体寻找的步骤如下：首先将扫描仪的所有控制设成自动或默认状态，选中所有区域，接着再以低分辨率扫描一张空白、白色或不透明块的样稿；然后再用专业的图像处理软件 Photoshop 来打开该样稿，使用该软件中的均值化命令（Equalize 菜单项）对样稿进行处理，处理后就可以看见在扫描仪上哪儿有裂纹、条纹和黑点。可以打印这个文件，剪出最好的区域（也就是最稳定的区域），以帮助放置图像。

（8）使用透明片配件来获得最佳扫描效果。

许多平板扫描仪配有放在扫描床顶端的透明片配件。为得到透明片或幻灯片的最佳扫描，从架子和幻灯片安装架上取下图片并安装在玻璃扫描床上，反面朝下（反面通常是毛面）。用黑色的纸张剪出面具，覆盖除稿件被设置的地方之外的整个扫描床。这将在扫描期间减少闪耀和过分曝光。同样地，扫描三维物体时，用颜色与你扫描的物体对比强烈的物体覆盖扫描仪的盖子。这将帮助你更容易用 Photoshop Color Range 工具选择它。

（9）使扫描图像的色域最大化。

为充分利用 30 或 36 位的扫描仪增加色彩范围，使用扫描仪软件（像 Agfa 的 Foto-

Tune）或其他公司的软件尽量对色彩进行调节。因为 Photoshop 软件仅限 24 位图像，所以图像可以最宽的色域范围被插入。

（10）使用无网花技术扫描印刷品。

当扫描印刷品时，在图像的连续调上会有网花出现。如果扫描仪没有去网功能，尝试寻找使网花最小的分辨率。通常，与印刷品网线一样或一倍的分辨率可能奏效。一旦得到相当好的扫描，可再使用 Photoshop 软件的 Gaussian Blur 过滤器（用小于 1 像素的设置）稍微柔化网花直至看不出。然后应用 Unsharp Mask 使图像锐利回来。也可通过稍微旋转图像来改进扫描，这是因为改变了连续调的网角。对于黑白图像旋转 45°正好，对于 CMYK 图像，需要通过实验找出最佳方法。

2. 扫描仪的维护

（1）保护好光学部件。

扫描仪在扫描图像的过程中，通过光电转换器部件把模拟信号转换成数字信号，然后再送到计算机中。这个光电转换设备非常精致，光学镜头或者反射镜头的位置都对扫描的质量有很大的影响。因此在工作的过程中，不要随便地改动这些光学装置的位置，同时要尽量避免使扫描仪振动或者倾斜。遇到扫描仪出现故障时，最好不要擅自拆修，可送到厂家或指定的维修站。另外在运送扫描仪时，一定要把扫描仪背面的安全锁锁上，以免改变光学配件的位置。

（2）定期做好保洁工作。

扫描仪是一种精致的光电机械设备，平时一定要认真做好保洁工作。扫描仪中的玻璃平板以及反光镜片、镜头等，如果落上灰尘或者其他杂质，会使扫描仪的反射光线变弱，从而影响图片的扫描质量。为此，最好在无尘或者灰尘尽量少的环境下使用扫描仪，设备用完以后，要用防尘罩把扫描仪遮盖起来，做好防尘、防潮工作。

清洁扫描仪时，先用柔软的细布擦去外壳的灰尘，再用清洁剂和水认真地对其进行清理。对扫描仪的玻璃平板进行清理，要先用玻璃清洁剂擦拭一遍，接着再用软干布将其擦干、擦净。扫描仪长时间不用，也要定期地对其进行清洁。

3.4 摄像头的选用、安装与配置

摄像头（Camera）又称为电脑相机、电脑眼等，是一种视频输入设备（见图 3—24），被广泛运用于视频会议、远程医疗及实时监控等方面。人们可以彼此通过摄像头通过网络进行有影像、有声音的交谈和沟通。另外，人们还可以将其用于当前各种流行的数码影像、影音处理。微型的针孔摄像头已经成为笔记本电脑和平板电脑的标准配置。

摄像头分为数字摄像头和模拟摄像头两大类。数字摄像头可以将视频采集产生的模拟视频信号转换成数字信号，进而将其储存在计算机里。模拟摄像头捕捉到的视频信号必须经过特定的视频捕捉卡将模拟信号转换成数字模式，并加以压缩后才可以转换到计算机上运用。数字摄像头可以直接捕捉影像，然后通过串口、并口或 USB 接口直接传输到计算机中。

目前市场上流行的大多是 USB 数字摄像头。

3.4.1 摄像头的选购

摄像头的优劣取决于构成摄像头的镜片组，摄像头的整体品质与镜头、主控芯片和感光芯片有关。家用的微机视频系统，摄像头的价格虽不足百元，但购买时还是要联机检测，观看一下实际效果为佳。

1. 镜头（Lens）

镜头是光学透镜的组合，由几片透镜组成。光学透镜的一般有塑胶透镜（Plastic）或玻璃透镜（Glass）两类。若是采用五层"全玻"（5G）结构，可谓是目前顶级的镜头组了。

通常摄像头用的镜头构造有：1P、2P、1G1P、1G2P、2G2P、4G 等。透镜越多，成本越高；玻璃透镜比塑胶透镜的价格要贵一些。因此一个品质好的摄像头应该采用玻璃镜头，成像效果相对塑胶镜头好。目前市场上的大多摄像头产品为了降低成本，一般采用塑胶镜头或半塑胶半玻璃镜头（即 1P、2P、1G1P 等）。

图3—24 固定式摄像头

2. 感光芯片

感光芯片是组成数码摄像头的重要组成部分，根据元件不同分为 CCD 和 CMOS 两种。通常 CCD 应用在高端摄影摄像产品方面，CMOS 应用于较低影像品质的产品中。

目前 CCD 元件的尺寸多为 1/3 英寸或者 1/4 英寸，在相同的分辨率下，宜选择元件尺寸较大的为好。CCD 的优点是灵敏度高、噪声小、信噪比大，但是生产工艺复杂、成本高、功耗高。CMOS 的优点是集成度高、功耗低（约为 CCD 的 1/3）、成本低，但是噪声比较大、灵敏度较低、对光源要求高。在相同像素下，CCD 的成像往往通透性、明锐度都很好，色彩还原、曝光可以保证基本准确；而 CMOS 产品往往通透性一般，对实物的色彩还原能力偏弱，曝光稍显欠缺。所以在使用摄像头，尤其是采用 CMOS 芯片的产品时，就更应该注重技巧：首先要避免在逆光环境下使用，尤其不要直接指向太阳，否则有可能烧毁摄像头中的感光芯片（CCD 感光器也应避免此现象）。其次，环境光线不要太弱，否则直接影响成像质量。克服上述现象的方法一是加强拍摄对象的环境亮度，二是选择要求"最小照明度"低的产品，现在有些摄像头已经达到 5lx。

3. 主控芯片

主控芯片（DSP）的选择，是根据摄像头成本、市场接受程度来确定的。目前，DSP 厂商的设计、生产技术已经逐渐成熟，在各项技术指标上相差不是很大，只是在细微的环节及驱动程序上需要进一步改进。

图像解析度（Resolution）即传感器像素，也就是人们所说的多少像素的摄像头，是衡量摄像头的重要指标之一，如产品包装盒标称 30 万像素等。在实际应用中，摄像头的像素越高，拍摄出来的图像品质就越好。

由于受到摄像头价格、电脑硬件、成像效果等因素的影响，目前市面上的摄像头的图像解析度基本在 30 万像素的档次上。值得注意是，有些分辨率的标识是指该产品利用软件所能达到的插值分辨率，虽然说也能适当提高所得图像的精度，但和硬件获取的图像分辨率相比，还存在相当大的差距。

4. 视频捕获速度

视频捕获能力是用户最为关心的功能之一，很多厂家都声称达到最大 30 帧/秒的视频捕获能力，但实际使用时差强人意。目前摄像头的视频捕获都是通过软件来实现的，因而对电脑的要求非常高，即CPU的处理能力要足够快。其次对画面要求的不同，捕获能力也不尽相同。现在摄像头捕获画面的最大分辨率为640×480，在这种分辨下没有任何数字摄像头能达到30帧/秒的捕获效果，因而画面会产生跳动现象。在320×240的分辨率下，可以依靠硬件与软件的结合达到标准速度的捕获标准。用户应根据自己的切实需要，选择合适的产品以达到预期的效果。

在选购摄像头时，除了上述指标外，还要考虑的因素有：摄像头外形、灵敏性、内置麦克风、附带软件等。

 小资料：DSP

DSP（Digital Signal Processor）是一种独特的微处理器，是以数字信号来处理大量信息的器件。其工作原理是接收模拟信号，转换为0或1的数字信号，再对数字信号进行修改、删除、强化，并在其他系统芯片中把数字数据解译回模拟数据或实际环境格式。它不仅具有可编程性，而且其实时运行速度可达每秒上千万条复杂指令，远远超过通用微处理器，是数字化电子世界中日益重要的电脑芯片。它的强大数据处理能力和高运行速度，是最值得称道的两大特色。

DSP处理器采用哈佛结构和改进的哈佛结构。哈佛结构就是将程序代码和数据的存储空间分开，各有自己的地址和数据总线。之所以采用哈佛结构，是为了并行进行指令和数据处理，从而可以大大地提高运算的速度。为了进一步提高信号处理的效率，在哈佛结构的基础上，又加以改善。使得程序代码和数据存储空间之间可以进行数据的传输，称为改善的哈佛结构。

DSP处理器所采用的将程序存储空间和数据存储空间的地址与数据总线分开的哈佛结构，为采用流水技术提供了很大的方便。DSP处理器为DMA单独设置了完全独立的总线和控制器，这和通用的CPU很不相同，其目的是在进行数据传输时完全不影响CPU及其相关总线的工作。在DSP处理器中，设置了专门的数据地址发生器来产生所需的数据地址。数据地址的产生与CPU的工作是并行的，从而节省CPU的时间，提高信号的处理速度。

DSP处理器为了自身工作的需要和外部环境的协调工作，往往都设置了丰富的外设。如时钟发生器、定时器等。

我们所说的DSP技术，一般是指将通用的或专用的DSP处理器用于完成数字信号处理的方法和技术。DSP主要用于控制、移动通信、图像处理、打印机、数字扫描仪等。

3.4.2 摄像头的安装与配置

摄像头正确的安装方法是先安装摄像头驱动，重启后再将摄像头插到电脑中。下面以Win XP环境下安装摄像头驱动程序为例说明正确的安装方法。

1. 微机摄像头的安装

（1）将随机附送的光碟放入CD-ROM中，系统会自动弹出安装界面（见图3—25），可以选择35万像素或48万像素驱程。（注：在安装48万像素摄像头驱程前，应先安装DirectX 9.0C。）

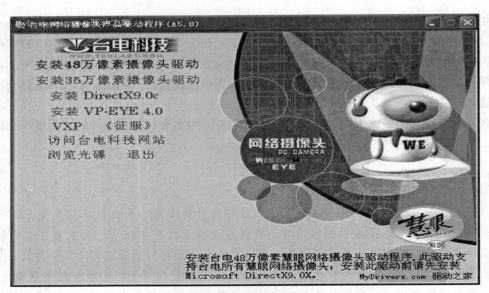

图 3—25　摄像头驱动程序的安装

（2）出现厂商的欢迎界面时，选择"next"，继续安装。

（3）在出现以下提示："没有通过 Windows 徽标测试……"时，如图 3—26 所示。选择"仍然继续"，进行下一步安装。

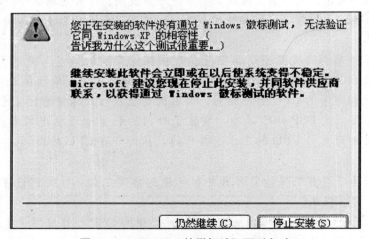

图 3—26　Windows 的徽标认证可以忽略

（4）在屏幕出现图 3—27 所示提示时，选择"YES，I want to restart my computer now"，重启电脑。如果你的系统是 WinXP SP2 系统，则在对话框中选择"否，暂时不"；如果你的系统是 SP1 或没有打补丁，则直接到第（5）步。

（5）重启系统后，将摄像头插到电脑的 USB 接口中，此时系统会提示"找到新硬件!"，如图 3—28 所示。选择"从列表或指定的位置（高级）"，点下一步。

（6）出现图 3—29 所示提示时，选择"不要搜索。我要自己选择安装的驱动程序"，点击"下一步"。

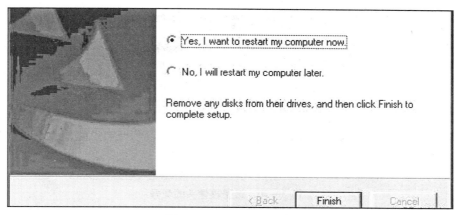

图 3—27　Windows 重启

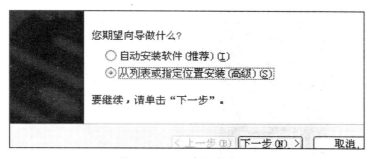

图 3—28　驱动安装过程 a

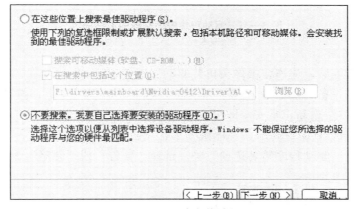

图 3—29　驱动安装过程 b

（7）出现提示"选择要为此硬件安装驱程……"时，在对话框的"型号"栏中选择"Teclast WE Camera"，点击"下一步"，如图 3—30 所示。

（8）再次出现没有通过 Windows 徽标测试，选择"仍然继续"，进行下一步安装。

（9）系统复制完文件后，会出现提示"重启电脑"（见图 3—31），系统重启后摄像头就可以使用了。

安装完毕后，双击图标"我的电脑"，可以看到摄像头的快捷图标；也可以从设备管理器中的"图像处理设备"查看摄像头的安装情况。

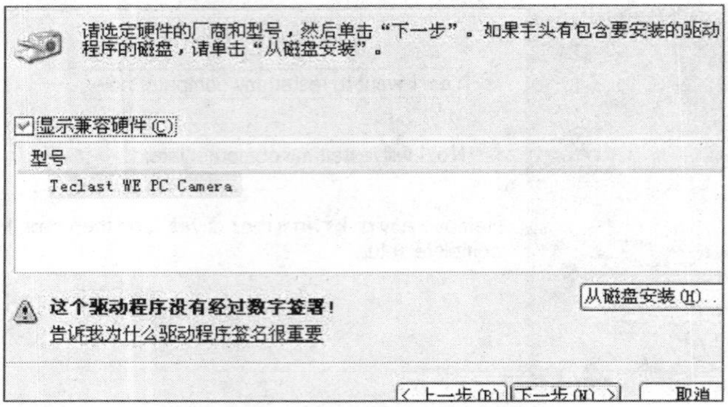

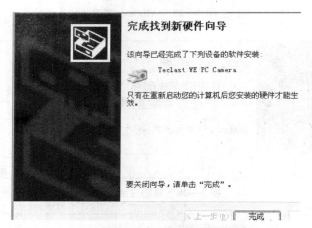

图 3—30　选择摄像头的型号

图 3—31　驱动程序安装完毕的最终提示

2. 常见安装问题

（1）没有正常安装，先连接摄像头再装驱动。

解决方法：在设备管理器中，在未知设备"PC CAMERA"上，按鼠标右键选择"卸载"，然后按上述方法重新正常安装即可。

（2）出现没有通过 Windows 徽标测试提示，无法安装。

解决方法：在"驱动程序签名选项"中，选择"警告"或"忽略"，不要选择"阻止"。

3.5　数码相机的分类与选用

数码相机（Digital Camera，DC）又称为数字式相机。数码相机是一种利用电子传感器把光学影像转换成电子数据的照相机，与数字式摄像头同宗同源（图 3—32 所示为小巧的卡片机）。数码相机使用闪存存储拍摄的照片，具有立即成像观看和处理的优点，取代了传统胶片相机。数码相机最早出现在美国，美国曾利用它通过卫星向地面传送照片，后来数码摄影

图 3—32　潜望镜式变焦卡片机

转为民用并不断拓展应用范围。目前，数码相机已风靡全球。

3.5.1 工作原理

数码相机是由镜头、CCD、模/数转换器、微处理器、内置存储器、液晶显示器、存储卡和接口等部分组成。数码相机淘汰了传统的感光胶片，而使用传感器将拍摄对象的光信号转化为电荷存储。大多数数码相机所使用的图像传感器是电荷耦合装置（CCD），而有些数码相机使用互补金属氧化物半导体（CMOS）技术。

数码相机的工作原理：当按下快门时，镜头将光线会聚到感光器件 CCD 上，CCD 是半导体器件，具有对光敏感的物理特性。CCD 代替了传统相机中胶卷的位置，它可以把光信号转变为电信号。这样，在 CCD 上得到了对应于拍摄景物的电子图像，但是它还不能马上被送去计算机处理，还需要按照计算机的要求进行从模拟信号到数字信号的转换，ADC（模数转换器）部件用来执行这项工作。接下来 MPU（微处理器）对数字信号进行压缩并转化为特定的图像格式，例如 JPEG 格式。最后，图像文件被存储在内置存储器中。至此，数码相机的主要工作已经完成，剩下要做的是通过 LCD（液晶显示器）查看拍摄到的照片，进行图像的先期处理。此外，还提供了连接到计算机和电视机的接口。

1. 数码相机的优点

（1）拍照之后可以立即看到图片，从而提供了对不满意作品立刻重拍的可能性，减少了遗憾的发生，特别是重大事件和旅游外景的拍摄。

（2）只需为那些想冲洗的照片付费，其他可以做成电子相册，不需要的照片可以删除。

（3）色彩还原和色彩范围不再依赖胶卷的质量，由相应软件控制处理。

（4）感光度也不再因胶卷而固定，光电转换芯片能提供多种感光度选择，甚至红外拍摄。

2. 数码相机的缺点

（1）由于通过成像元件和影像处理芯片的转换，成像质量相比光学相机缺乏层次感。

（2）由于各厂家的影像处理芯片技术不同，成像照片表现的颜色与实际物体有所差别。

（3）由于中国缺乏核心技术，后期使用维修成本较高，特别是高档相机。

3.5.2 产品分类

1. 卡片相机

卡片相机在业界没有明确的概念，小巧的外形、轻盈的机身，以及超薄时尚的设计是衡量此类数码相机的主要标准。卡片相机包括伸缩镜头式变焦和潜望镜式变焦两大类，如图 3—33 所示。

卡片相机也称为卡片机，犹如名片大小的数码相机使外出携带变得十分方便。卡片机的多数功能为全自动设计，光圈指数、快门速度、感光度、聚焦变化等统统不用考虑，卡片机的成像率极高，深受各界人士欢迎。由于卡片机追求的是小巧、轻薄，故卡片机仅有液晶显示器用于拍照时的取景和后期浏览

图 3—33 伸缩镜头式卡片机

使用。卡片机的功能虽然不算强大，但它们的多点聚焦、人脸捕捉、微距拍摄等功能，使卡

片机还是能够完成一些摄影创作。

卡片机和其他相机的区别：

优点：时尚的外观、大屏幕液晶屏、小巧纤薄的机身，操作便捷；

缺点：手动功能薄弱、超大的液晶显示屏耗电量较大、镜头性能相对较差。

2. 单反相机

单反数码相机是指单镜头反光数码相机（Digital Single Lens Reflex，DSLR）。此类相机一般高大、笨重，专业水平高。如图3—34所示。

数码相机的光学系统与传统的胶片机相同，仅是感光成像的机理发生了巨大变化。

单反，就是指单镜头反光，即 SLR（Single Lens Reflex），这是当今最流行的取景系统，大多数35mm（胶片）照相机都采用这种取景器。在这种系统中，反光镜和棱镜的独到设计使得摄影者可以从取景器中直接观察到通过镜头的影像。因此，可以准确地看见胶片即将"看见"的相同影像。该系统的心脏是一块活动的反光镜，它呈45°角安放在胶片平面的前面。进入镜头的光线由反光镜向上反射到一块毛玻璃上。早期的 SLR 照相机必须以腰平的方式把握照相机并俯视毛玻璃取景。毛玻璃上的影像虽然是正立的，但左右是颠倒的。

图3—34　单反数码相机

为了校正这个缺陷，现在的眼平式 SLR 照相机在毛玻璃的上方安装了一个五棱镜。这种棱镜将光线多次反射改变光路，将影像送至目镜，这时的影像就是上下正立且左右校正的了。这就是目前一些单反数码相机依然使用"五棱镜技术光学取景器"的原因。

目前，单反数码机用电子取景器取代了传统的光学取景器，消除了取景与拍摄的视差，实现了"所见即所得"的效果。同时解决了特殊角度拍摄取景不变的困难。

单反相机与普通相机的区别主要有三个方面。一是单反数码相机最突出的特点，就是可以交换不同规格的变焦大镜头（见图3—35），这是单反相机天生的优点。相机使用同一参数拍摄时的曝光量取决于镜头直径。二是单反相机使用的快门是栅帘式机构（普通相机使用的是百叶窗式快门机构），这种快门机构能够拍摄高速运动的物体。三是单反相机具备全手动功能，这提供给摄影工作者很好的创作机会。

单反相机的工作原理：在 DSLR 拍摄时，当按下快门钮，反光镜便会往上弹起，感光元件（CCD或 CMOS）前面的快门幕帘便同时打开，通过镜头的光线便投影到感光元件上感光，然后反光镜便立即恢复原状，观景窗中再次可以看到影像。单镜头反光相机的这种构造，确定了它是完全透过镜头对焦拍摄的，它能使观景窗中所看到的影像和胶片上的永远一样，它的取景范围和实际拍摄范围基本上一致，十分有利于直观地取景构图。

图3—35　尼克尔 200～400mm f/4G
ED VR II NEW

3. 长焦相机

长焦数码相机指那些具有较大光学变焦倍数、固定式镜头的机型，而光学变焦倍数越大，能拍摄的景物就越远，就是通常所说的"把景物拉进来"。镜头的物理尺寸越长，内部的镜片和感光器之间的移动空间越大，可以获取的变焦倍数也越大。

长焦数码相机的原理其实和望远镜的原理差不多，通过镜头内部镜片的移动而改变焦距。当人们拍摄远处的景物或者是被拍摄者不希望被打扰时，长焦的优越性就得以发挥。另外焦距越长则景深越浅，和光圈越大景深越浅的效果是一样的，浅景深的好处在于突出主体而虚化背景，即景物虚化。

图 3—36　长焦数码相机

如今数码相机的光学变焦倍数大多在 3～12 倍之间，即可把 10 米以外的物体拉近至 5～3 米；普通摄像机的光学变焦倍数为 10～30 倍，能比较清楚地拍到 70 米外的东西。购买一部长焦相机，可谓是一机走天下。目前市场上的长焦相机一般在 2 000 元左右。长焦相机如图 3—36 所示。

购买数码相机要根据实际工作需要或个人喜好来选择。相机的价格从几百元到上万元不等，功能和拍摄效果相差甚远，这里仅能给出可供参考的几个因素。一般家庭用机选择便于携带的卡片机，要求拥有三倍变焦和广角效果、三吋左右的 LCD 显示器和 330 万像素以上的 CCD。

焦距在 35～21mm 范围的镜头称普通广角镜头；焦距 21mm 以下的镜头称超广角镜头。

 小资料：景深

景深，就是指当焦距对准某一点时，其前后都仍清晰的范围。它用于决定是把背景模糊化来突出拍摄对象，还是拍出清晰的背景。

3.5.3　数码相机使用技巧

数码相机属于光、机、电一体的精密设备，操作使用应遵循以下几方面的要求：

（1）不能用力摇晃，撞击相机，过度的震荡会破坏机内的零部件。比如受过剧烈震荡的相机，会造成 CCD 的移位，从而使拍摄画面出现暗角的现象。所以为相机配备一个厚实的相机包是必要的，这样即使在极度颠簸的野外也能起到避震作用。

（2）注意保护 LCD 屏幕，不可以用力挤压和长期暴露在阳光下。

（3）保护好镜头，不能用手触摸，擦拭镜头要用专用的擦镜纸。镜头是相机最重要的部分，作为不能更换镜头的消费级数码相机尤为重要。要养成良好的习惯，千万要记得及时盖上镜头盖。另外镜头不可以直接对准太阳（夕阳除外），那样很可能会灼伤镜头。UV 镜（紫外线滤镜）和遮光罩可以保护镜头。

（4）注意防潮。相机很怕潮湿，专业摄影师会把照相器材放在专门的防潮箱里。作为一般用机只要稍加注意即可，雨雾天气尽量不要使用。

（5）注意防尘，沙尘对伸缩式镜头是一个威胁。

（6）电池使用技巧。数码相机使用充电电池，和手机一样，最好在完全放电的情况下再充电，这样可以延长电池的寿命，有利于充分激发电池的潜能。在相机的使用过程中，光学变焦和液晶屏是最耗电的，在电力不足时尽量不要浏览照片。

（7）作为电子设备的数码相机，惧怕极限天气，温度过高或过低都会影响它的工作状态。所以在寒冷的天气中使用数码相机应该使其在室内先预热一下，在冰雪中穿行时可以将相机揣在怀中。同样要避免长时间在高温状态下工作。

实训 4　微机外设的驱动程序安装

1. 实训目的

通过实践训练巩固本章所学习的内容。

2. 实训内容

结合本章内容练习外部设备驱动程序的安装。

3. 实训要求

通过实验课的实际训练，要求每人都能独立完成相关外设的驱程安装，并写出实训报告。

4. 实训步骤

（1）按照课程内容练习安装网络打印机。

操作步骤参见"3.2　打印机的选用、安装与维护"。

（2）按照课程内容练习安装摄像头。

操作步骤参见"3.4　摄像头的选用、安装与配置"。

（3）数码相机操作技巧经验交流。

可利用同学们的私有数码相机进行实训操作，相关知识参见"3.5　数码相机的分类与选用"。

（4）作业要求。

按照实训课程内容的要求描述各项驱程的安装过程和体会。

本章小结

本章从计算机外部设备的接口入手，较为详细地讲述了设备之间数据的传输方式，重点介绍了当今流行的 USB 技术极其发展概况。本章还介绍了各种打印机的基本工作原理，以及安装维护技巧。在信息采集和数码通信方面阐述了扫描仪、摄像头和数码相机的工作原理和选购注意事项，并详细讲解了这些数码设备的驱动程序安装方法。通过课堂讲解和实训练习，同学们会在计算机外部设备的选购和安装方面，正确处理常见问题。

思考与练习

1. 思考题

（1）常见的通用串行接口标准有哪些？USB 2.0 的最大传输速度是多少？

（2）喷墨打印机按照打印头的工作方式可以分为哪两大类？

（3）简述数码摄像头的图像处理方法。

（4）扫描仪输出的文档格式是否都能使用 OCR 软件进行文字识别？

（5）摄影时如何正确选择数码相机的图片像素数？

2. 选择题

（1）在下面对 USB 接口特点的描述中，符合 USB 接口特点的是（　　）。

A. 不支持热插拔　　　　　　　　　　B. 提供电源容量为 12V×1 000mA

C. 支持热插拔　　　　　　　　　　　D. 由 4 条信号线组成

（2）关于计算机中 USB 和 IEEE 1394 的叙述中，错误的是（　　）。

A. USB 和 IEEE 1394 都以串行方式传送信息

B. USB 和 IEEE 1394 都支持热插拔

C. USB 以串行方式传送信息，IEEE 1394 以并行方式传送信息

D. IEEE 1394 是一种数据传输的开放式技术标准

（3）一台计算机必须具备的输入设备是（　　）。

A. 鼠标　　　　　　B. 扫描仪　　　　　　C. 键盘　　　　　　D. 数字化仪

（4）下列设备中，既可以作为输入设备又可以作为输出设备的是（　　）。

A. 图形扫描仪　　　B. 磁盘驱动器　　　　C. 绘图仪　　　　　D. 显示器

（5）可以用于打印多层打印介质（如银行票据）的打印机是（　　）。

A. 喷墨打印机　　　B. 针式打印机　　　　C. 激光打印机　　　D. 热升华打印机

（6）普通家用彩色喷墨打印机，墨盒所输出的颜色通常是哪几种？（　　）

A. 红黄蓝　　　　　　　　　　　　　B. 红绿蓝黑

C. 黑、黄、浅蓝、浅洋红、蓝、洋红　　D. 红黄蓝黑

（7）喷墨打印机具有很多优势，在目前被广泛使用，其特点中不包括（　　）。

A. 可以打印多种介质　　　　　　　　B. 可以实现多层介质的打印

C. 价格低廉　　　　　　　　　　　　D. 可以打印出彩色文稿

（8）打印机的故障分为操作不当故障、软故障和（　　）。

A. 驱动故障　　　B. 物理学故障　　　C. 软件故障　　　D. 人为故障

（9）扫描仪是一种（　　）设备。

A. 输入设备　　　B. 输出设备　　　　C. 存储设备　　　D. 复印设备

（10）扫描仪的接口中，速度最快的是（　　）。

A. 普通接口　　　B. SCSI 接口　　　　C. USB 接口　　　D. 并行接口

（11）扫描仪扫描图像效果不好，可能是（　　）。

A. 电机驱动机构有故障　　　　　　　B. 扫描器件有污物或灰尘

C. 计算机色彩模式设置不当　　　　　D. 电源电路有故障

（12）扫描仪扫描图像时有异常响声，不正常扫描，可能是因为（　　）。

A. 驱动部件有异物　　　　　　　　　B. 电源供电不良

C. 扫描仪锁扣没有打开　　　　　　　D. 移动导轨有污物

（13）以下对扫描仪的解说正确的是（　　）。

A. 在搬运或运输扫描仪时，应该锁上扫描仪锁扣

B. 扫描仪的最大扫描宽度取决于 CCD 的光传感器的尺寸

C. 需要进行文字识别的文稿，扫描时可以随意摆放

D. 当发现扫描品质不佳时，应主要对 CCD 图像传感器进行擦拭

（14）使用 USB 接口的微机外设，其驱动程序的正确安装方法是（　　　）。

A. 先连接 USB 数据线，再装驱程　　　　B. 先装驱程，再连接 USB 数据线

C. 先装驱程，系统重启后再连接数据线

（15）使用数码相机拍照时，图片的像素选取一般为（　　　）。

A. 相机的最高像素　　　　　　　　　B. 相机的最低像素

C. 没有必要设定像素　　　　　　　　D. 根据图片用途设定像素值

第4章　计算机操作系统的安装

学习目标

- 能熟练进行 CMOS 参数的设定
- 能够完成硬盘的分区和格式化工作
- 能完成计算机操作系统的安装
- 能完成双系统和虚拟机的安装

工作任务

- 设置光盘启动方式、设置 CMOS 密码
- 安装计算机操作系统——Windows XP
- 安装硬件驱动程序（显卡、声卡和网卡）
- Windows 7 简介

4.1　微机软件系统概述

软件系统是指计算机系统所使用的各种程序的总称。软件的主体驻留在存储器中，用户通过软件系统对计算机进行控制并与计算机系统进行信息交换，使计算机按照用户意图完成预定任务。

软件系统和硬件系统共同构成实用的计算机系统，两者是相辅相成、缺一不可的。软件系统一般分为操作系统软件、程序设计软件和应用软件三类。

（1）操作系统软件。

虽然计算机能完成许多非常复杂的工作，但想要让计算机完成相关的工作，必须有一个翻译把人类语言翻译给计算机。操作系统软件就是起到翻译的作用，负责把人的意思"翻译"给计算机，由计算机完成人想做的工作。常用的操作系统有微软公司的 Windows XP/Vista 系列的操作系统、苹果的操作系统、Linux 操作系统和 UNIX 操作系统（服务器操作系统）等。

（2）程序设计软件。

程序设计软件是由专门的软件公司编制用来进行编程的计算机语言，主要包括机器语言、汇编语言和高级语言。如汇编语言、Delphi、Java、C++语言等。

（3）应用软件。

应用软件是用于解决各种实际问题以及实现特定功能的程序。常用的应用软件有 Office 办公软件、WPS 办公软件、图像处理软件、网页制作软件、游戏软件和杀毒软件等。

4.2 CMOS 常用选项的设置

本部分主要讲解设置 BIOS 的方法，包括设置标准 CMOS、高级 BIOS、开机密码和启动顺序等，另外还介绍了升级 BIOS 的方法。

4.2.1 BIOS 与 CMOS 概述

1. 什么是 BIOS 与 CMOS

BIOS（Basic Input Output System）即基本输入/输出系统，是计算机中最基础的而又最重要的程序。这一段程序存放在一个不需要电源的芯片中。BIOS 为计算机提供最低级的、最直接的硬件控制，计算机的原始操作都是依照固化在 BIOS 里的内容来完成的。所以说，BIOS 是硬件与软件程序之间的一个接口，负责开机时对系统各项硬件进行初始化设置和测试，以确保系统能够正常工作。它在计算机系统中起着非常重要的作用，如果硬件不正常则立即停止工作，并把出错的设备信息反馈给用户，如图 4—1 所示为主板 BIOS 芯片。

CMOS（Complementary Metal Oxide Semiconductor）原意是"互补金属氧化物半导体存储器"。CMOS 是主板上一块可读写的 RAM 芯片，大小通常为 128MB 或 256MB，其功耗极低，由主板上的一粒纽扣电池供电，即可保存其信息在关机后不丢失。CMOS 中存储着计算机的重要信息，主要有：

（1）系统日期和时间；

（2）主板上存储器的容量；

（3）硬盘的类型和数目；

（4）显卡的类型；

图 4—1 主板 BIOS 芯片

（5）当前系统的硬件配置和用户设置的某些参数。

CMOS 与 BIOS 的不同之处在于 CMOS 是存储芯片，属于硬件，用来保存当前系统的硬件配置和用户对某些参数的设定。CMOS 可由主板的电池供电，即使系统掉电，信息也不会丢失。CMOS 本身只是一块存储器，只有数据保存功能，而对 CMOS 中各项参数的设定要通过专门的程序来完成。厂家都将 CMOS 设置程序做到了 BIOS 芯片中，在开机时通过特定的按键就可进入 CMOS 设置程序，以方便对系统进行设置，因此"CMOS 设置"又被叫做"BIOS 设置"。

一台计算机的好坏，不能只用硬件性能的优劣来衡量，对 BIOS 设置是否得当，在很大程度上会影响电脑的性能优化。BIOS 设置，能避免硬件可能产生的冲突，提高系统的运行效率。通常在以下情况下需要运行 BIOS 设置程序：

（1）新组装的计算机；

（2）重新安装操作系统；

（3）更换CMOS电池；

（4）系统启动时提示错误信息；

（5）CMOS的设置丢失。

2.BIOS的功能和作用

（1）BIOS芯片的功能。

① 硬件中断服务：BIOS中断服务程序实质上是微机系统中软件与硬件之间的一个可编程接口，主要用于程序软件功能与微机硬件之间的接口。例如Windows对软驱、光驱、硬盘等管理、中断设置等服务。

② BIOS系统设置程序：计算机部件配置记录存放在一块可写的CMOS RAM芯片中，主要保存着系统的基本情况（CPU特性、软硬盘驱动器等部件的信息）。在BIOS ROM芯片中装有"系统设置程序"，主要来设置CMOS RAM中的各项参数。这个程序在开机时按其对应键就可进入设置状态，并提供良好的界面。

③ POST上电自检：计算机接通电源后，系统首先由POST程序来对内部各个设备进行检查。完整的POST上电自检包括：

- 对CPU、主板、内存和系统BIOS的测试；

- CMOS中系统配置的校验；

- 初始化显卡、显存，检验视频信号和同步信号，对显示器接口进行测试；

- 对键盘、软驱、硬盘及光驱进行检测；

- 对并口、串口进行检测：一旦在自检中发现问题，系统将给出提示信息或鸣笛警告。

④ BIOS系统启动自举程序：系统完成POST自检后，BIOS芯片就首先按照系统CMOS设置中保存的启动顺序搜索软硬盘驱动器及CD-ROM或网络服务器等有效的启动驱动器，读入操作系统引导记录，然后将系统控制权交给引导记录，并由引导记录来完成系统的顺序启动。

（2）BIOS芯片的作用。

①自检及初始化：开机后BIOS最先被启动，然后它会对计算机的硬件设备进行完全彻底的检验和测试。如果发现问题，分两种情况处理：严重故障停机，不给出任何提示或信号；非严重故障则给出屏幕提示或声音报警信号，等待用户处理。如果未发现问题，则将硬件设置为备用状态，然后启动操作系统，把对计算机的控制权交给用户。

②设定中断：开机时，BIOS会告诉CPU各硬件设备的中断号，当用户发出使用某个设备的指令后，CPU就根据中断号使用相应的硬件完成工作，再根据中断号跳回原来的工作。

③程序服务：BIOS直接与计算机的I/O（Input/Output，即输入/输出）设备打交道，通过特定的数据端口发出命令，传送或接收各种外部设备的数据，实现软件程序对硬件的直接操作。

3.BIOS跳线

（1）BIOS跳线的目的是通过跳线给CMOS存储器放电，用于清除CMOS中的数据，在清空数据之后，BIOS将出厂时的原始数据存入CMOS存储器。

（2）BIOS 跳线的作用是通过用放电的方法来清除开机密码或 BIOS 进入密码。

（3）BIOS 跳线的方法是将 CMOS 电池旁边的跳线帽拔出，插在另外一个针和中间针上几秒钟，然后再拔出插回原来的位置，如图 4—2 所示；或者将 CMOS 电池取出，将电池盒上的正负极短路几秒钟，再把电池安上即可。

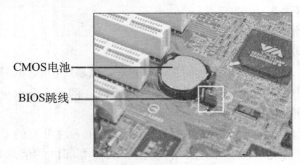

CMOS电池

BIOS跳线

图 4—2　BIOS 跳线

4.2.2　CMOS 参数设置

1. 进入 CMOS 设置程序

打开计算机电源后，当 BIOS 开始进行 POST 自检时，出现如图 4—3 所示画面，按下 Del 键，即可进入 CMOS 设置主菜单。

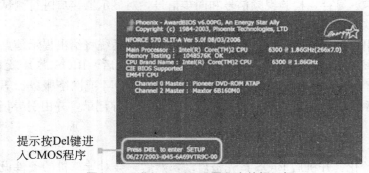

提示按Del键进入CMOS程序

图 4—3　进入 CMOS 设置程序的提示框

常见的进入 CMOS 设置程序的方式有：

（1）Award BIOS 进入时按 Del 键或按 Ctrl＋Alt＋Esc 组合键；

（2）AMI BIOS 进入时按 Del 键或按 Esc 键；

（3）Phoenix BIOS 进入时按 F2 键或按 Ctrl＋Alt＋S 组合键；

（4）MR BIOS 进入时按 Esc 键或 Ctrl＋Alt＋Esc 组合键；

（5）Compaq BIOS 进入时按 F10 键；

（6）Dell BIOS 进入时按 Ctrl＋Alt＋Enter 组合键；

（7）其他还有 Ctrl＋Alt＋\ 组合键和 Ctrl＋Insert 组合键。

2. CMOS 设置程序主界面

开机时按下进入 CMOS 设置程序的快捷键，出现 CMOS 设置程序的主界面，如图 4—4 所示。CMOS 设置程序的主界面中一般有十几个选项，由于 BIOS 的版本和类型不同，主界面中的选项也会有一些差异，但主要的选项每个 BIOS 程序都会有，这里以图 4—4 为例讲解它们的含义。

（1）Standard CMOS Features（标准 CMOS 设置）：主要设置 IDE 硬盘的种类，除此之外，还用于设置日期、时间、软驱规格及显卡的种类等。

（2）Advanced BIOS Features（BIOS 特性设置）：主要设置 BIOS 提供的高级功能（如设置防病毒保护、缓存、启动顺序、键盘参数、系统影子内存和密码选项等）。

（3）Advanced Chipset Features（芯片组特性设置）：主要设置主板所采用的芯片组相关的运行参数（如设置内存读写时序、视频缓存、I/O 延时、串并口、软驱接口和 IDE 接口等）。

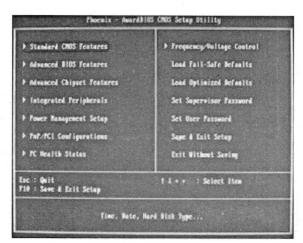

图 4—4　CMOS 设置程序主界面

（4）Integrated Peripherals（集成外围设备设置）：主要设置所有外部设备运行的相关参数（如设置软驱接口、硬盘接口、串并接口、USB 接口、USB 键盘、集成显卡设置和集成声卡等）。

（5）Power Management Setup（电源管理设置）：主要设置 CPU、硬盘、显示设置省电功能的相关参数。

（6）PnP/PCI Configurations（即插即用与 PCI 总线参数设置）：主要设置即插即用与 PCI 配置的相关参数等。

（7）PC Health Status（电脑健康状况）：主要显示系统自动检测的电压、温度及风扇转速等相关参数。

（8）Frequency/Voltage Control（频率和电压设置）：主要设置 CPU 的工作系统与使用电压的相关参数（如外频参数、倍频参数、电压参数等）。

（9）Load fail-safe defaults（载入安全默认设置）：用于装载厂商设置的安全默认性能参数。

（10）Load Optimized Defaults（载入 BIOS 优化设置）：用于装载厂商设置的最佳性能参数。

（11）Set Supervisor Password（设置超级用户密码）：对计算机的 CMOS 设置具有最高的权限，它可以更改 BIOS 的任何设置。

（12）Set User Password（设置普通用户密码）：用户可以开机进入 CMOS 设置程序，但除了更改自己的密码以外，不能更改其他任何设置项。

（13）Save&Exit Setup（保存设置并退出 BIOS 程序）。

（14）Exit Without Saving（不保存设置并退出 BIOS 程序）。

在如图 4—4 所示的 CMOS 设置程序主界面，可通过操作键对硬件参数进行设置。操作键如表 4—1 所示。

常用操作键

操作键	功能
Ç（向上键）	到上一个选项
È（向下键）	移到下一个选项
Å（向左键）	移到左边的选项
Æ（向右键）	移到右边的选项
Enter 键	选择当前选项
Esc 键	回到主画面，或从主画面中结束设置程序
Page Up 或＋键	改变设置状态，或增加栏位中的数值内容
Page Down 或一键	改变设置状态，或减少栏位中的数值内容
F1 功能键	显示目前设置项目的相关说明
F5 功能键	装载上一次设置的值
F6 功能键	装载最安全的值
F7 功能键	装载最优化的值
F10 功能键	存储设置值并离开 CMOS 设置程序

3. 常用的 CMOS 设置

现在 BIOS 程序智能化程度很高，出厂设置基本已经是最佳化设置，装机时需要再设置的选项已非常少，一般新装机时只需要设置一下系统时钟和开机启动顺序即可。下面对一些常用重要选项作一介绍。

（1）系统时钟设置。

进行系统时钟设置时，选择 CMOS 设置程序主界面中的 Standard CMOS Features 选项，如图 4—5 所示。

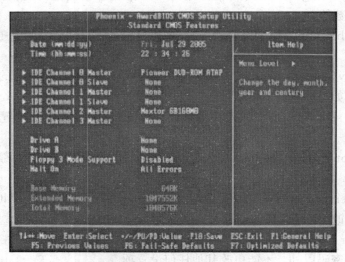

图 4—5　Standard CMOS Features 选项

其中"Date"用以设置系统当前日期，以"月—日—年"格式设置当前日期，用"Page Up"、"Page Down"或＋、一键选择其值大小。

"Time"用以设置系统的当前时间，以"时—分—秒"格式设置当前时间，用"Page Up"、"Page Down"或＋、一键设定时间的大小。系统时钟也可以在操作系统中设置，即便没有设置系统时钟，也不会影响计算机的正常运行。

（2）启动顺序设置。

在计算机启动时，首先检测 CPU、主板、内存、BIOS、显卡、硬盘、软驱、光驱和键盘等，如检测通过，接下来将按照 BIOS 中设置的启动顺序从第一个启动盘调入操作系统，正常情况下，都设置从硬盘启动。但是，当计算机硬盘中的系统出现故障无法从硬盘启动时，只有通过进行 CMOS 设置把第一个启动盘设为软盘或光盘，然后从软盘或光盘启动电脑，查找机器的故障，所以在装机或维修机器时设置启动顺序非常重要。现在新的 CMOS 允许设置从 U 盘启动，而软盘启动在实际应用中基本被抛弃了。

设置启动顺序时，选择 Advanced BIOS Features 选项，如图 4—6 所示，可通过 First Boot Device（第一启动设备）、Second Boot Device（第二启动设备）和 Third Boot Device（第三启动设备）三个选项的设置来定制机器的启动顺序。在这三个选项中，每一选项都有 Floppy（软盘）、CD-ROM（光盘）、Hard Disk（硬盘）或 HDD-0、LAN（网卡）、Disabled（禁用）等选项。比如想从光盘启动电脑时，把 First Boot Device 选项设为 "CDROM" 再保存退出即可，重启计算机时插入光盘系统盘即可从光盘启动电脑。

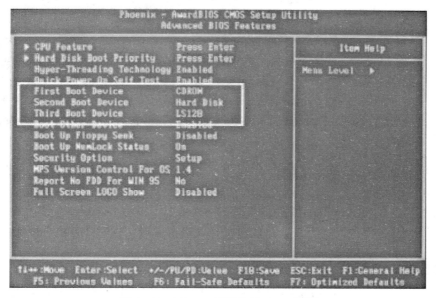

图 4—6　**Advanced BIOS Features** 选项

（3）硬盘检测设置。

现在的 BIOS 一般都能自动检测到硬盘信息，无须再手动检测，不过在 BIOS 设置中设置硬盘检测选项可以帮助判断硬盘的一些故障。硬盘信息检测在 BIOS 中的 Standard CMOS Features 选项中，如图 4—7 所示。其中，IDE Channel 0 Master 是 IDE1 口主盘，IDE Channel 0 Slave 是 IDE1 口从盘；IDE Channel 1 Master 是 IDE2 口主盘，IDE Channel 1 Slave 是 IDE2 口从盘；IDE Channel 2 Master 和 IDE Channel 3 Master 是两个 SATA 接口。当检测出硬盘相关信息（是主盘还是从盘、类型、容量等指标）后，将在其中对应的一行显示，其他没有的则显示 "None"。当硬盘不工作时，就可以进入此选项让计算机重新检测硬盘信息，若能检测到，则应该非硬件故障，而是硬盘内软件故障；如检测不到，则可能是硬盘数据线连接或硬盘跳线设置有问题或硬盘数据线坏了或主板 IDE 端口烧了或硬盘坏了。如图中的 IDE Channel 0 Master 通道检测出 DVD-ROM，说明在 IDE1 接口上连接了一个 DVD 光驱；而在 IDE Channel 2 Master 通道上检测出一个 160GB 的硬盘，说明电脑中连接了一个 160GB 的串口硬盘。

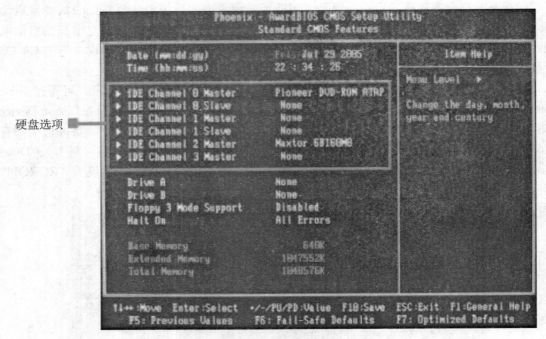

图 4—7　设置硬盘检测

（4）病毒警告设置。

在 CMOS 界面中的 Advanced BIOS Features 选项中，有 Virus Warning（病毒警告）子选项，一般将该项设为 Enabled（启用）。但在下列情况下设为 Disabled（禁用）：① 新装操作系统时，因为新装系统时，系统会对硬盘引导区进行设置，这时计算机会以为有病毒导致自动停机。② BIOS 升级时。

（5）集成声卡设置。

设置集成声卡时，进入 Integrated Peripherals 选项。如果将 AC97 Audio 项设为 Disabled，则主板集成的声卡将不能发声。所以当音箱设备无声时，如果音箱与声卡的连接正确，声卡的驱动程序又正常时，别忘了检查 CMOS 中的声卡设置。

（6）USB 端口设置。

在 Integrated Peripherals 选项中，如将 USB Controller 项设为 Disabled，则所有 USB 设备都不能用。所以当 USB 设备不能用，而操作系统中的 USB 驱动已经安装好，那么别忘了检查 BIOS 中的"USB 端口"设置。另外注意，如果新买的 USB 键盘接上后不能使用，请设置 USB Keyboard Support（支持 USB 键盘）为 Enabled 即可。

4. 设置开机密码

（1）对电脑设置的密码。

① 开机密码。设置此密码后，开机需要输入密码才能启动电脑，否则电脑就无法启动。

② 进入 CMOS 程序的密码。设置后可以防止别人修改你的 CMOS 程序参数。

（2）设置密码。

以设置开机密码为例讲解设置密码的方法。

① 开机进入 CMOS 设置程序。

②进入 Advanced BIOS Features 选项，将 Security Option（开机口令选择）子选项设置为"System"（设开机密码时用）或"Setup"（设 BIOS 专用密码时用），然后返回主界面。如图 4—8 所示。

开机口令选择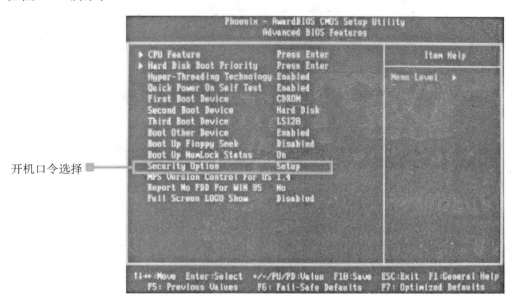

图 4—8　密码选项

③ 选择 Set Supervisor Password 选项，按回车键，如图 4—9 所示。在"Enter Password:"框中，输入密码后按回车键，接着将显示如图 4—10 所示画面，在"Confirm Password:"框中，再输入刚才输入的密码，按回车键。

图 4—9　"Enter Password:"框　　　　　图 4—10　"Confirm Password:"框

④ 最后按 F10 键保存退出，开机时将出现如图 4—11 所示的输入开机密码画面，只有输入正确的密码才能开机启动系统。

提示：密码设置一定要注意其最大长度为 8 个字符，有大小写之分。设置开机密码后，同时也为 BIOS 程序设了一个相同的密码，进入 BIOS 程序时要输入相同的密码。

（3）修改和取消密码。

如果不知道进入 CMOS 设置程序的密码，可以打开机箱，将主板上的 CMOS 电池放电，即可取消密码（此方法不常用）。如果知道进入 CMOS 设置程序的密码，可以按照下面步骤修改或取消密码：

①开机进入 CMOS 设置程序。

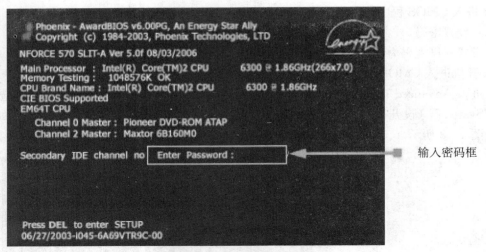

输入密码框

图 4—11　开机密码提示界面

②进入 Advanced BIOS Features 选项，将 Security Option 选项设置为"System"或"Setup"，然后返回主界面。

③选择 Supervisor Password 选项，按回车键，在弹出的"Enter Passward："框中，输入新的密码后按回车键，接着在弹出的"Confirm Passward："框中，重新输一遍新密码，然后按回车键。若想取消原先的密码，只要在弹出的"Enter Passward："框中，不输入密码，直接按回车键，即可取消原来的密码。

④最后按 F10 键保存退出。

4.3　硬盘分区、逻辑盘格式化

4.3.1　硬盘分区概述

硬盘分区就是将一个物理硬盘通过软件划分为多个区域使用，即将一个物理硬盘分为多个逻辑盘使用，如 C 盘、D 盘、E 盘等。

1. 为什么要对硬盘分区

新硬盘必须经过低级格式化、分区和高级格式化三个处理步骤后，才能用以存储数据。一般磁盘的低级格式化通常由生产厂家完成，目的是划定磁盘可供使用的扇区和磁道并标记有问题的扇区；而分区和高级格式化则需要在使用硬盘前由用户自己完成。

注意：由于硬盘分区之后，会将硬盘"清空"，所以不能随便对已经在使用中的硬盘进行重新分区，否则就会酿成不可挽回的损失。

2. 分区前的准备工作

（1）备份硬盘中的重要数据。

新硬盘不用考虑备份；对已经使用中的硬盘进行重新分区，则需要考虑备份硬盘中的重要数据，否则重要数据将会因为分区而丢失。一般主要备份自己的文件、邮件、通讯录、收藏夹、歌曲、电影和 Flash 动画等，可以复制到 U 盘或移动硬盘上，或者复制到联网的服务器和客户机上，或者刻录到光盘。

（2）制定分区方案。

硬盘分区的个数及大小一般从以下三个方面来考虑：

①操作系统的类型及数目。

②存储的数据类型。

③方便以后的维护和整理。

分区没有统一的标准，一般操作系统都安装在 C 区（C 盘），除 C 盘以外，其他盘均可以随意分区。以下是一个 160GB 硬盘的分区方案。

将硬盘分为 6 个区，分别为系统安装区（C 区）15GB、文件存储区（D 区）30GB、游戏数据存储区（E 区）30GB、多媒体文件存储区（F 区）40GB、文件备份区（G 区）40GB和临时文件区（H 区）5GB。如图 4—12 所示。

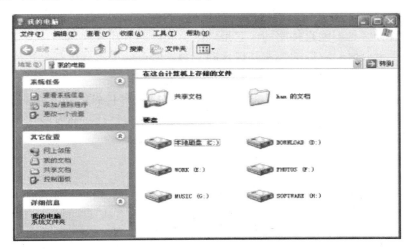

图 4—12　分区方案

（3）准备分区软件。

现在的分区软件比较多，可以用 Windows 2000/XP/2003/Vista 系统安装程序进行分区或使用 Windows 2000/XP/2003/Vista 系统中的"磁盘管理"工具进行分区，也可以用 Partition Magic（分区大师）、F32 分区软件等进行分区，还可以用 DOS 中的 Fdisk 分区程序进行分区（只能分 60GB 以下的硬盘）。目前给硬盘分区一般使用 Windows XP/Vista 操作系统中的"磁盘管理"工具进行。

3．分区格式

根据目前流行的操作系统来看，常用的分区格式有三种，分别是 FAT32、NTFS 和 Ext2 格式，另外以前使用的分区格式还有 FAT16 分区格式。

（1）FAT32 格式：FAT32 格式采用 32 位的文件分配表，对磁盘的管理能力大大增强，突破了早期 FAT16 下每一个分区的容量只有 2GB 的限制。但是 FAT32 格式分区的容量只能小于 32GB，如果分区容量大于 32GB，则只能使用其他分区格式，如 NTFS 格式。

（2）NTFS 格式：NTFS 格式的优点是安全性和稳定性方面非常出色，在使用中不易产生文件碎片。并且能对用户的操作进行记录，通过对用户权限进行非常严格的限制，使每个用户只能按照系统赋予的权限进行操作，充分保护了系统与数据的安全，Windows 2000/XP/Vista 都支持这种分区格式。

（3）Ext2 格式：Ext2 格式是 Linux 中使用最多的一种文件系统，它是专门为 Linux 操作系统设计的，拥有最快的速度和最小的 CPU 占用率。Linux 磁盘分区格式与其他操作系统完全不同，其 C、D、E、F 等分区的意义也和 Windows 操作系统下的分区不一样，使用 Linux 操作系统后，死机的情况会大大减少。

4. 硬盘分区的种类

硬盘分区主要包括：主磁盘分区、扩展磁盘分区和逻辑分区三种。通常一个硬盘可以有一个主磁盘分区和一个扩展磁盘分区，也可以只有一个主磁盘分区没有扩展磁盘分区，逻辑分区可以有若干个。

如果一个硬盘被分成了主磁盘分区和扩展磁盘分区，那么除去主分区所占用的容量以外，剩下的容量被认定为扩展分区。即硬盘的容量＝主磁盘分区的容量＋扩展磁盘分区的容量。其中主磁盘分区是硬盘的启动分区，它是独立的，也是硬盘的第一个分区，一般是 C 驱；而扩展磁盘分区是不能直接用的，它是以逻辑分区的方式来使用的，所以说扩展磁盘分区可分成若干逻辑分区。它们的关系是包含的关系，所有的逻辑分区都是扩展磁盘分区的一部分，即扩展磁盘分区的容量＝各个逻辑分区的容量之和。

举例来说，比如一个硬盘中分了三个分区 C 盘、D 盘和 E 盘，其中 C 盘为主磁盘分区；D 盘和 E 盘合起来为扩展磁盘分区；D 盘为其中一个逻辑分区，E 盘为另一个逻辑分区。如图 4—13 所示。

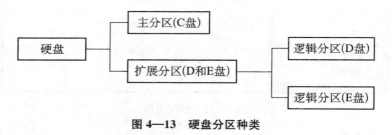

图 4—13　硬盘分区种类

4.3.2　常用分区软件的介绍

硬盘常用分区软件主要有：Partition Magic 分区软件、Windows 2000/XP/2003/Vista 安装程序、Windows 2000/XP/2003/Vista "磁盘管理" 工具、FDISK 和 DM 等。下面就其中一些流行的分区软件的特点分别进行介绍。

1. Partition Magic 分区软件

Partition Magic 分区软件是一款专业的分区软件，它支持 FAT16、FAT32、NTFS、HPFS 和 Linux Ext2 等多种分区格式，同时可在不损坏硬盘原有数据的情况下非常方便地实现硬盘的动态分区和无损分区，重新分区后能保持硬盘的数据不丢失，非常方便。

该软件除了有分区功能外，还具有合并分区、拆分分区和隐藏已有分区等功能。另外，还有即时改变分区的系统格式，在多操作系统并存的情况下提供开机系统选择等功能。

2. Windows 2000/XP/2003/Vista 安装程序

Windows 2000/XP/2003/Vista 的安装程序中包含分区和格式化的功能，在安装系统的过程中，可以使用此功能来进行硬盘分区和格式化，并且在格式化硬盘分区时，可以选择使用 FAT32 或 NTFS 分区格式来格式化安装系统的分区，之后在安装完系统后，再在

Windows系统中格式化其他分区，此功能非常方便快捷。

3. Windows 2000/XP/2003/Vista 系统中的"磁盘管理"工具

Windows 2000/XP/2003/Vista 系统中的"磁盘管理"工具，具有创建新分区、删除分区、转换分区号、提升硬盘传输速度及压缩分区等功能。其功能与 Partition Magic 分区软件有些类似，而且分区、格式化速度很快。但是只有在安装 Windows 2000/XP/2003/Vista 系统后，才能使用该工具。通常与 Windows 安装程序中的分区、格式化相配合使用。即在安装 Windows 系统时，先创建一个安装系统的分区（一般默认为 C 区），然后格式化此分区，并在此分区上安装系统；安装完成后，再进入系统中的"磁盘管理"工具，创建其他分区，并格式化创建的分区。

另外，使用 Windows 2000/XP/2003 系统中的"磁盘管理"工具对硬盘重新进行分区后，硬盘中的数据将丢失，无法实现硬盘的动态分区和无损分区；而 Windows Vista 系统中的"磁盘管理"工具则可以动态调整分区的大小，调整之后能保持硬盘的数据不丢失。

4. DM 分区软件

DM 是由 ONTRACK 公司开发的一款硬盘管理工具，DM 的特点是分区速度快，支持多种分区格式（不支持 NTFS 格式）。DM 软件的主要功能包括硬盘低级格式化、硬盘分区和高级格式化等。

DM 软件提供简易和高级两种模式，以满足不同用户的各种要求。其简易模式适合初级用户使用，高级模式适合高级用户使用。虽然 DM 分区速度较快，但其不支持动态分区和无损分区功能。

4.3.3　硬盘分区方法及实例

由于各个分区软件的分区方法各不相同，下面分别讲解常用分区软件的分区方法。在掌握各个分区软件的分区方法后，以后为硬盘分区时，可以根据实际情况选择分区软件对硬盘进行分区。

1. Windows 2000/XP/2003/Vista 安装程序分区方法

Windows 2000/XP/2003/Vista 安装程序分区方法基本类似，其中，Windows 2000/XP/2003 安装程序的分区方法相同，在进入分区界面后，按提示分区即可；而 Windows Vista 安装程序分区界面更加简洁易懂，单击相应的分区按钮即可完成分区。下面以 Windows XP 安装程序分区方法为例进行讲解。具体分区方法如下：

（1）进入 BIOS 程序设置启动顺序为光盘启动。设置方法如前节所述。

（2）将 Windows XP 安装盘放入光驱，从系统安装盘启动电脑。在计算机启动到如图 4—14 所示的画面后，按 Enter 键进入 Windows XP 系统安装程序。

```
Verifying DMI Pool Data...........
Boot from CD:
Press any key to boot from CD..
```

图 4—14　从光盘启动

（3）进入 Windows XP 安装程序后，首先进入"欢迎使用安装程序"界面，然后按 Enter 键，如果这时按 F3 键可以退出安装程序，中断系统的安装。如图 4—15（a）所示。

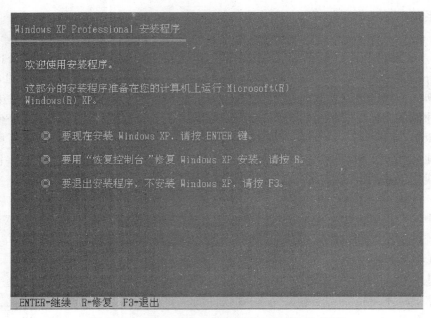

图 4—15（a） 进入"欢迎使用安装程序"界面

在出现"Windows XP 许可协议"界面后按 F8 键，接受安装许可协议，继续下一步的安装，如果无法接受许可协议，则按 ESC 键退出安装程序。如图 4—15（b）所示。

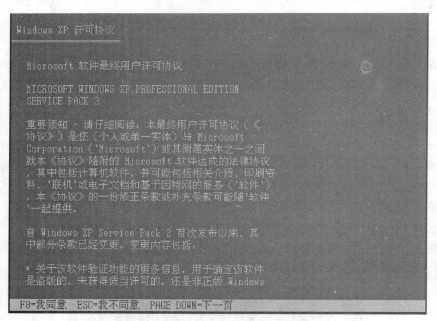

图 4—15（b） Windows XP 许可协议

（4）在按 F8 键后，进入磁盘分区界面，在此界面将列出每个物理硬盘的现有分区和未分区空间。如果该硬盘为新硬盘或者所有硬盘上所有分区都已经被删除，则如图 4—16（a）所示。

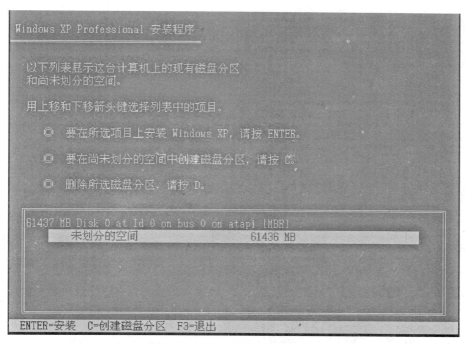

图 4—16（a） 创建和删除分区

使用箭头键选择"未划分的空间"，然后按 Enter 键，出现如图 4—16（b）所示界面，使用 Backspace 键删除白色框中的数字，填入需要设置的分区的容量，单位为 MB。输入好后按 Enter 键。这样就创建好一个分区，如图 4—16（c）所示。

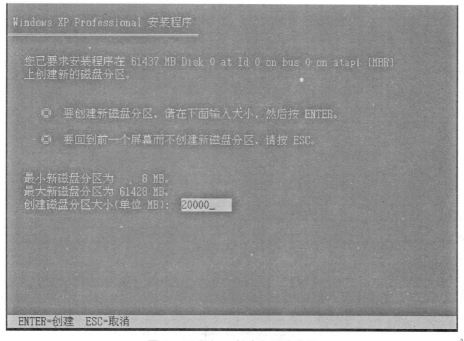

图 4—16（b） 创建和删除分区

如果继续创建其他分区，接着使用箭头选择"未划分的分区"（如图 4—16（c）所示），然后按 Enter 键，按前面的方法创建其他分区即可。

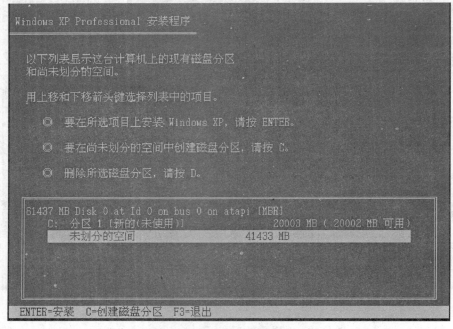

图 4—16（c）　　创建和删除分区

图 4—16（d）所示为一个硬盘创建完所有分区的界面。如要删除其中一个分区，可用方向键选择要删除的分区，然后按 D 键，接着再按 L 键将分区删除。

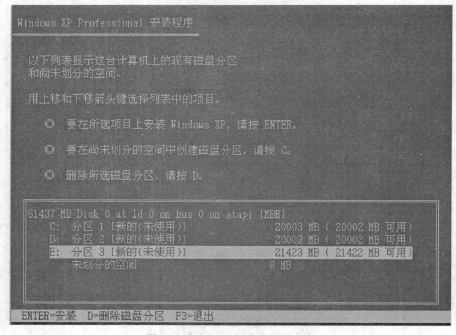

图 4—16（d）　　创建和删除分区

提示：在安装操作系统时，一般为了节省时间，只分一个安装系统的分区，其他分区在安装完操作系统后，用系统中的"磁盘管理"工具来分区格式化。如果要在已存在一个或多个分区的空间上创建分区，则必须先删除现有的分区，然后再创建新分区。

（5）创建分区后，用方向键选择安装系统的分区，然后按 Enter 键，进入格式化分区界面，如图 4—17 所示。

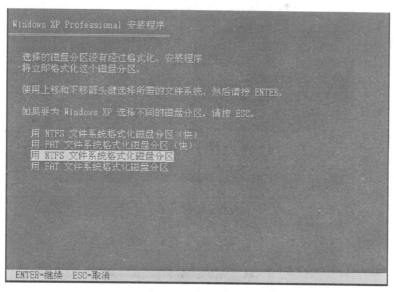

图 4—17　格式化分区

提示：如果所选分区是一个新分区，则用于保留当前文件系统不变的选项不可用。如果所选分区的大小超过 32GB，则只能使用 NTFS 文件系统。如果分区大于 2GB，则 Windows 安装程序将使用 FAT32 文件系统（必须按 Enter 键加以确认）。

2. Windows 2000/XP/2003/Vista 系统中的"磁盘管理"工具分区方法

用 Windows 2000/XP/2003/Vista 系统中的"磁盘管理"工具进行分区非常方便且很直观，使用方法基本相同，下面以 Windows XP 系统为例讲解"磁盘管理"工具分区的方法。

（1）如图 4—18（a）所示，在桌面上鼠标右键单击"我的电脑"图标，在打开的右键菜单中单击"管理"菜单；接着在"计算机管理"窗口中单击"磁盘管理"选项，可以看到硬盘的分区状态。在打开的"计算机管理"窗口中单击"磁盘管理"选项即进入"磁盘管理"界面，如图 4—18（b）所示。

（2）创建新磁盘分区。创建分区要先创建扩展分区，再创建逻辑分区（逻辑分区即 D、E、F 等分区）。创建新分区的方法如下。

第一步：创建扩展分区，创建扩展分区的方法如图 4—19 所示。在"未指派"图标上单击鼠标右键，选择菜单中的"新建磁盘分区"命令，如图 4—19（a）所示。

图 4—18（a）　进入"计算机管理"界面

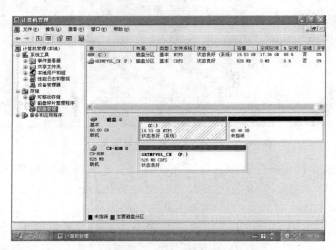

图 4—18（b）　进入"磁盘管理"界面

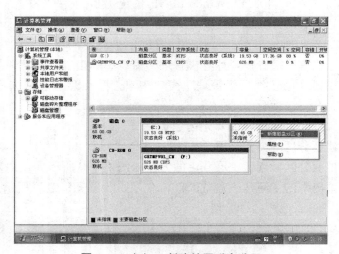

图 4—19（a）　创建扩展磁盘分区

124

在打开的"新建磁盘分区向导"对话框中单击"下一步"按钮，如图4—19（b）所示。

在"新建磁盘分区向导—选择分区类型"对话框中，选择"扩展磁盘分区"单选项，接着单击"下一步"按钮，如图4—19（c）所示。

图4—19（b）　创建扩展磁盘分区

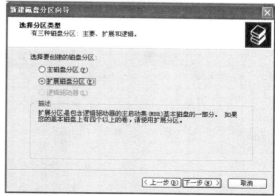

图4—19（c）　创建扩展磁盘分区

在"新建磁盘分区先导—指定分区大小"对话框中，单击"下一步"按钮（分区大小的容量不用调整），如图4—19（d）所示。

扩展磁盘分区创建完成后，将在磁盘图示中显示"可用空间容量"，接着就可以在可用空间中创建逻辑分区了，如图4—19（e）所示。

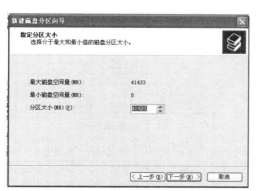

图4—19（d）　创建扩展磁盘分区

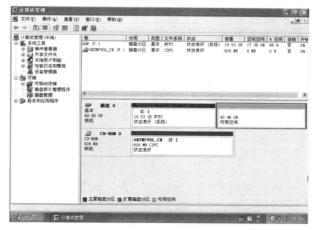

图4—19（e）　创建扩展磁盘分区

第二步：创建逻辑分区，创建方法如图4—20所示。

在新建的"可用空间"图标上选择鼠标右键，接着选择右键菜单中的"新建逻辑驱动器"选项，如图4—20（a）所示。

在"新建磁盘分区向导"对话框中单击"下一步"按钮，如图4—20（b）所示。

在"新建磁盘分区向导—选择分区类型"对话框中单击"下一步"按钮，如图4—20（c）所示。

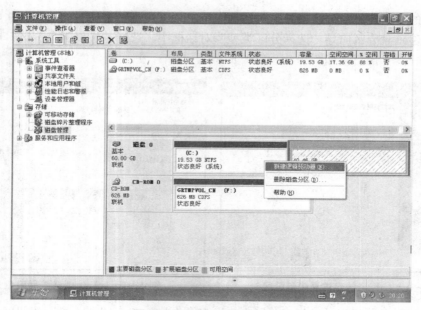

图 4—20（a）　创建逻辑分区

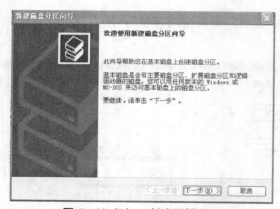

图 4—20（b）　创建逻辑分区

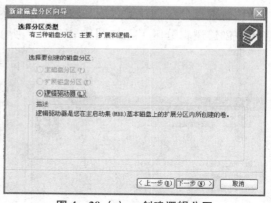

图 4—20（c）　创建逻辑分区

在"新建磁盘分区向导—指定分区大小"对话框中的"分区大小"文本框（见图 4—20（d））中输入分区大小，单位 MB（20 000），接着单击"下一步"按钮。

在"新建磁盘分区向导—指派驱动器号和路径"对话框中单击"指派以下驱动器号"，接着单击右边的"D"下拉列表，选择驱动器号，一般默认即可，接着单击"下一步"按钮，如图 4—20（e）所示。

在"新建磁盘分区向导—格式化分区"对话框中单击"文件系统"下拉列表，选择文件系统（一般选择 NTFS），接着单击"执行快速格式化"复选框，最后单击"下一步"按钮，如图 4—20（f）所示。

最后单击"完成"按钮（见图 4—20（g）），就创建好了一个逻辑分区（D 区）（见图 4—20（h））。

第三步：创建其他逻辑分区。用步骤二的方法继续创建其他分区，直到创建完所有扩展分区容量，最后创建好的分区如图 4—21 所示。

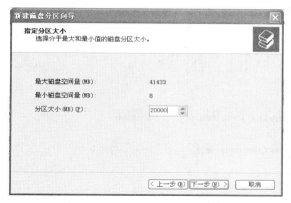

图 4—20 (d)　创建逻辑分区

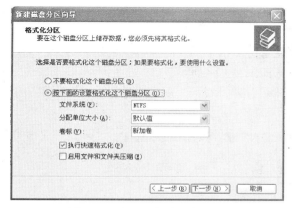

图 4—20 (f)　创建逻辑分区

图 4—20 (e)　创建逻辑分区

图 4—20 (g)　创建逻辑分区

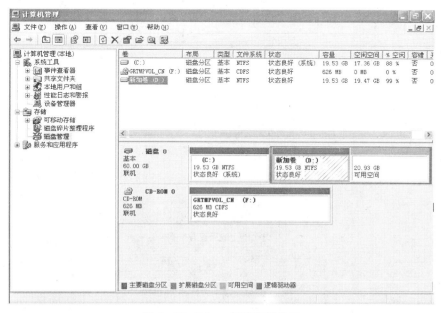

图 4—20 (h)　创建逻辑分区

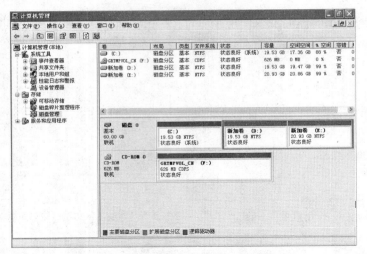

图 4—21 分区后的各个分区状态

（3）删除磁盘分区。删除磁盘分区时，要先备份磁盘中重要的数据资料，因为分区被删除后，分区中的资料将会丢失。删除分区的方法如图 4—22 所示。

如图 4—22（a）所示，在要删除分区的图标上选择鼠标右键，接着选择右键菜单中的"删除逻辑驱动器"命令。

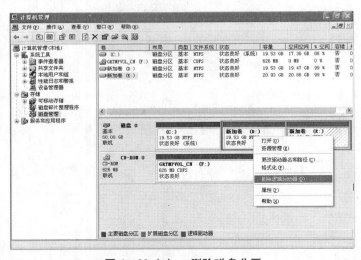

图 4—22（a） 删除磁盘分区

在弹出的"删除逻辑驱动器"对话框（见图 4—22（b））中单击"是"按钮。

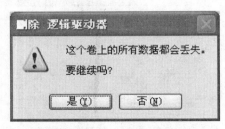

图 4—22（b） 删除磁盘分区

分区被删除后，变成可用空间（见图 4—22 (c)），可以重新创建逻辑驱动器。

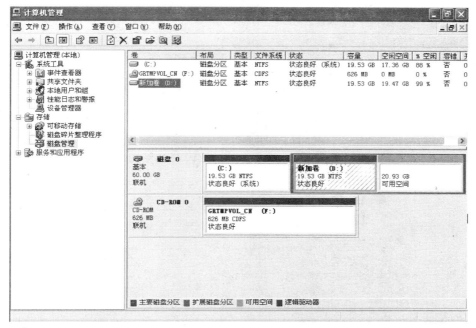

图 4—22 (c) 删除磁盘分区

4.4 Windows XP 的安装

本节主要介绍操作系统的安装方法和步骤，包括安装操作系统前的准备工作，安装
Windows XP 操作系统，安装 Windows XP 和 Windows 7 双系统等。

4.4.1 安装前的准备工作

安装操作系统是维护计算机时经常需要做的工作，在安装前要做好充分的准备工作，不
然有可能无法正常安装。

（1）备份重要资料。

与分区前一样，也要将电脑中的重要文件数据备份下来，因为在重装系统时，格式化硬
盘时被格式化的硬盘分区也会被清空。

（2）查看电脑各硬件的型号。

安装系统前，需提前查看一下各个硬件的型号，以便在装完系统后，安装设备的驱动程
序时，可以和硬件的型号对上号。·

①查看硬件说明书。购置的硬件，一般都带有说明书和驱动光盘（或软盘）。在说明书
中会详细介绍此硬件的型号，以及该硬件在各种操作系统中的安装方法。

②查看系统设备管理器。在安装系统前，如系统能启动，可在系统中查看各个硬件的型
号，查看方法是：在控制面板中双击"系统"选项，然后按图 4—23 和图 4—24 所示操作查
看各个硬件的型号。

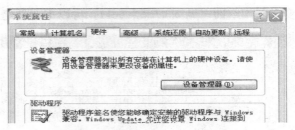

图 4—23 "系统属性—硬件"选项卡

如图 4—23 所示,在"系统属性"对话框中单击"硬件"选项卡,单击"设备管理器"按钮,单击各个设备前面的"＋"号展开设备的详细说明(见图 4—24),记下设备型号。

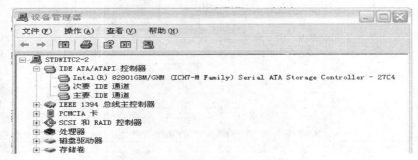

图 4—24 "设备管理器"对话框

③通过芯片识别硬件。每个硬件的芯片上都标有该产品的型号,可通过这些芯片信息来了解当前硬件的型号。由于从芯片来看无法知道具体的厂商,所以应该采用公版的驱动程序。

(3) 查看系统中安装的应用软件。

查看系统以前安装的应用软件及游戏,这样可以提前准备好所需的软件、游戏。查看方法:单击"开始→所有程序"即可。

(4) 准备安装系统所需的物品。

①启动盘:启动光盘或者 U 盘皆可。

②系统盘:操作系统的安装盘。

③驱动盘:各个设备购买时附带的光盘,主要包含显卡、声卡、网卡、Modem(猫)、主板等的驱动。如驱动盘丢失可以先从网上下载设备的驱动程序,但需知道设备的厂家和型号(推荐网址 http://www.mydrivers.com 驱动之家)。

④应用软件。

4.4.2 系统安装方法

由于现在使用的操作系统 Windows XP/Vista 居多,而 Windows XP/Vista 中内置有硬盘分区和格式化的应用程序,所以现在一般选择直接从光盘启动安装,且安装前不再需要另外进行硬盘分区和格式化,安装中可以进行硬盘分区、格式化。

1. 从光盘启动安装

一般系统安装盘都带有启动文件,可以作为启动盘,安装 Windows XP/Vista 前不用另外进行硬盘分区、格式化操作，安装过程中安装程序会提示分区、格式化。安装前先在 BI-OS 程序中设置启动顺序为从光盘（CD-ROM）启动，直接启动电脑进入 Windows XP/Vista 安装程序。

2. 升级安装

在当前的操作系统中，运行高版本的操作系统的安装程序可升级安装，如在 Windows XP 系统中运行 Windows Vista 操作系统的安装程序即可升级为 Vista 系统。

4.4.3　安装 Windows XP 操作系统

下面以 Windows XP 为例，具体讲解操作系统的安装过程和方法。

1. 启动电脑，准备安装

首先设置 BIOS 程序中的启动顺序为光盘启动，病毒警告设为无效，保存退出（设置方法参考 BIOS 设置部分内容）。接着将 Windows XP 的安装盘放入光驱，启动电脑。电脑开始启动，出现如图 4—25 所示画面后按 Enter 键开始安装，此提示表示按任意键从光驱启动。

图 4—25　从光盘启动

2. 准备安装

从光盘启动后，进入 Windows XP 检测画面，首先开始检测计算机各硬件以确认该计算机的硬件配置是否满足 Windows XP 系统的需求，如图 4—26（a）所示。

检测硬件满足安装要求后，进入图 4—26（b）所示界面。图中有三个系统供选择安装，按 Enter 键（回车）即开始安装。

图 4—26（a）　准备安装

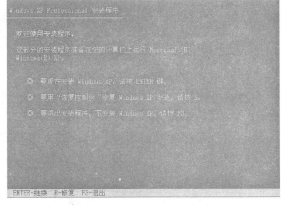

图 4—26（b）　准备安装

软件的安装，一般都有"用户许可协议"，如图 4—26（c）所示，按 F8 表示接受，系统将进行分区并开始安装。

3. 分区、格式化硬盘

（1）分区。

购买的新硬盘没有分区，即常说的"一个大 C 盘"。实际使用时，通常将硬盘划分成几个逻辑分区，操作系统一般安装在 C 盘。下面介绍为硬盘创建一个 20GB 分区（C 盘）并进行格式化的过程。在图 4—27（a）中，用方向键选择"未划分的空间"，然后按 C 键开始分区。

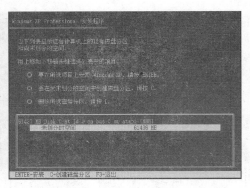

图 4—26（c）　准备安装　　　　　图 4—27（a）　分区、格式化硬盘

用"退格键"删除显示的数字，然后输入你所需要 C 盘的大小，如 20 000MB，如图
4—27（b）所示。然后按 Enter 键，系统自动进入下一步安装过程。

界面提示新划分的第一个分区盘符为"C:"，状态为"新的（未使用）"，如图 4—27
（c）所示。

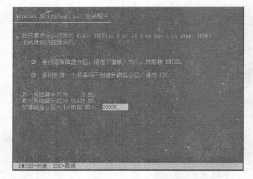

图 4—27（b）　分区、格式化硬盘　　　图 4—27　（c）分区、格式化硬盘

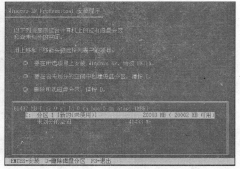

（2）格式化分区。

通过方向键上下移动，选择 C 区（即白色映衬的线条），然后按 Enter 键进入下一步，
如图 4—27（c）所示。

通过方向键选择"用 NTFS 文件系统格式化磁盘分区"选项，然后按 Enter 键，开始格
式化，如图 4—27（d）所示。黄色的进度条，表示格式化的进度，如图 4—27（e）所示。

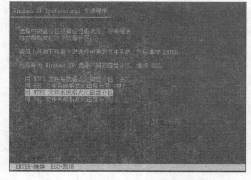

图 4—27（d）　分区、格式化硬盘　　　图 4—27（e）　分区、格式化硬盘

4. 复制系统文件

分区格式化完后，自动开始复制系统文件，然后进行初始化配置，最后重启计算机，如图 4—28 所示。

注意：初始化结束后自动重启时，由于 Windows XP 的系统安装盘还在光驱中，所以又出现如图 4—25 所示的画面，在出现此画面时不按任何键，系统在十几秒之后，会自动进入安装画面。

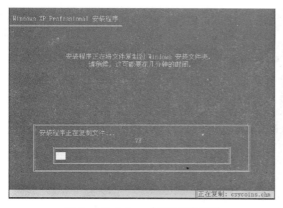

图 4—28 （a） 复制系统文件　　　　　图 4—28 （b） 复制系统文件

5. 开始安装

重新启动后安装程序进入安装向导，这时可以用鼠标进行操作，在安装过程中有一些设置，需要用户手动完成，如图 4—29 所示。

图 4—29 （a） 所示界面显示了安装系统大致需要的时间。

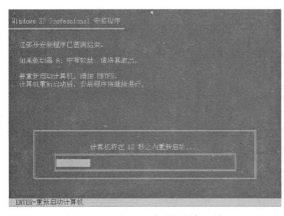

图 4—28 （c） 复制系统文件

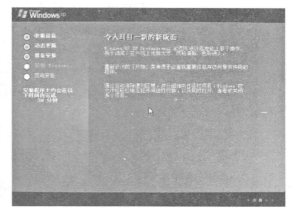

图 4—29 （a） 开始安装

在"区域与语言"界面中，单击"下一步"，如图 4—29 （b） 所示。

在"个人信息"界面中的"姓名"、"单位"文本框中输入用户名称和单位名称，如图 4—29 （c） 所示，然后单击"下一步"。

在"您的产品密钥"界面中输入产品密钥，如图 4—29 （d） 所示，然后单击"下一步"按钮。如果不能提供密钥，将无法继续下一步安装。

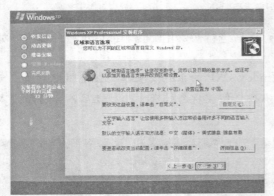
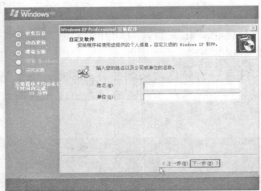

图 4—29 (b)　开始安装　　　　　　　　图 4—29 (c)　开始安装

在"计算机名称和系统管理员密码"界面（如图 4—29 (e) 所示）中输入管理员密码，然后单击"下一步"按钮。密码可以忽略。

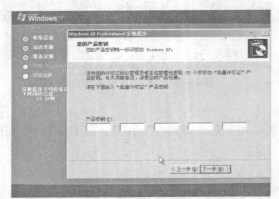
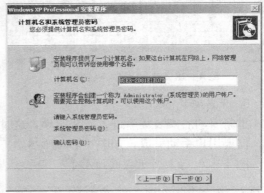

图 4—29 (d)　开始安装　　　　　　　　图 4—29 (e)　开始安装

在"日期和时间设置"界面（见图 4—29 (f)）中，单击"下一步"按钮。在安装完成后还可以在系统中重新设置。

在"网络设置"界面（见图 4—29 (g)）中单击"下一步"按钮，保持默认的"典型设置"。

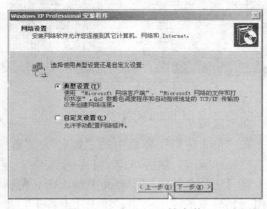

图 4—29 (f)　开始安装　　　　　　　　图 4—29 (g)　开始安装

在"工作组和计算机域"界面（见图4—29（h））中单击"下一步"按钮，进入最后画面（见图4—29（i））完成安装。

安装完成后，计算机会自动重启。

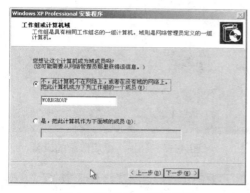

图4—29（h）　开始安装　　　　　　图4—29（i）　开始安装

6. 最后阶段的设置

在计算机重启后，系统将会提示设置屏幕分辨率、电脑保护、连接 Internet 和设置用户等，如图4—30所示。

在"显示设置"对话框中，单击"确定"按钮，如图4—30（a）所示。

在"欢迎使用 Microsoft Windows"界面中，单击"下一步"按钮，如图4—30（b）所示。

图4—30（a）　最后阶段的设置　　　　图4—30（b）　最后阶段的设置

在"帮助保护你的电脑"界面中（见图4—30（c）），单击"现在通过启动自动更新帮助保护我的电脑"单选按钮，再单击"下一步"按钮。

在"正在检查您的 Internet 连接"界面（见图4—30（d））中，单击"跳过"按钮，安装完成后，可再设置。

在"现在与 Microsoft 注册吗？"界面中，单击"否"单选按钮，然后单击"下一步"按钮，如图4—30（e）所示。

在"谁会使用这台计算机？"界面中的用户文本框中输入使用这台计算机的人的名称，用 Ctrl＋空格键可以选择中文输入，然后单击"下一步"按钮，如图4—30（f）所示。

图 4—30 （c） 最后阶段的设置

图 4—30 （d） 最后阶段的设置

图 4—30 （e） 最后阶段的设置

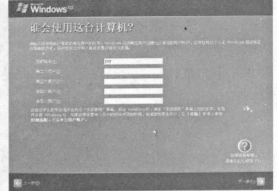

图 4—30 （f） 最后阶段的设置

在"谢谢"界面中单击"完成"按钮，完成最后阶段的设置，见图 4—30 （g）。

7. 启动 Windows XP 系统

在单击"完成"按钮后，计算机进入登录界面，单击用户按钮，即可进入 Windows XP 的桌面，至此 Windows XP 安装完成，如图 4—31 所示。

如图 4—31 （a） 所示，单击用户按钮即可登录。图 4—31 （b） 所示表示系统正在启动。图 4—31 （c） 所示为启动后的 Windows XP 系统的桌面。

图 4—30 （g） 最后阶段的设置

图 4—31 （a） 登录 Windows XP 系统

图 4—31（b） 登录 Windows XP 系统　　　图 4—31（c） 登录 Windows XP 系统

4.4.4　XP/Win 7 双系统的安装

Win 7 已经广泛使用，但在 Windows XP 平台上还有大量的应用，全面迁移到 Win 7 还需要一个较长的过渡，解决方法就是在一个已经安装了 XP 的硬盘上增加安装 Win 7。

一般把第二系统 Win 7 安装在第二个逻辑盘，这个盘的空余空间在 15G 以上，如果空间不够，建议使用分区工具移动现有的分区，使得硬盘的分区有足够的空间来安装 Win 7。

注意：在安装过程中目标盘一定不要选择 Windows XP 所在的分区，而且要选择全新安装，而不是升级安装。

XP 系统已经预先安装好了，进入系统，把安装光盘放入光驱，重新启动系统并设置从光驱启动进入 Win 7 安装系统，如图 4—32 所示。

图 4—32　系统安装提示

单击"现在安装"，进入下一步确认系统安装协议。勾选"我接受许可条款"，单击"下

137

一步"选择安装方式，这里选择"自定义（高级）"。继续"下一步"，出现安装目标盘选项（见图 4—33），因为准备把 Win 7 安装到 D 盘，所以就选择"磁盘 0 分区 2"，单击"下一步"，真正的安装就开始了。此后出现如图 4—34 所示界面。经过十几分钟的等待会出现用户设置界面，如图 4—35 所示。

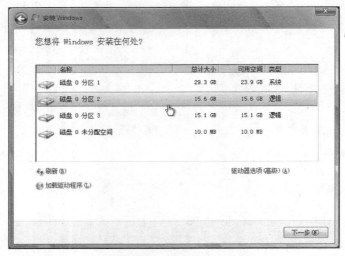

图 4—33　选择安装位置

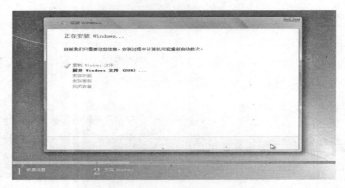

图 4—34　系统安装过程

图 4—35　建立新用户

为新的系统设置一个登录用户名、密码及密码提示，然后单击"下一步"，如图4—36所示。

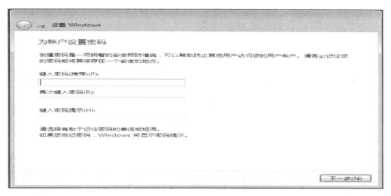

图 4—36　设置密码及密码提示

紧接着需要输入序列号，这里选择不输入，把"当我联机时自动激活 Windows"选项前的"√"勾选掉，然后单击"跳过"按钮，如图4—37所示。

图 4—37　输入产品密钥

系统安全设置界面选择"使用推荐设置"，如图4—38所示。

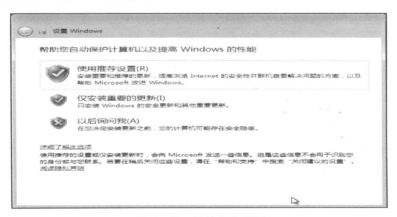

图 4—38　系统安全设置

之后选择时区，设置系统日期，一般来说默认就可以了，如图 4—39 所示。继续单击"下一步"。

至此 Windows 7 就已安装完成，如图 4—40 和图 4—41 所示为 Windows 7 的欢迎界面和桌面。

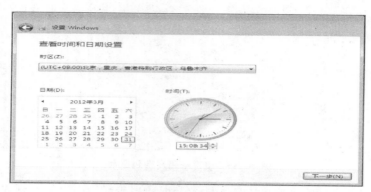

图 4—39　时间和时区设置

图 4—40　引导进入系统

图 4—41　Windows 7 桌面

那双系统怎么切换呢？重新启动系统，就能看到 XP/Win 7 双系统启动菜单，在多重引导菜单中用户可以选择自己想要的 XP 或 Win 7，如图 4—42 所示。

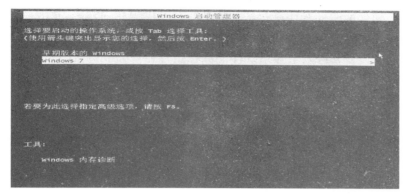

图4—42　多重引导菜单

在 Win 7 下可以调整默认启动项，以及启动等待时间。选择"控制面板"—"系统和安全"—"系统"—"高级系统设置"—"启动和故障恢复"—"设置"，弹出如图 4—43 所示对话框，在"默认操作系统"选项中选择需要的系统，并调整"显示操作系统列表的时间"方框中的数值为合适的数字。最后，单击"确定"，确认更改。

图4—43　多重引导选项设置

4.5　硬件驱动程序的安装

本节主要介绍操作系统安装之后的系统设置，包括安装硬件驱动程序、软件等，具体包括驱动程序的安装方式、显卡驱动程序安装实例、声卡驱动程序安装实例。

4.5.1　驱动程序的安装

1. 什么是驱动程序

驱动程序实际上是一段能让电脑与各种硬件设备通话的程序代码，通过它，操作系统才能控制电脑上的硬件设备。如果一个硬件只依赖操作系统而没有驱动程序的话，这个硬件就不能发挥其特有的功效。

无论哪种操作系统，同样的硬件只需安装其相应的驱动程序就可以用了。我们常常见到"For 9x"或"For NT/2000"之类的驱动程序，是由于这两种操作系统的内核不一样，需要针对 Windows 的不同版本进行修改。

有时候某个硬件的驱动程序会包括"VxD"和"WDM"两种。其中，"VxD"驱动是一款虚拟驱动程序，类似于 DOS 下的驱动程序，适用于 Windows 9X 系统；而"WDM"驱动则支持更多的新设备，可以增强系统性能和稳定性，Windows XP/2000 操作系统只支持"WDM"驱动。

2. 安装驱动程序的顺序

在安装驱动程序时，应该特别留意驱动程序的安装顺序。如果不能按顺序安装，有可能会造成频繁的非法操作、部分硬件不能被 Windows 识别或出现资源冲突，甚至会有黑屏死机等现象出现。

（1）在安装驱动程序时应先安装主板的驱动程序，其中最需要安装的是主板识别和管理硬盘的 IDE 驱动程序。

（2）依次安装显卡、声卡、Modem、打印机、鼠标等驱动程序，这样就能让各硬件发挥最佳的效果。

3. 驱动程序安装方式

（1）可执行驱动程序安装法：可执行的驱动程序一般有两种，一种是单独一个驱动程序文件，只需要双击它就会自动安装相应的硬件驱动；另一种则是在一个现成目录中有很多文件，其中有一个"Setup. exe"或"Install. exe"可执行程序，双击这类可执行文件，程序也会自动将驱动装入电脑中。整个安装过程相当自动化，只要根据安装向导的提示操作即可，一般装完后系统都会提示重新启动计算机。

（2）手动安装驱动法：有些硬件的驱动程序没有一个可执行文件，而是采用了"inf"格式手动安装驱动的方式。

安装方法：选择"开始"—"控制面板"—"系统"—"硬件"—"设备管理器"。会发现没有安装驱动的设备前面标着一个黄色的问号，还打上一个感叹号，表示 Windows 无法识别该硬件，或者没有安装相应的驱动程序，所以 Windows 就用这样的符号把设备来标示出来，以便用户能及时发现未装驱动的硬件。

一般常见的未知声卡为："PCI Multimedia Audio Device"；未知网卡为："PCI Network Adpater Device"；未知 USB 设备为："未知 USB 设备"。

双击需要安装驱动程序的设备，选择"升级驱动程序"，进一步选择"安装的途径"，直接使用推荐方法并单击"下一步"。选择安装程序的位置，找到设备的驱动程序，单击"下一步"按钮。随后会自动安装完成。

提示：即插即用也称为 PnP（Plug and Play），是一种由系统自动分配 IRQ（中断请求）、DMA（直接存储访问）等资源，并确保 PC、硬件设备、驱动程序以及操作系统自动地相互兼容的技术。现在的操作系统都支持即插即用，可以为安装的硬件自动分配 IRQ、DMA 等资源。相反非即插即用就没有这种功能，安装时需用"控制面板"中的"添加新硬件"选项来安装驱动程序。

4.5.2 驱动程序安装实例

1. 显卡驱动程序安装实例

下面结合可执行驱动程序安装法具体讲解显卡驱动程序的安装过程，以"NVIDIA 英伟达 GT210"显卡安装在 Windows XP 系统为例进行讲解，其他系统中的安装方法相同。具体步骤如下：

（1）打开存放有显卡驱动程序的文件夹，如图4—44所示，双击"setup.exe"文件开始安装。

（2）接着进入驱动程序安装向导，如图4—45所示，单击"同意并继续"按钮。

（3）然后选择安装选项，一般选择"精简"安装即可，然后开始复制驱动程序文件到系统中，如图4—46所示。

图4—44　显卡驱动程序文件

图4—45　驱动程序安装界面

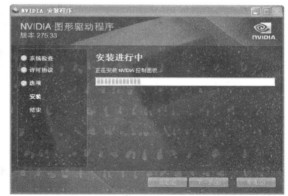

图4—46　复制驱动程序文件

（4）复制完文件后，弹出安装完成对话框，选择重新启动计算机之后，显卡驱动程序即安装完毕。

2. 声卡驱动程序安装案例

下面结合手动安装驱动法具体讲解声卡驱动程序的安装过程，以AC′97声卡安装在Windows XP系统为例进行讲解，其他系统中的安装方法相同。具体步骤如下：

（1）打开"控制面板"，双击"系统"图标，在打开的对话框中单击"硬件"选项卡，再单击"设备管理器"按钮，如图4—47所示。

（2）在打开的"设备管理器"对话框中，双击带黄色"？"的声卡选项（声卡选项中有Audio或Sound关键词），在打开的对话框中单击"驱动程序"选项卡中的"更新驱动程序"按钮，如图4—48所示。

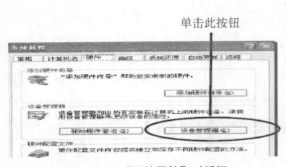

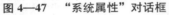

单击此按钮

图 4—47　"系统属性"对话框

图 4—48　更新驱动程序

（3）接着在打开的对话框中选择"从列表或指定位置安装（高级）"选项，再单击"下一步"按钮，如图 4—49 所示。

（4）进入指定系统搜索位置对话框，如图 4—50 所示，在此对话框中选择"在搜索中包括这个位置"选项，然后单击"浏览"按钮。

图 4—49　指定位置安装

图 4—50　指定搜索位置

（5）接着放入声卡驱动程序光盘，在打开的"浏览"对话框中单击"查找范围"右边的下拉箭头，选择光盘，再选择对应的驱动程序，然后单击"确定"按钮，如图 4—51 所示。

（6）接着开始复制驱动程序文件，复制完文件之后，出现安装完成对话框，单击"完成"按钮，声卡的驱动程序安装完成，在系统任务栏的右下角将有一个小喇叭，如图 4—52 所示。

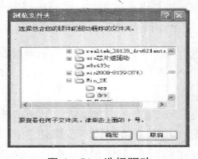

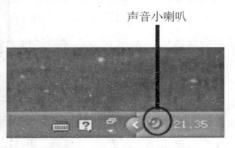

声音小喇叭

图 4—51　选择驱动

图 4—52　任务栏上的小喇叭

4.6　虚拟机的安装和使用

虚拟机是指通过软件模拟的具有完整硬件系统功能的、运行在一个完全隔离环境中的完整计算机系统。

通过虚拟机软件，用户可以在一台物理计算机上模拟出一台或多台虚拟的计算机，这些虚拟机完全就像真正的计算机那样进行工作，例如安装操作系统、安装应用程序、访问网络资源等。对于用户而言，它只是运行在物理计算机上的一个应用程序，但是对于在虚拟机中运行的应用程序而言，它就是一台真正的计算机。

目前流行的虚拟机软件有 VMware、Virtual Box 和 Virtual PC、VMLite，它们都能在 Windows 系统上虚拟出多个计算机。

在详细介绍之前，有几个概念要说明：

VM（Virtual Machine）——虚拟机，是指由虚拟机系统模拟出来的一台虚拟的计算机，也即逻辑上的一台计算机。

HOST——物理存在的计算机，Hosts OS 是指 HOST 上运行的操作系统。

Guest OS——运行在 VM 上的操作系统。

例如在一台安装了 Windows NT 的计算机上安装了 VMware，那么，HOST 指的是安装 Windows NT 的这台计算机，其 Host's OS 为 Windows NT。VM 上运行的是 Linux，那么 Linux 即为 Guest OS。

4.6.1　虚拟机的安装

本节仅以 VMware Workstation 为例来讲解虚拟机的安装。

用户首先需要从网络上下载 VMware Workstation，完成之后找到下载的文件，双击运行。这时候，VMware 安装程序会解压到临时文件夹里面。解压完成之后会出现安装界面（见图 4—53）。点击"Next"继续。

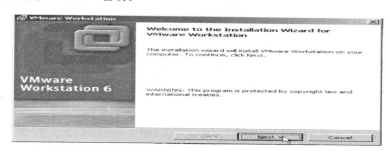

图 4—53　程序安装界面

会出现如图 4—54 所示界面要求选择安装类型。用户通常不需要调试组件，所以选择 Custom。然后可以一直点击"Next"。

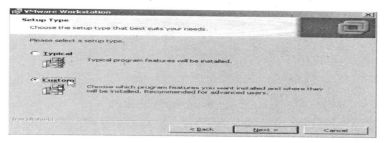

图 4—54　选择安装类型

图 4—55 中的组件 "Integrated Virtual Debuggers" 普通用户并不需要，只需要选择 "Core components" 即可。若想更改安装目录可以点击其中的 "Change" 按钮进行更改。然后确认是否要放置相应的快捷方式，之后点击 "Next"。

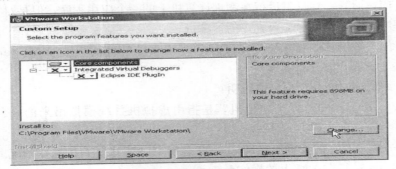

图 4—55　选择安装组件 b

在出现图 4—56 时点击 "Install" 开始安装。安装完成之后会要求输入序列号，结束安装时会提示重启，重启后 VMware 的安装就完成了。

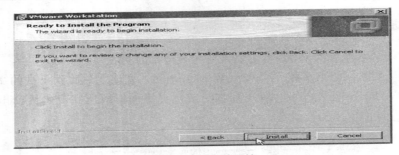

图 4—56　安装开始

4.6.2　新建虚拟机并安装系统

1. 建立虚拟机

在桌面或开始菜单里面找到 VMware Workstation 的图标，双击运行即可。第一次运行会要求同意 EULA，选择同意即可，这样就进入了 VMware 的主界面（见图 4—57），首先点击 "New Virtual Machine" 按钮，进入新建虚拟机界面。

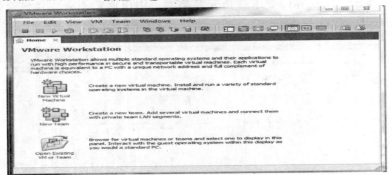

图 4—57　VMware Workstation 主界面

VMware 提供了两种新建虚拟机的方式：Typical 和 Custom，这里选择简单的 Typical 方式，然后点击"Next"，会要求用户插入操作系统安装盘（虚拟光驱亦可）或加载系统安装 ISO。

这就是新版 VMware 引入的 EasyInstall 特性，它可以通过检测安装盘自动确定用户所要安装的操作系统，然后进行从安装系统到安装 VMwareTools 一条龙的全自动无人值守安装，只需要在新建虚拟机向导里面输入一些安装选项就可以了。这样可以省去很多输入安装选项的工夫，对于系统管理员尤其有用。

选择使用加载 ISO 功能，浏览到 WINXPSP3_CN.iso 并打开，发现 VM 判断出系统为 XP，如图 4—58 所示。

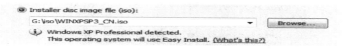

图 4—58 加载 ISO 文件安装介质

点击"下一步"，要求输入序列号等信息，如图 4—59 所示。输入后点击"下一步"。

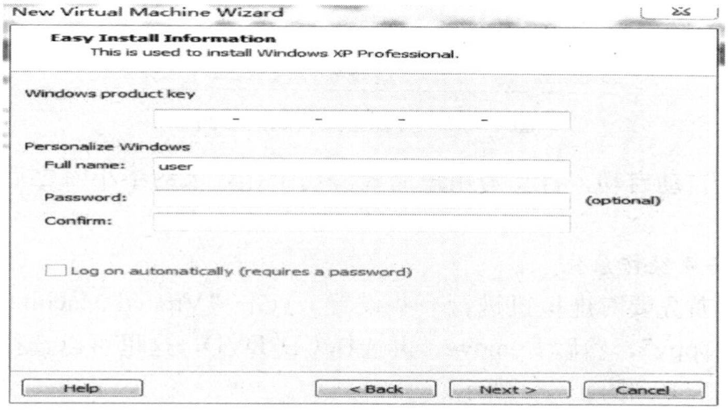

图 4—59 虚拟系统的序列号、用户名和密码

如图 4—60 所示要求给虚拟机起名，并且选择虚拟机在主机硬盘上保存的位置。建议不要放在系统盘。

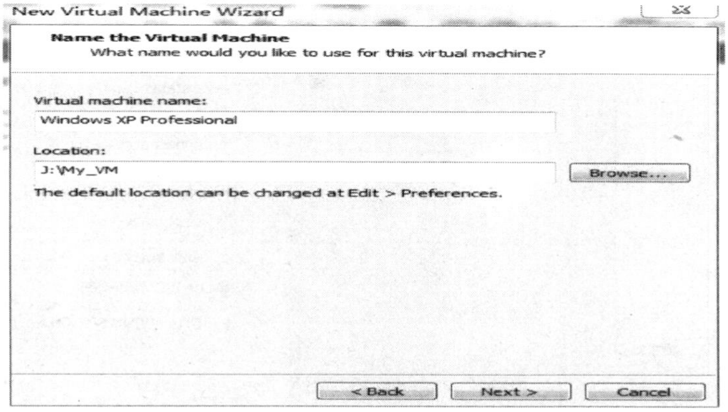

图 4—60 设置虚拟机名称、存放位置

147

再次点击"下一步"，如图4—61所示会要求确定虚拟机磁盘的大小。磁盘空间的大小根据实际需要设置，这里设定空间大小为40G，可以满足一般的应用需求了。点击"下一步"，来到了最后一个界面，点击"完成"就可以了。

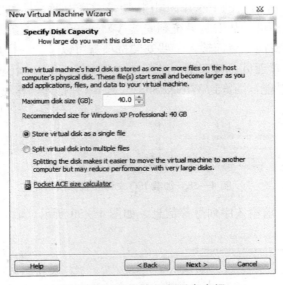

图4—61 分配虚拟机磁盘空间

此时虚拟机会自动启动，自动为用户完成一切工作，大约半小时之后系统已经安装完毕，可以使用了。

2. 为虚拟机安装操作系统

虚拟机创建后首先要对虚拟机进行一些设置。点击"Virtual Machine Settings"。在对话框里面选择"Floppy"，然后Remove，再选择CD/DVD，这里可以选择使用主机的光驱还是ISO，如图4—62和图4—63所示。

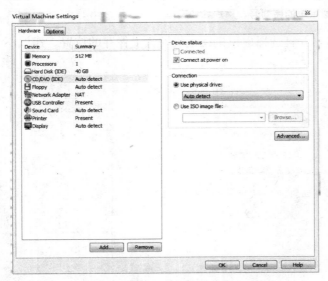

图4—62 虚拟机加载系统安装介质a

图4—63 虚拟机加载系统安装介质b

设置完成之后就点击工具栏的 Play 按钮打开虚拟机，安装系统的过程跟前节介绍物理机安装系统过程一样。

本章小结

本章主要介绍了计算机软件系统的安装过程和注意事项，包括 BIOS 设置、硬盘分区和格式化、双操作系统的安装与配置、驱动程序的安装和虚拟机的安装与应用。通过本章的学习，可以使学习者对操作系统的安装有一个全面的认识，学习者可通过上机实训来熟悉计算机的系统装机过程。

思考与练习

1. 思考题

（1）如何将硬盘设为系统的第一启动设备？

（2）Windows XP 有几种安装方式？

（3）如何利用 Windows XP 的磁盘管理功能删除硬盘的扩展分区？

（4）文件系统格式有哪些？它们之间的区别是什么？

（5）什么是 BIOS？什么是 CMOS？二者有什么区别与联系？

（6）如果用户计算机的 BIOS 设置错误不能启动，可以采取什么措施修复？

（7）什么是虚拟机？使用虚拟机软件建立一台虚拟机，在虚拟机中练习分区/格式化操作。

（8）什么是驱动程序？安装驱动程序有哪些方法？

2. 单项选择题

（1）如果要从光驱启动，需要将 "First Boot Device" 设为（   ）。

A. Floppy   B. HDD-0   C. HDD-1   D. CD-ROM

（2）对 Windows XP 操作系统进行更新时，以下方法不正确的是（   ）。

A．购买操作系统更新安装盘   B. 在网上下载补丁程序，然后进行安装

C. 利用 Windows Update 进行更新   D. 利用原安装盘中相关选项进行更新

（3）以下关于硬件设备驱动程序的说法，正确的是（   ）。

A. 硬件设备驱动程序一次安装完成后就再也不需要更新了

B. 安装 Windows XP 操作系统时已经自动安装好一部分设备的驱动程序

C. 所有硬件的驱动程序在安装好操作系统后都需要手动安装

D. 硬件驱动程序一旦安装完成后，将不能更新而只能重新安装

（4）在用安装盘安装 Windows XP 前，必须做的工作包括（   ）。

A. 启动 DOS 系统   B. 对磁盘的所有空间进行分区

C. 对磁盘分区进行格式化   D. 在 BIOS 中将第一启动设备改为光驱

（5）以下不是文件系统格式的是（   ）。

A. NTFS   B. FAT32   C. DOS   D. Ext2

3. 判断题

（1）所有的硬件设备直接连接上电脑就能正常使用。（   ）

（2）尽管微机的生产厂家不同，BIOS 芯片的种类繁多，但都可以在开机未启动操作系

149

统时按 Del 键进入设置程序。（　　）

（3）在安装 Windows XP 前，必须通过专门的分区软件对硬盘进行分区。（　　）

（4）在 BIOS 中可以更改系统日期和时间。（　　）

（5）NTFS 文件系统格式不能应用于 Windows 98 操作系统。（　　）

（6）安装应用软件时，通常可以由用户设置计算机名。（　　）

（7）一个硬盘最多只能划分一个主分区。（　　）

（8）驱动程序一旦安装后，只能对其更新不可卸载。（　　）

4. 实训题

（1）为新组装的微机安装 Windows XP 操作系统。

（2）练习安装 Windows XP 和 Windows 7 双操作系统。

（3）学习安装虚拟机。

第 5 章　常用工具软件

学习目标

- 掌握计算机硬件检测软件的应用
- 了解多媒体文件类型，能安装和使用多媒体播放软件
- 了解刻录的基本知识，能安装刻录软件并熟练使用
- 能正确认识计算机病毒，并能装载病毒防护程序

工作任务

- 安装 Microsoft Office 2003 办公软件
- 安装多媒体演播软件
- 能轻松刻录光盘
- 安装与配置瑞星杀毒软件

5.1　硬件检测工具

与其他应用软件相比，计算机硬件检测工具通常得不到大家的足够重视。在计算机选购和组装时，各硬件板卡的搭配和系统参数的设定，都将对计算机的实际工作能力和运算速度有不小的影响。作为计算机硬件工程师，必须懂得计算机硬件系统的性能检测。另外，在日常工作中也会遇到计算机硬件性能的检测问题。例如，在评估电脑的性能之时；在担心硬盘的工作状态以及数据的安全性之时；在系统崩溃，怀疑某一硬件设备可能是诱因之时；在希望了解自己的刻录机性能以及刻录盘片品质之时；在需要找出液晶显示器的坏点，了解 USB 设备的速度，查询自己的 MP3 使用何种芯片之时。很多情况下，硬件检测工具都能够派上大用场，它除了能够评估计算机设备的性能与稳定性，了解硬件设备的工作状态，找出有故障的硬件设备之外，还能够帮助识别出假货、次货。因而，有必要了解并学会一些硬件检测工具的使用。

硬件检测工具软件一般分为两大类，一类软件仅对硬件中某个部分进行测试，如 CPU检测软件，它仅用于购机时或购机后检测 CPU 参数、验证 CPU 是否被超频。赫赫有名的Intel Processor Identification Utility 就专门用于检测 Intel CPU 的频率及其他技术参数，由

Intel（英特尔）官方发布；相应的还有 AMD 官方发布的 CPU 检测软件，AMD CPUInfo 能够提供最准确的 AMD CPU 信息。此外还有 CPU-Z、Super PI 等 CPU 检测软件。

Memtest86 和 Memtest86＋则是两款最受欢迎的内存检测软件；3DMark 在显卡检测领域中一枝独秀，基本上成了评估显卡品质的标准；此外还有各式各样的硬盘检测、光驱检测、声卡检测、电源检测、显示器检测软件等。

另一类检测工具是用于整机测试的软件，它一般功能齐全，可以对整机进行综合性能测试，检测各种硬件设备的协调与兼容性，评估其性能的高低。如 Everest、SiSoftware Sandra、PCMark、鲁大师等检测软件，它们都会检测每一硬件信息、测试主要硬件性能。本章内容将以这类软件为主，选择目前流行的、简单易用的"鲁大师"为例介绍其使用方法。

提示： 目前全球仅有两大 CPU 的生产商，即 Intel（英特尔）公司与 AMD 公司，总部均在美国。

5.1.1 鲁大师

1. 鲁大师简介

"鲁大师"原名为"Z 武器"，作者鲁锦，当年凭借一款风靡一时的"Windows 优化大师"，一举奠定其在国内软件业界的地位，被业内称为"中国优化第一人"。

"鲁大师"于 2008 年下半年推出，是一款针对计算机硬件的系统优化免费软件。它适合于各种品牌台式机、笔记本电脑、DIY 兼容机。具有专业而易用的硬件检测功能，不仅准确，而且提供中文厂商信息，让你的电脑配置一目了然；它具有驱动安装、备份和升级功能；并可以对各类硬件（如 CPU、显卡等）温度实时监测，此外，还配备了优化与节能等常用工具。能帮助用户轻松辨别电脑硬件真伪、保护电脑稳定运行，优化清理系统，提升电脑运行速度。在推出后的短短一年多时间里，迅速发展到几千万用户。图 5—1 为鲁大师标志图标。

图 5—1　鲁大师标志

2010 年 9 月，"鲁大师"宣布加入 360 的"免费软件起飞计划"，归入 360 旗下，亦称为"360 硬件大师"。目前，"鲁大师"除了有使用在个人计算机上的电脑版本之外，也开发了应用在手机系统上的安卓版。

2. 鲁大师的下载与安装

鲁大师的官方网站为 http://www.ludashi.com/，我们可以直接在其官网上下载该软件。目前其最新版本为 3.39.12.1010，所以下载下来的文件名为"鲁大师 _ 3.39.12.1010.exe"。双击运行该文件，按照安装向导提示可以简单方便地安装好鲁大师。

安装完成，鲁大师会在桌面生成快捷方式，方便使用。

小资料： 根据相关法律法规，软件名称里不能出现"武器"二字。因此在 2009 年 7 月，"Z 武器"更名为"鲁大师"。更名为"鲁大师"的原因有二：一因鲁班是中国历史上能工巧匠的化身；二是拳打镇关西、倒拔垂杨柳的鲁智深更在民间广为流传。鲁大师（Z 武器）希望能秉承中国文化和 Z 武器的传统，继续打造助人为乐的免费软件。

5.1.2 鲁大师的使用

鲁大师的主界面共有七个选项卡，它们分别是：硬件检测、温度监检、性能测试、节能降温、驱动管理、电脑优化、高级工具。它代表着鲁大师共有七大功能。在首页的上方分布着鲁大师的主要功能按钮：硬件检测、温度监测、性能测试、节能降温、一键优化和高级工具。点击这些功能按钮可以切换到对应功能模块。

1. 首页（电脑硬件检测）

双击桌面的鲁大师快捷图标，启动鲁大师后，它会花费一段时间（具体时间视你的电脑情况而定，一般30秒内就足够了）扫描你的计算机硬件，如图5—2所示。然后电脑硬件检测的综合信息会在首页中呈现出来，如图5—3所示，即鲁大师启动后的首页显示的是电脑硬件检测情况。

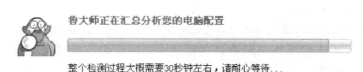

图 5—2　鲁大师启动时的扫描

从图5—3中可以看到，鲁大师首页主体分为四大部分：左下的列表为电脑各部件的对应按钮，中间为综合陈述及电脑概览，右侧的两条绿色带是实时的硬件传感器信息。

图 5—3　鲁大师首页

鲁大师的首页电脑概览简明直观地提供了经过扫描得到的当前电脑概况，其中包括了电脑型号、安装的操作系统、处理器（CPU）型号、主板型号、内存信息、主硬盘、显卡、显示器等主要硬件的概览。

点击电脑各部件的对应按钮，会在中间部分对应显示相关内容，如图5—4所示，是在选择了硬件健康之后鲁大师详细列出电脑主要部件的制造日期和使用时间，便于大家在购买新机或者二手机的时候进行辨识。

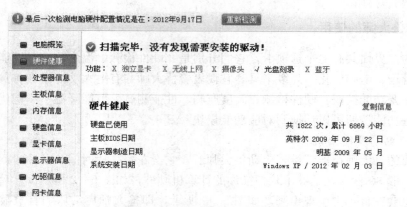

图 5—4　鲁大师首页的硬件健康信息

硬件健康模块一般分成两部分，第一部分是"电脑寿命测试"，第二部分是"笔记本电池测试"，主要针对笔记本，本任务中测试采用的是台式机，所以并没有出现这部分模块。电脑寿命测试后显示了主要部件的制造日期和使用时间。如硬盘已使用时间的显示累计是6 669小时，如若是新机此处的使用时间一般都应该在 10 小时以下。不过需要注意的是，主板制造时间是由主板的 BIOS 日期来定的，可如今芯片中的 BIOS 是可以重新刷新的，因此不能将主板的 BIOS 日期当作就是主板准确生产日期，这个数据只能作为一个参考。

首页中右侧的实时传感器信息，用绿色带显示了处理器温度、主硬盘温度，它会随着电脑的运行实时发生变化。

2. 温度测试

鲁大师以曲线的方式显示了各硬件的温度、散热情况，如图 5—5 所示。它还可以进行某硬件温度压力测试，测试电脑的散热能力，协助排查电脑潜在的散热故障。

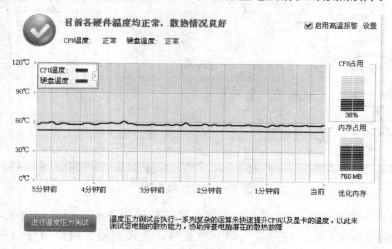

图 5—5　温度测试

3. 性能测试

鲁大师的性能测试有两个选项，一个是默认显示的电脑性能测试，它包含了处理器、显卡、内存、硬盘性能测试，如图 5—6 所示。这个测试过程需要较长的时间，而且为保证测试更准确，测试时应该尽量关闭应用程序。测试的结果以分数的形式显示，一般分数越高代表该硬件的性能越好；若分数以红色显示，表明这项性能相对较弱。

另一个选项是硬件测试工具，它可以对显示器颜色质量进行测试，可以对液晶显示器坏点进行测试，还可以测试硬盘是否有坏道。

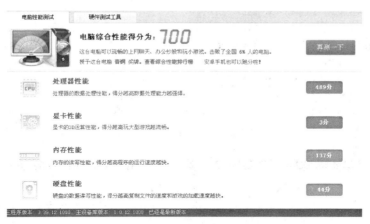

图5—6　性能测试

4. 节能降温

这项功能可以自动减少电脑耗电量，智能降低硬件温度，有智能降温、全面节能及关闭三种选择。一般情况下，我们都选择全面节能模式，智能降温目前暂时只有 Vista/Windows Server 2008/Windows 7 用户才能使用。

节能降温还能对墙纸、屏保、亮度再做更详细的设置。

5. 驱动管理

鲁大师的驱动管理功能，可以很方便地查找所有需要安装驱动程序的硬件，并自动安装。它包含三个选项，默认显示的是驱动安装，一般情况下，会提示没有硬件设备需要安装驱动，除非你新安装了硬件，这时候你可以选择重新扫描，让它自动帮你安装新硬件的驱动。第二个选项是"驱动备份"，这是一个不错的功能，可以选择将本机上所有的驱动程序进行备份，并能自己设置驱动备份目录，如图5—7所示。第三个选项是"驱动恢复"，这个功能，要求先有备份然后才能恢复。

图5—7　驱动备份

6. 电脑优化

鲁大师的电脑优化，会从系统、用户界面的稳定与速度方面进行优化，如图5—8所示。

图 5—8　电脑优化

7. 高级工具

最后一个功能，是高级工具页面。与大多数软件一样，它也包含了一个实用工具箱，可以清理痕迹、清理垃圾，能进行漏洞修复，开机加速，还有游戏优化器、电脑专家、软件管家及它的 Android（安卓）版的下载连接。只是需要说明的是，这里的多数工具都与 360 进行了衔接。

8. 其他功能

在首页中，还有两个按钮具有特别的功能，一是生成报告，二是保存截屏。

生成报告能将电脑中各硬件的详细信息和参数创建并保存一份详细报告，报告可以纯文本文件（＊.txt）保存。报告除详细记录了电脑概览、主板、处理器、内存、硬盘、显卡、显示器等所有硬件的详细信息和参数外，甚至还记载了各硬件安装驱动的过程。此外，它还可选择生成一份以网页形式保存的电脑配置清单，也能生成一份电脑配置图。

而保存截屏能将当前检测的结果以 JPG 图片的形式保存。

5.2　常用播放软件

5.2.1　多媒体文件格式

如今电脑上的多媒体文件类型众多，大致分为音频、图像、动画及视频等几大类。下面对这些多媒体文件类型进行一个简单的介绍。

1. 音频文件

音频文件通常分为三类：CD 音频、声音文件及 MIDI 文件。

（1）CD 音频：CD 音频是标准激光唱盘上的声音，是一种数字化声音，比波形文件表示的声音质量高很多。CD 音频应用数字采样技术制作，以 16 位量化级、44.1kHz 采样频率的立体声存储，可完全重现原始声音。在电脑上输出 CD 音频信号的两种途径：通过 CD-ROM 驱动器前端的耳机插孔输出，另一种是使用特殊连线接入声音卡放大后由扬声器输出。

（2）声音文件：声音文件，也称为波形音频，指的是通过声音录入设备录制的原始声音，直接记录了真实声音的二进制采样数据，把声音的各种变化信息（频率、振幅、相位等）逐一转成 0 和 1 的电信号记录下来，其记录的信息量相当大，因此一般情况下文件都较大，至于具体大小则与记录的声音质量高低有关。常见的声音文件的格式有：WAV 格式、AU 格式、MP3 格式、WMA 格式等。

（3）MIDI 文件：MIDI 文件是一种描述性的"音乐语言"，它将所要演奏的乐曲信息用字节进行描述。譬如在某一时刻，使用什么乐器，以什么音符开始，以什么音调结束，加以什么伴奏等。也就是说 MIDI 文件本身并不包含波形数据，所以 MIDI 文件非常小巧。MID 文件并不是一段录制好的声音，而是记录声音的信息，然后再告诉声卡如何再现音乐的一组指令。一个 MIDI 文件每存 1 分钟的音乐只用 5～10KB。

2. 图像

图像文件的基本格式是 BMP 位图格式。它是把一幅图像的每一像素点的色彩、亮度等信息逐字逐位地记录下来，所以 BMP 图像文件的信息量一般情况下是相当大的。如一幅 640×480 大小的图像，记录为 BMP 文件约为 900KB。但是 BMP 图像是"原汁原味"的，没有失真。由于网络传输的需要，目前出现了很多经过压缩的相对较小的图像文件。如 JPG 图像、GIF 图像、TIF 图像等。

3. 视频及动画

视频（Video）一般是指将一系列静态影像以电信号方式加以捕捉、记录、处理、储存、传送与重现的技术。根据视觉暂留原理，连续的图像变化每秒超过 24 帧（frame）以上画面时，人眼将无法辨别出是单幅的静态画面，反而会将图像看成是平滑连续的视觉效果，这样连续的画面我们就叫做视频。

视频是现在电脑中多媒体系统中的重要一环。为了适应存储视频的需要，人们设定了不同的视频文件格式。目前常见的视频格式有两大类：影像格式（Video）与流媒体格式（Stream Video）。其中影像格式常见的有三大种：AVI 格式、MOV 格式、MPEG/MPG/DAT；而流媒体格式同样也可以划分为三种：RM 格式、MOV 格式、ASF 格式。

如上所述，多媒体文件类型众多，我们将其归纳到表 5—1 中，方便大家记忆。

表 5—1   多媒体文件类型

文档	图像	音频	动画	视频
● ＊.txt	● ＊.bmp	● ＊.wav	● ＊.gif	● ＊.avi
● ＊.wri	● ＊.jpg/＊.jpeg	● ＊.mp3	● ＊.flc/＊.fli	● ＊.mpg/＊.mpeg
● ＊.rtf	● ＊.gif	● ＊.mid/＊.midi	● ＊.swf	● ＊.dat
● ＊.doc	● ＊.tif/＊.tiff	● ＊.aif	● ＊.avi	● ＊.mov
● ＊.wps	● ＊.eps	● ＊.ra	● ＊.mov	● ＊.rm
	● ＊.tga	● ＊.swa	● ＊.c3d	● ＊.ipod
	● ＊.psd	● ＊.wma		● ＊.psp
	● ＊.PDF	● ＊.m4a		● ＊.mp4
		● ＊.aac		● ＊.3gp
		● ＊.ape		● ＊.apple
		● ＊.voc		● Zune 格式
		● ＊.flac		● Iphone 格式
		● ＊.ogg		● 网络视频格式（asf、
		● ＊.au		wmv、swf、rm/rmvb、
		● ＊.flv		flv）

5.2.2 常用播放软件

常用的播放软件一般可以分为单纯的音乐播放器与音频视频兼通的影音播放器。

音乐播放器一般只用于播放各种音乐文件，如 WINAMP 播放器、Foobar、千千静听、酷我音乐盒、酷狗音乐、QQ 音乐播放器等。它们不仅界面美观，操作简单，能支持大多数音频格式文件，更主要的是，多数播放器都是免费的，可以随时下载安装使用。

影音播放器一般来说集音乐、视频与动画播放一体，功能更为强大。如 KMPlayer、quicktime7、RealPlayer、WinDVD7、PowerDVD、暴风影音等。可以说，影音播放软件多种多样，但各款工具又有各自的独特一面。而且没有哪个播放器是完美的，我们需要结合自己的喜好和实际情况来选择。

1. RealPlayer

RealPlayer 是一个在 Internet 上通过流技术实现音频和视频的实时传输的在线收听工具，它曾经是网上收听收看实时音频、视频和 Flash 的最佳工具，特别是在网络初步流行之时，因为即使带宽很窄，它的流技术使它不必下载音频或视频内容，所以能快速、方便地在网上查找和收听、收看自己感兴趣的广播、电视节目。RealPlayer 可以播放几乎所有格式的音频和视频文件，所以它被称为万能播放器。

（1）安装 RealPlayer 软件。

RealPlayer 的官方下载网站为 http：//cn. real. com/，它的最新版本是 RealPlayer15. 0. 2. 72，不过最流行的是专门为中国用户准备的 RealPlayer 11 中文版播放器。下载 RealPlayer 后运行安装文件，按提示就可以将 RealPlayer 安装到指定的文件夹中。安装过程非常简单。安装完成后，将在桌面产生快捷方式，如图 5—9 所示。

图 5—9　快捷图标

（2）认识 RealPlayer 操作界面。

双击桌面的快捷方式，启动 RealPlayer。将弹出以下窗口，如图 5—10 所示。RealPlayer 操作界面的上半部分提供了各种多功能窗口，窗口中包含"现在播放"、"影视"、"媒体中心"以及"刻录"四个选项卡，单击选项卡标签，即可切换到对应的界面。

图 5—10　RealPlayer 启动窗口

158

下半部分是 RealPlayer 播放器窗口。播放器窗口左上角是播放信息显示区域，显示目前正在播放的文件；下边是播放控制按钮，在播放过程中单击 按钮，可以切换到下一个播放剪辑，按下 ，则可以实现快退或者快进播放。右下角是音量控制；点击右上角的"播放列表"可以在主窗口中弹出播放列表窗口。点击窗口右上角的 按钮，可以将该窗口与播放窗口组合/分离，或者单击 按钮将其关闭。单击分离按钮后变成一个显示窗口形成的播放列表，列表中浅绿阴影底色的一行表明的是正在播放的音乐文件。

（3）操作 RealPlayer。

① 播放媒体文件。

第一步：启动 RealPlayer 后，点击窗口左上角的菜单显示按钮，选择"文件/打开"命令，弹出"打开"对话框，如图 5—11 所示。

图 5—11　播放文件操作界面

第二步：单击"浏览"按钮，即可从"我的电脑"中找到我们想要播放的多媒体文件。播放过程中，可以调节播放屏幕大小和全屏模式。

用户可以将同类型的媒体文件制作为播放列表，这样就可以使用 RealPlayer 自动连续播放列表中的所有媒体。

② RealPlayer 的刻录功能。

如果你的电脑配备的光驱具有刻录功能，那么就可以在 RealPlayer 应用中直接完成音乐 CD 或者视频光盘的刻录。

第一步：打开 RealPlayer 软件，在上半部分中选择"刻录"，打开刻录窗口，如图 5—12 所示。系统默认的操作功能是"音频 CD 刻录"。

图 5—12　RealPlayer 的刻录窗口

第二步：在任务的向导中点击"选择 CD 类型"，会弹出一个窗口，要求选择需要刻录的是数据 CD，还是音乐 CD。如图 5—13 所示。

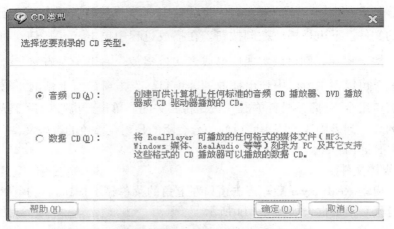

图 5—13　**RealPlayer 选择刻录 CD 类型窗口**

第三步：在刻录机中放入空白的光盘，然后选择要刻录的文件并按照提示进行刻录即可。

（4）RealPlayer 的其他特性。

RealPlayer 播放器是一个不错的多媒体软件，但 RealPlayer 没有提供左右声道切换功能，这给播放双语影视带来麻烦。如果是立体声影片，可以双击系统任务条中的音量喇叭图标，打开音量控制对话框，关掉其中一个声道即可。但如果影片制作时采用混音方法，就比较麻烦了。只能尝试通过调节均衡器，将不想听的部分关闭。

不过，RealPlayer 的音效较好，可对 MP3 的歌手信息进行修改，并能添加歌词。

2. 暴风影音

暴风影音是北京暴风网际公司于 2003 年推出的一款视频播放器，该软件作为对 Windows Media Player 的补充和完善，定位为一种软件的整合和服务而存在。它提供和升级了系统对常见绝大多数影音文件和流媒体的支持。适用软件格式包括 ：RealMedia、QuickTime、MPEG2、MPEG4（ASP/AVC）、VP3/6/7、Indeo、FLV 等流行视频格式；AC3、DTS、LPCM、AAC、OGG、MPC、APE、FLAC、TTA、WV 等流行音频格式；3GP、Matroska、MP4、OGM、PMP、XVD 等媒体封装及字幕支持等，也就说，它几乎支持所有的音频、视频格式，功能强大，而且占用资源小。配合 Windows Media Player 最新版本可完成当前大多数流行影音文件、流媒体、影碟等的播放而无需其他任何专用软件。

暴风影音能自动匹配相应的解码器，自动调整对硬件的支持，具有稳定灵活的安装、卸载、维护和修复功能。目前最新版本为 2011 年 10 月 26 日推出的暴风影音 5，该版本采用全新的程序架构，大幅度提高了打开和使用速度。

（1）暴风影音的安装。

在官方网站（http：//www.baofeng.com/）上下载 Baofeng5-5.10.0321.exe 文件，然后双击运行该软件，按提示就可以将暴风影音 5 安装到指定的文件夹中。暴风影音 5 的安装非常简单快速，完成后，它同样也会在桌面生成快捷方式，以用户方便操作，如图 5—14 所示。

图 5—14　**快捷图标**

（2）认识暴风影音的操作界面。

双击桌面的暴风影音快捷方式图标，启动暴风影音。它初启动的窗口界面相比 RealPlayer 来说，较简洁。图 5—15 是它启动后的界面。

主菜单

播放区域

开启"左眼键"

两个选项卡

在线影视内容

播放控制器

图 5—15　暴风影音启动窗口

（3）操作暴风影音。

右边功能窗口上有两个选项卡，一个是"在线影视"，另一个是"正在播放"。

① 在线影视："在线影视"中的内容每次启动显示的都不太相同，因为暴风影音是与 Internet 紧密联系，随时更新的。它罗列出目前网络上的最新资讯、热点影视、热门电影、动漫卡通、娱乐资讯、新片预告等内容。如果单击其中一项，将会在窗口最右边弹出一个暴风盒子窗口。暴风盒子可以分离成一个独立的窗口，拖放到屏幕中任意位置。

在暴风影音中观看影片，有多种操作方法。最简单的是"在线观看"，在"在线影视"列表中，双击想观看的影片名即可欣赏；还可以播放已下载到本地的影音，选择主菜单下的"打开"命令或者点击暴风影音播放中心区域下面的"打开文件"按钮，将会弹出本地资源窗口供选择播放。

影片播放时，鼠标经过暴风影音的左上角（即主菜单下方），将呈示出被隐藏了的播放窗口调整按钮栏。通过这个控制栏，我们可选择全屏、最小模式、1 倍或者 2 倍的尺寸或者用剧场模式观看影片，需要的话，还能在控制栏右边看到画面、音质的调整按钮，可以进行视频设置（亮度、对比度、色度、饱和度）、音频设置（声道设置、声音放大 10 倍、声音延迟、10 段音阶 EQ）等。

② 正在播放："正在播放"选项卡显示的是目前正在播放或者曾经播放过的多媒体文件。每次选择观看的内容都会自动在此生成一个新的播放列表。而每个播放列表都会保留你上次观看的时间。暴风影音观看影片非常方便，随时可以中断，下次再看时系统会从中断处继续播放。

（4）暴风转码："暴风转码"是暴风影音推出的一款免费专业音视频格式转换产品，可以实现所有流行音视频格式文件的格式转换。基本上能将计算机上任何您所喜欢的音视频文件转换成 MP4、智能手机、iPod、PSP 等掌上设备支持的视频格式。对于市场上一直难以解决的 RMVB 格式的转换，暴风转码也有非常优秀的表现。它转换速度快，操作简单，特别专注于掌上设备，在我们所安装的暴风影音 5 中也集成了这款软件。

单击暴风影音窗口底行的工具箱按钮 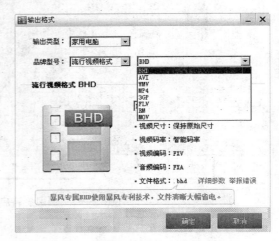（与暴风盒子按钮并排），可以看到图 5—16 所示的暴风影音的工具箱窗口。单击"转码"图标弹出"暴风转码"窗口，选择"添加文件"后将弹出"输出格式"选择窗口，如图 5—17 所示。可以在"输出类型"和"品牌型号"的列表中，选择需要转换的类型和文件格式。

图 5—16　暴风影音的工具箱　　　　图 5—17　暴风转码输出格式的选择

（5）暴风影音的其他特性。

在暴风影音的工具箱中，还有"下载管理"、"截图"、"连拍"等功能。尤其是"截图"，能将播放影片的某一帧复制下来，粘贴出的图片效果与播放影片的画质一样。

另外，暴风影音 5 还推出了"开启左眼键"功能，用于提高画质，它针对画面的每一个细节进行优化，原画质细节越丰富，优化效果越好，在观看高清影片将会是一种视觉享受。

总体来说，暴风影音操作简单、播放格式齐全、内存占用率低。不过音响效果及兼容性有待提高。

5.3　常用刻录软件

在多媒体信息时代的今天，基本上所有的个人电脑都配备了 DVD 刻录机（DVD‐RW）或者 CD 刻录机（CD‐RW）。刻录（也称烧录），已成为计算机颇为普及的一种应用。本任务的内容，就是了解刻录的基本知识，学习与使用常用刻录软件的安装与操作。

5.3.1　刻录基础概述

1. CD‐R/CD‐RW 光盘的刻录格式

光盘的刻录格式指的是光盘的文件系统，它与硬盘文件系统的作用一样。目前常用的 CD‐R/CD‐RW 文件刻录格式主要有以下几种：CD‐ROM 格式（Data CD）、CD‐DA 格式（音乐 CD）、Video CD 格式（VCD 影碟）。

VCD 存放的是视频格式的数据，其中有一个或者若干个视频轨道，以及一个 ISO 9660 标准的数据文件格式轨道。CD‐ROM 近期还发展出了一种 CD‐R 扩展格式，称作 CD-ROM/XA。它允许数据文件和音频、视频数据在一张光盘上共享，也称为混合模式光盘。这种盘只有一个区段（即片段），包含文件和音轨，通常用于娱乐性和教育性程序的制作。

小资料： ISO 9660，简称 ISO，是由国际标准化组织在 1985 年制定的，是目前唯一通用的光盘文件系统，任何类型的计算机和所有的刻录软件都支持它。如果想让所有的 CD-ROM 光驱都能读取刻录好的光盘，就必须使用 ISO-9660 或与其兼容的文件系统。

2. DVD 盘的主要刻录格式

DVD 在外形上与 CD 类似，但其容量却比一般的 CD 大七倍之多（单层 4.7GB）。而如今 DVD 的刻录也已成为主流应用。它的刻录格式一般以下面四种为主：

（1）DVD-R（DVD Recordable）格式。

它也称为一次性写入式 DVD 刻录格式。DVD-R 的格式有两种：DVD-R（G）和 DVD-R（A），两者不同之处在于记录时激光的波长不同。DVD-R（G）使用 650nm 的激光，而 DVD-R（A）使用的是 635nm 波长的激光。DVD-R（G）主要针对家庭和办公用户用于记录不连续的存档文件，并且采用了防止拷贝技术，是由 DVD 论坛（一个定义和支持 DVD 格式的行业团体）于 2000 年制定的统一标准。而 DVD-R（A）是在 1998 年时由先锋最早提出的。

（2）DVD-RAM（DVD Random Access Meory）格式。

DVD-RAM 是以日立、松下、东芝为首的集团开发的一种可复写 DVD，它得到了 DVD 论坛的支持，主要分为计算机专用和家电专用两种，其刻录原理与 CD-RW 一样。DVD-RAM 盘片的最大优点是可以复写 10 万次以上，在所有的可复写记录媒介中排名第一。不过 DVD-RAM 盘片易碎，不易保持数据的完整性，不能在 DVD 播放机或 DVD-ROM 驱动器上使用。

（3）DVD-RW（DVD Rerecordable）格式。

DVD-RW 规格是由先锋主导的，定位于消费类电子产品，主要提供类似过去的 VHS 录像带的功能，供消费者进行高画质影音多媒体资料记录的格式。目前，DVD-RW 的功能也应用到了电脑领域。DVD-RW 的优势是兼容性好，它是发展最早的重复性记录媒介，可以用来存储视频、音频和其他数据，而且多数 DVD 驱动器都可以很好地读取 DVD-RW 盘片。

（4）DVD+RW（DVD ReWritable）格式。

DVD+RW 规格是由 DVD 联盟所主导，并不属于 DVD 论坛的正式规格，不过微软已经明确表示支持 DVD+RW。DVD+RW 产品同时定位在消费类电子产品及电脑存储产品领域。DVD+RW 是 DVD 标准的延伸，与其他 DVD 刻录格式相比，它的兼容性在以上几种刻录格式中是最高的。DVD+RW 驱动器功能很全面，写入速度较快，提供大约 1000 次的复写次数，可以存储视频、音频及数据。

3. 光盘的刻录方式

刻录格式是写盘的一种方式，对于 CD 和 DVD 其方法大致相同。目前常用光盘的刻录方式一般有五种：即 DAO、TAO、SAO、MS 和 PW 方式。

（1）DAO 方式。

即 Disc-At-Once，也称为一次写盘。是在一个刻录过程中在一片光盘中刻入全部数据的方式，无论有多少轨道都一气呵成。整张光盘可以刻满数据，也可以不刻满。在刻录结束时会自动关闭光盘，即使还有剩余空间也不能再追加刻录。DAO 方式一般常用于光盘的复制，可以轻松完成对于音乐 CD、混合或特殊类型 CD-ROM 等数据轨之间存在间隙的光盘的复制。

（2）TAO 方式。

即 Track-At-Once，也称为轨道写入。是在一个刻录过程中逐个刻录所有轨道，如果多于一个轨道，则在上一轨道刻录结束后再刻录下一轨道，且上一轨道刻录结束后不关闭区段。由于刻录前一轨道结束后，激光头要关闭，刻录下一轨道时再将其打开。因此，以TAO 方式刻录的轨道之间有间隔缝隙，表现时间为 2 到 3 秒，这点对于刻录音乐光盘没有影响。

以 TAO 方式刻录时，如果选择不关闭区段，这样以后还可以添加轨道到光盘的这一区段，这种选择一般用于音乐 CD 的刻录，对数据光盘无效。不过要注意，没有关闭区段的音乐 CD 是不能在 CD 或 VCD 播放机上播放的。如果需要在 CD 或 VCD 播放机上播放，则要用刻录软件去关闭没有关闭的区段。

TAO 模式主要应用于制作音乐光盘或混合、特殊类型的光盘。

（3）SAO 方式。

即 Session-At-Once，也称为区段写入方式。它是在一个刻录过程中只刻录一个区段，且关闭区段并保持光盘不关闭，以后还可以继续追加刻录下一区段。

（4）MS 方式。

即 Multi-Session，这是多区段刻录方式。每个刻录过程只刻录并且关闭一个区段，剩余空间下次可以继续刻录下一区段。因此，往往光盘上存在多个区段，称为多区段光盘。如果光盘中只有一个区段，但光盘没有关闭，也可成为多区段光盘。这种方式多用于数据光盘的刻录，方便之处在于不必一次刻满整盘。

（5）PW 方式。

即 Packet Writing，数据包写入方式。PW 刻录是增量包写方式，它以 64KB 的数据包为写入单位进行写操作，这也就是 CD-RW 刻录类型所采取的唯一刻录方式。

5.3.2 OS 下的数据刻录

实际上，Windows XP 以上的操作系统都已配备了简单的数据光盘刻录功能，只要在XP 系统下（包括 Win 7 系统）插入空白光盘，然后在资源管理器中选择并复制需要刻录到光盘的文件，再展开空白光盘，在其窗口空白处点击右键弹出快捷菜单，选择"粘贴"，再选择"将这些文件写入光盘"就可以开始刻录了，如图 5—18 所示。如果光盘未满，用同样的方法能继续添加和刻录。

但操作系统提供的刻录功能只能刻录数据光盘，功能非常简单。所以在光驱的日常应用中，我们还需要再安装一个通用多功能光盘刻录软件，以方便刻录 DVD 光盘、VCD 盘或者CD 光盘，满足工作需求。

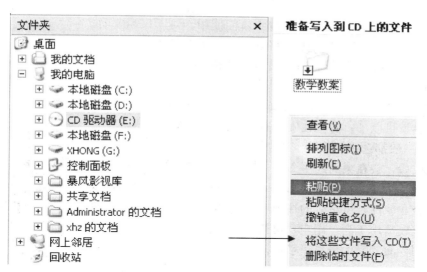

图 5—18　Windows XP 系统下刻录数据光盘

5.3.3　刻录软件概述

当前的刻录软件与多媒体播放器一样，同样是百花齐放，品种繁多。如国产软件光盘刻录大师、狸窝 DVD，外国软件有 Nero、ONES、CDBurnerXP 等，最为流行的是 Nero。

（1）光盘刻录大师：这是一款国产软件，可以刻录 DVD、VCD，也可以刻录 CD、数据光盘；它还是一个视频转换、剪切、合并的工具。支持 RMVB 等多种视频格式直接刻录，可以根据视频总长，自动安排在一张光盘上。软件界面直观，容易上手。

（2）狸窝 DVD：这是一款全免费的国产软件，它不单提供 DVD 转视频的功能，同时它也是一款简单易用功能强大的 DVD 视频编辑器。利用该款 DVD 转换器，可以将 DVD 破解并转换成视频格式放到手机、MP4、PSP 等移动设备上观看，或将 DVD 转换成 AVI、WMV 等可编辑的视频，在电脑上随意编辑。

（3）Nero 是一款由德国 Ahead 公司出品的光盘刻录软件，它支持数据光盘、音频光盘、视频光盘、启动光盘、硬盘备份以及混合模式光盘刻录，操作简便并提供多种可以定义的刻录选项，同时拥有经典的 Nero Burning ROM 界面和易用界面 Nero Express。

Nero 具有独特的文件侦测功能，如你想要制作一个音乐光盘，却误将数据文件拖曳到编辑窗口中，Nero 会自动侦测该文档的资料格式不正确，因此不会将该文档加入音乐光盘中。Nero 曾经是光盘刻录的代名词，近年来已经成为一个庞大的多用途套装。

最新版本的 Nero 11 已成为多功能的软件，同时提供畅销的多媒体软件套装，包含媒体管理、视频编辑、视频转换、文件备份、内容同步和光盘刻录等应用程序。但它的刻录功能，却依然还是首选。

5.3.4　Nero 的安装与使用

Nero 一直是收费软件，但为占领市场、普及大众，Nero 官方发布了 Nero 9 免费版（Nero 9 Essentials），体积仅 53MB。遗憾的是该免费版只包含了 Nero StartSmart 组件，能够进行简单的 CD/DVD 的数据刻录、光盘复制，并不支持 ISO 镜像刻录。免费版可直接升级至 Nero 9 完整版，当然需要注册购买才能使用。对于仅需要简单数据、视频音频刻录的用户来说，使用 Nero 9 免费版还是不错的选择。图 5—19 是 Nero 9 图标，目前最新版本是 Nero 11。

图 5—19　Nero 9 标志图

1. Nero 的安装说明

Nero 的安装与前面介绍的软件安装没有大的区别，只要一步步按照提示安装就可以了。有些在安装过程会询问是否安装 Ask Tool-bar 工具栏，一般都选择不安装。

安装完成后，会在桌面产生 Nero 快捷图标，如图 5—20 所示。双击这个图标，启动的将是 Nero Burning ROM 经典使用界面，该界面类似于企业软件，可更改的选项丰富，菜单选择多，相对比较烦琐，一般比较适用于高级用户；对初学者来说，Nero Express 界面（称为易用界面）反倒更易于掌握。

图 5—20　Nero 9 快捷图标

2. Nero Express 的使用

Nero Express 是一个向导式的界面，界面直观选项较少，如图 5—21 所示。在弹出对话框的左窗口中有四个选项，分别表示四种可以刻录的光盘类型，分别是：数据光盘、音乐、视频/图片，以及映像、项目、复制。

下面以刻录一张数据光盘为例，介绍操作步骤。

（1）选择"数据光盘"，然后单击右窗口中的"数据光盘"，将弹出"光盘内容"窗口。

（2）单击右侧"添加"按钮，出现"添加文件及文件夹"窗口，如图 5—22 所示。选择要添加的文件或者文件夹，按"添加"按钮。还可拖动文件或者文件夹到"光盘内容"窗口中。

图 5—21　Nero 9 易用界面

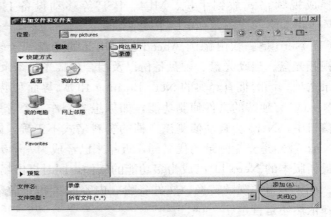

图 5—22　选择要添加的文件或文件夹

（3）单击"添加"后，回到光盘内容窗口，窗口中将会提示我们当前已添加完成的要刻录的文件信息，如图 5—23 所示。窗口底部的提示区，绿色彩条会直观地显示刻录的文件大小。

建议刻录的文件尽量不要超过光盘容量。图 5—23 中显示出添加进去的文件夹"柯达照片"大小只有 300M，光盘最大容量是 720M。如果需要，可以继续添加文件。

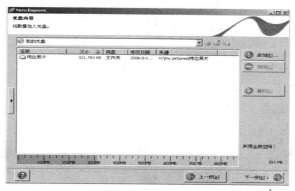

图 5—23　已添加文件后的光盘文件列表窗口

（4）在选好文件并保证容量的基础上，单击"下一步"，进入如图 5—24 所示的"最终刻录设置"窗口。在窗口的"光盘名称"栏内输入方便记忆的光盘标签，在下面的复选框内选择是否允许以后再添加文件和刻录完成后是否需要验证等。展开左侧按钮，还有"写入速度"等更高一级的设置。

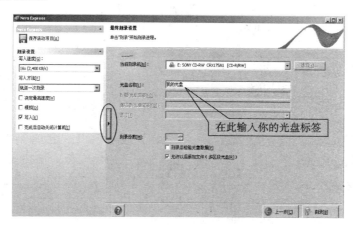

图 5—24　最终刻录设置窗口

（5）单击"刻录"按钮后，接下来就是刻录前的光盘检测，如图 5—25 所示。

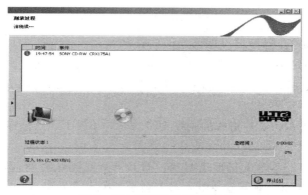

图 5—25　刻录前的检测窗口

(6) 如果检测无误的话，就正式开始刻录了，如图5—26所示。需要注意的是，刻录过程绝不能断电，否则刻录光盘将报废。

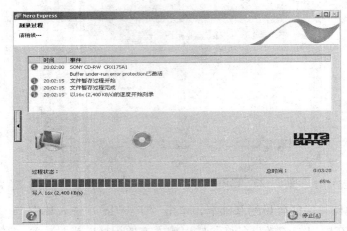

图5—26　正式刻录窗口

(7) 刻录完成后，会弹出一个刻录完成的提示框，说明光驱以何种速度刻录完毕。

(8) 单击"确定"后，Nero将会告诉我们在刻录过程中的各种信息，如图5—27所示。至此，一张数据光盘就已刻录完成了。

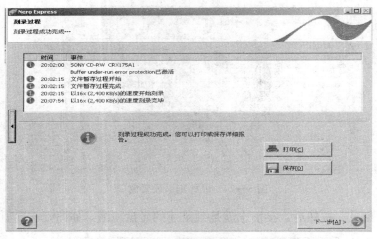

图5—27　正式刻录完成后的信息窗口

(9) 继续"下一步"，将会得到图5—28所示的窗口。选择该窗口第一项"新建项目"可以重新开始新的数据刻录。如果选择"保存项目"这一功能，那么，我们可以将刚才刻录的数据做成映像光盘文件，保存在磁盘上，方便第二次刻录。保存的光盘映像文件以＊.nri作为文件扩展名。

熟悉了刻录数据光盘，其他格式的光盘刻录就大同小异了，只是在刻录的主界面上注意选择不同的刻录类别。

提示：刻录光盘时，尽量采用慢速刻录；而且最好要测试再写入，如果刻录的是音乐CD，要求会更严格，不仅光盘质量要好，而且刻录不要太满，留有余地。

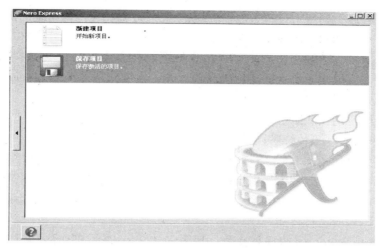

图 5—28　任务重建刻录窗口

5.4　计算机安全与防护

随着计算机技术与网络技术的发展，我们日益感受到信息技术所带来的便利和变革。与此同时，网络的开放性，以及现有软件中所存在的各种安全漏洞，使得计算机安全问题越来越受到人们的重视。所以了解、掌握计算机安全与防护的相关知识，提高安全防护意识已成为计算机应用中必要的常识。

5.4.1　计算机病毒

1. 计算机病毒的概念

在《中华人民共和国计算机信息系统安全保护条例》中明确定义，计算机病毒（Computer Virus），是指编制者在计算机程序中插入的破坏计算机功能或者毁坏数据，影响计算机使用并能自我复制的一组计算机指令或者程序代码。

计算机病毒有医学病毒相同的复制能力，能够实现自我复制并且借助一定的载体存在。具体表现在计算机病毒通过磁盘、磁带、网络等媒介传播扩散并能够"传染"其他程序。

计算机病毒与医学病毒的不同是它是某些人利用计算机软件和硬件所固有的脆弱性编制的一组指令集或程序代码。它能通过某种途径潜伏在计算机的存储介质（或程序）里，当达到某种条件时即被激活，通过修改其他程序的方法将自己的精确拷贝或者可能演化的形式放入其他程序中，从而感染其他程序，对计算机资源进行破坏，所以计算机病毒可以很快地蔓延，但又常常难以根除。

2. 计算机病毒的历史及发展阶段

（1）计算机病毒的发展史。

计算机病毒出现的历史并不长。在 20 世纪 80 年代初，微机得以普及后才有病毒出现。1982 年，一个名为"ElkCloner"的电脑程序，以软盘作为传播媒介，成为电脑病毒史上第一种感染个人电脑的电脑病毒。不过它的破坏能力相当轻微，受感染电脑只是会在屏幕上显示一段小小的诗句而已。1983 年，弗瑞德·科亨（Fred Cohen）博士制作了世界上第一个有案可查的病毒程序。同年 11 月，这一病毒获准在运行 UNIX 操作系统的机器上进行实验。实验非常成功，在成功的 5 次演示中，导致系统瘫痪所需的平均时间为 30 分钟，最短的一次仅仅只用了 5 分钟。1984 年 9 月，国际信息处理联合会计算机安全技术委员会在加拿大多伦多举行年会，弗瑞德·科亨博士首次正式发表了论文《计算机病毒：原理和实验》，公开提出了"计算机病毒"的概念。自此，"计算机病毒"正式被定义。

（2）计算机病毒的发展阶段。

① DOS、Windows 等传统阶段。

早期的计算机操作系统以 DOS 操作系统为主，因此病毒主要是引导型病毒，具有代表性的是"小球"和"石头"病毒。引导型病毒正是利用软盘的启动原理工作，修改系统启动扇区，在电脑启动时首先取得控制权，减少系统内存，使磁盘读写中断，影响系统工作效率，在系统存取磁盘时进行传播。

1996 年，随着 Windows 的日益普及，利用 Windows 进行工作的病毒开始发展，典型的代表是"DS.3873"；而随着 MS Office 功能的增强，开始盛行宏病毒，使用 Word 宏语言也可以编制病毒。这一阶段的顶峰应该算是谈虎色变的"CIH"病毒。1999 年 4 月 26 日，CIH 全球爆发。这一天简直成了 PC 用户的灾难日：开机，屏幕没有任何显示，只有死一般的沉寂。当时，电脑经销商发了横财！

② 基于 Internet 的网络病毒。

在因特网诞生以前，计算机病毒是被囚禁在一个个计算机之中的，1995 年后，随着网络的普及，计算机病毒开始利用网络进行传播。通过网络或者系统漏洞进行自主传播，向外发送带毒邮件或通过即时通信工具（QQ、MSN 等）发送带毒文件，阻塞网络。比如"红色代码"、"冲击波"、"震荡波"等病毒皆是属于此阶段，这类病毒往往利用系统漏洞进行世界范围的大规模传播。而因特网上的邮件传递也成为病毒设计们的选择，邮件病毒一度泛滥。如果不小心打开了这些带病毒的邮件，电脑就有可能中毒。

莫里斯制造的"蠕虫"是网络蠕虫的典型代表。它不占用除内存以外的任何资源，不修改磁盘文件，只是利用网络功能搜索网络地址，将自身向下一个地址进行复制传播。网络中因有大量蠕虫程序的运行和传递，系统往往会发生"梗阻"，使网络阻断甚至瘫痪。

"梅利莎"（Melissa 也称为"美丽杀手"）是典型的电子邮件病毒。尽管病毒本身并不会对个人计算机造成损失，但这种病毒可以自动地快速复制并通过电子邮件发送，这将使大量的垃圾邮件像洪水一样蔓延到互联网，最终邮件服务器会因不堪重负而导致死机。

③ 基于 Internet 的网络威胁。

如今，处于计算机病毒的第三阶段，这个阶段已不再是一个简简单单的病毒之说可以概述的了，网络蠕虫、传统计算机病毒、木马程序、恶意代码、黑客攻击等合为一体，对世界范围的网络和主机造成了很大的危害，可称之为新一代的计算机病毒。我们也称之为基于 Internet 的网络威胁。

3. 计算机病毒的特性

（1）寄生性。

计算机病毒与其他合法程序一样，是一段可执行程序，但它不是一段完整的程序，它寄生在其他合法程序之中，当执行这个合法程序时，病毒就有可能被激活而与合法程序争夺系统的控制权，起到破坏作用。在未启动它所寄生的合法程序之前，不易被人察觉。

（2）传染性。

传染性是计算机病毒最基本的特征。计算机病毒不但本身具有破坏性，更有害的是具有传染性。计算机病毒会通过各种渠道，如软盘、硬盘、移动硬盘、计算机网络去传染其他的计算机。这段人为编制的计算机程序代码一旦进入计算机并得以执行，就会搜寻其他符合其传染条件的程序或存储介质，确定目标后再将自身代码插入其中，达到自我繁殖的目的。在某些情况下造成被感染的计算机工作失常甚至瘫痪。一旦病毒被复制或产生变种，其速度之快令人难以预防。

是否具有传染性是判别一个程序是否为计算机病毒的最重要条件。

（3）隐蔽性。

计算机病毒具有很强的隐蔽性，有的可以通过病毒软件检查出来，有的根本就查不出来，有的时隐时现、变化无常，这类病毒处理起来通常很困难。

（4）潜伏性。

一个编制精巧的计算机病毒程序，进入系统之后，不用专用检测程序是检查不出来的。而它一般也不会马上发作，它会潜伏在合法文件中几周或者几个月甚至一年。

（5）可触发性。

病毒因某个事件或数值的出现，诱使病毒实施感染或进行攻击的特性称为可触发性。病毒既要隐蔽又要维持杀伤力，它必须具有可触发性。病毒的触发机制就是用来控制感染和破坏动作的频率值。病毒具有预定的触发条件，这些条件可能是时间、日期、文件类型或某些特定数据等。

（6）破坏性。

无论哪一种计算机病毒，至少都存在一个共同的危害，即都具有破坏性。就算是最善意的病毒，它也降低了计算机系统的正常工作效率，抢占了系统资源。计算机病毒的危害程度取决于计算机病毒程序，特别是计算机病毒设计者的目的。一般情况下，计算机病毒的危害主要表现在三大方面，一是破坏文件或数据，造成用户数据丢失或毁损；二是抢占系统网络资源，造成网络阻塞或系统瘫痪；三是破坏操作系统等软件或计算机主板等硬件，造成计算机无法启动。

（7）不可预见性。

计算机病毒相对于防毒软件永远是超前的。理论上讲，没有任何杀毒软件能将所有的病毒杀除。此外，计算机病毒还具有攻击的主动性、针对性、衍生性、欺骗性、持久性等特点。

4. 计算机病毒的分类

从不同的标准去分类，计算机病毒的分类是多样的。如果按照根据病毒攻击的操作系统分类，可以分为 DOS 病毒；Windows 病毒；UNIX 病毒；Linux 病毒等。以病毒的寄生方式分类，可以分为引导型病毒、文件型病毒、复合型病毒等。

5. 恶意代码

恶意代码（Unwanted Code）这一名词是近几年流行起来的一种新的说法，一个最安全的定义是把所有不必要的代码都看作是恶意代码。恶意代码不具有传统计算机病毒自我复制的特征，但它却有恶意，而且是一段程序，通过执行产生作用。如修改主页、注册码锁定、篡改 IE 标题栏、启动时弹出对话框、IE 窗口定时弹出等都属于恶意代码。从恶意代码的定义来看，宏病毒、网络蠕虫程序、特洛伊木马、垃圾邮件、后门程序等也都可以归为此类。

恶意代码一般利用三类手段进行传播：软件漏洞、用户本身或者两者的混合。恶意代码发现操作系统或者应用程序的漏洞，攻击服务器或者网络设施。如 Code Red（红色代码）、Nimda（尼姆达）等蠕虫程序，都是利用商品软件漏洞来进行自我传播，而不再需要搭乘或者依附其他代码。有的恶意代码本身就是软件，是自启动的蠕虫或者是嵌入脚本，如特洛伊木马，利用受害者的心理操纵他们执行不安全的代码。它能秘密潜伏并能够通过远程网络进行控制，控制者可以控制被秘密植入木马的计算机的一切动作和资源，进行窃取信息等行为。还有一些是哄骗用户关闭保护措施来安装恶意代码。

6. 计算机感染病毒的症状和原因

计算机在使用过程中，会出现各种各样的故障，很多现象是由电脑本身的软、硬件引起的。那么如何判断计算机是否感染病毒，这就需要我们对计算机感染病毒后的症状有一定的判断能力。计算机感染病毒后的症状会比较多，而且还会因不同的病毒及变种后的症状有所不同，常见的症状有：

（1）经常无缘无故地死机。

病毒打开了许多文件或者占用了大量内存；有时候关闭计算机后还自动重启。

（2）操作系统无法正常启动。

这种情况一般是病毒修改了硬盘的引导信息，或者删除了某些启动文件。操作系统报告缺少必要的启动文件，或启动文件被破坏。

（3）运行速度明显变慢。

大多数病毒会抢占资源，占用了大量内存或者 CPU 资源以便在后台进行非法操作，这结果肯定会导致计算机的运行速度明显变慢；如果这时候上网，上网的速度将会变得很"卡"。

（4）文件打不开或者数据莫名丢失、出现大量来历不明的文件。

如果文件打不开可能是病毒修改了文件格式，而数据莫名消失的原因则可能是病毒删除了文件；由于病毒有复制功能，一些病毒会复制文件，将产生大量来历不明的文件。

（5）能正常运行软件，运行时却经常提示内存不足。

（6）软盘等设备未访问时却有读写操作。

可能是病毒在作怪。需要比较用心的观察。没有操作电脑时，稍微留意下主机箱上的硬盘灯、软盘或者其他外设的灯是否在闪烁。

（7）打印机的通讯发生异常，无法进行打印操作，或打印出来的是乱码。

（8）无故发送邮件。

比如你的计算机感染了冲击波病毒，那么可能会有以下症状：莫名其妙地死机；重新启动计算机或在弹出"系统关机"警告提示后自动重启；IE 浏览器不能正常地打开链接；不能复制粘贴；有时出现应用程序，比如 Word、Excel、PowerPoint 等软件无法正常运行；网络变慢；最重要的是，在任务管理器里有一个叫"msblast.exe"的进程在运行！

7. 计算机病毒的传播途径与防范措施

（1）计算机病毒的传播途径。

计算机病毒具有自我复制和传播的特点，所以研究计算机病毒的传播途径极为重要。只有明确它的传播途径，我们才能采取正确的方法防患于未然。

① 不可移动的计算机硬件设备。

即利用专用集成电路芯片进行传播。这种计算机病毒比较少，但破坏力极强。

② 移动存储设备（包括软盘、磁带、U 盘等）。

可移动式磁盘包括软盘、CD-ROM、USB 等。早期的软盘是使用最广泛的存储介质，因此也成了计算机病毒传播的温床。而如今，USB 盘的普遍使用代替了软盘，成为计算机病毒传播最主要的途径之一。硬盘是数据的主要存储介质，因此成为计算机病毒感染的重灾区。硬盘之间或者硬盘与移动设备相互传递文件都有可能导致病毒的漫延。

③ 网络。

如今，越来越多的人通过网络获取信息、收发文件，发布、下载程序，网络已成为计算机病毒最快捷的传播工具。特别是通过互联网传播，比传统的方式要快得多。再加上操作系统漏洞，黑客们通过对这些漏洞编制病毒程序，然后通过互联网瞬间就可以传遍全世界。最著名的例子是冲击波病毒，在不到一天的时间，造成全球数亿美元的损失。

（2）计算机病毒的防范措施。

要保证计算机的安全，就要做好防范工作，预防第一，防患于未然。

①了解一些防病毒知识，养成良好的安全习惯，是防范病毒的起码要求。

②安装病毒防护软件、安装网络防火墙并定期更新杀毒软件，确保拥有最新的病毒库，以便查杀病毒。

③定期扫描系统以及及时更新操作系统补丁，不要让黑客们找到你的系统漏洞，让病毒或者恶意代码有机可乘。

④不要轻易执行附件中的 .exe 和 .com 等可执行程序。

⑤不要轻易打开附件中的文档文件，也不要直接运行附件，这样很容易让你的机器中招。

⑥使用复杂的密码，防止如特洛伊木马之类的恶意代码进入你的计算机，轻而易举地盗取了你的重要信息。

⑦若是发现网络中有中毒的计算机，要迅速隔离被感染的计算机，防止病毒漫延。

⑧关闭或删除不需要的服务，没准这些是病毒在作怪，即使不是病毒，也可以节省系统资源，提高运行速度。

在如今信息时代里，网络高度发达，病毒防不胜防。我们只有建立病毒防治和应急体系，严格管理，对自己的系统做好风险评估，选择与正确配置、使用病毒软件，定期检测，筑好自己电脑上的防火墙，养成良好的上网和操作习惯，才能将危害降到最低。

5.4.2　防火墙技术

现在，当你的计算机一接入网络，就有可能感染病毒，或者随时都可能遭遇到各种恶意攻击，比如上网账号被盗、银行账号被窃取冒用、重要数据丢失、隐私曝光等，黑客们可能通过远程控制删除你硬盘上的所有数据，最可怕的是，悄悄偷去了你的重要信息而你还被蒙在鼓里。在自己的计算机中安装防火墙软件，是目前保护自己计算机不受侵害的最好的办法之一。

防火墙具有很好的保护作用。入侵者必须先穿越防火墙的安全防线，才有可能接触到目标计算机。它是目前最重要的网络防护设备。

1. 防火墙的概念

防火墙（Firewall）是一种协助确保信息安全的设备，它会依照特定的规则，允许或是限制传输的数据通过。图5—29是防火墙在网络中的示意图。从图中可以看到，防火墙具有单向导通性。

它一般是位于计算机和它所连接的网络之间的软件或硬件。该计算机流入流出的所有网络通信和数据包均要经过此防火墙。它也常位于两个信任程度不同的网络之间，将内部网络与外部网络分开，对两个网络之间的通信进行控制，通过强制实施统一的安全策略，防止对重要信息资源的非法存取和访问以达到保护系统安全的目的。它借助古代防火墙的思想，隔离本地计算机与外界网络，成为一道防御系统，以确保计算机通信的安全。

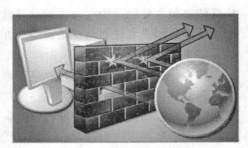

图5—29　防火墙示意图

小资料： 防火墙的本意是指古代建筑和木质结构的房屋，为了防止火灾的发生和蔓延，人们将坚固的石块堆砌在房屋的周围作为屏障，即是为封闭火区而砌筑的隔墙。这种防护构筑物被称为"防火墙"。

2. 防火墙的作用与特点

防火墙一般具有三个方面的基本特性：

（1）内部和外部之间的所有数据流都必须经过防火墙。

这是防火墙所处位置特性，同时也是一个前提。因为只有防火墙是计算机之间通信的唯一通道，才可以全面、有效地保护计算机或者是计算机网络不受侵害。

（2）只有符合安全策略的数据流才能通过防火墙。

这是防火墙的工作原理特性。防火墙实际上是一种隔离技术，在两个计算机或者是两个网络通信时执行的一种访问控制尺度，它能允许你"同意"的人和数据进入你的计算机或者网络，同时将你"不同意"的人和数据拒之门外，最大限度地阻止黑客来访问你的个人计算机或者网络。

（3）防火墙自身应具有非常强的抗攻击免疫力。

这是防火墙之所以能担当安全防护重任的先决条件。防火墙处于网络边缘，它就像一个边界卫士一样，每时每刻都要面对黑客的入侵，这样就要求防火墙自身要具有非常强的抗击入侵本领。

防火墙一般要过滤进出网络的数据、控制不安全的服务、对网络存取和访问进行监控审计，并防止内部信息外泄。不过实际应用中要注意，防火墙并非是万能的，它不能防范病毒、不能防范恶意的知情者、不能防范不通过它的连接、不能防备全部的威胁。

3. 防火墙产品

防火墙可以分为硬件防火墙与软件防火墙。软件防火墙运行于特定的计算机上，它需要客户预先安装好的计算机操作系统的支持，一般来说这台计算机就是整个网络的网关。软件防火墙就像其他的软件产品一样需要先在计算机上安装并做好配置才可以使用。硬件防火墙的硬件和软件都单独进行设计，采用专用的网络芯片处理数据包。同时，采用专门的操作系统平台，从而避免通用操作系统的安全性漏洞。所以硬件防火墙无论在性能方面，还是在自身安全性方面都比软件防火墙先进许多。

软件防火墙因为是基于主机方式的，所以通常用于保护单台主机，而硬件防火墙则是基于网络方式的，所以常用于网络的保护。对我们个人计算机来说，一般选择软件防火墙就足够了。

硬件防火墙产品中，国外主流厂商为思科（Cisco）、CheckPoint、NetScreen 等，国内主流厂商为东软、天融信、山石网科、网御神州、联想、方正等，它们都提供不同级别的防火墙产品。

软件防火墙产品也是百花齐放的状态。有瑞星个人防火墙、天网个人防火墙、雷盾防火墙、网络版软件防火墙 Checkpoint、ARP 防火墙等。需要说明的是，很多个人防火墙软件已与查杀病毒软件集为一体了，以方便用户使用。

5.4.3　黑客入侵简介

1. 黑客

黑客（Hacker）最早于在 20 世纪 50 年代出现于麻省理工学院。最初的黑客都是一些热心于计算机技术，水平高超的电脑专家，尤其是程序设计人员。在 60 年代，黑客代指独立思考、奉公守法的计算机迷，他们利用分时技术允许多个用户同时执行多道程序，扩大了计算机及网络的使用范围。而在 70 年代，黑客倡导了一场个人计算机革命，他们发明并生产了个人计算机，打破了以往计算机技术只掌握在少数人手里的局面，并提出了计算机为人民所用的观点，这一代黑客是电脑史上的英雄。其领头人是苹果公司的创建人史蒂夫·乔布斯。80 年代，黑客的代表是软件设计师，包括比尔·盖茨在内的这一代黑客为个人电脑设计出了各种应用软件。随后随着计算机重要性的提高，大型数据库也越来越多，信息又越来越集中在少数人手里。黑客开始为信息共享而奋斗，这时黑客开始频繁入侵各大计算机系统。黑客队伍人员开始杂乱，既有善意的以发现计算机系统漏洞为乐趣的"电脑黑客"（Hacker），又有玩世不恭好恶作剧的"电脑黑客"（Cyberbunk），还有纯粹以私利为目的，任意篡改数据，非法获取信息的"电脑黑客"（Cracker——"骇客"）。

正常情况下，黑客的行为是没有恶意的，而入侵者的行为具有恶意。在网络世界里，要想区分开谁是真正意义上的黑客，谁是真正意义上的入侵者并不容易，因为有些人可能既是黑客，也是入侵者。而且在大多数人的眼里，黑客就是入侵者。所以现在都不再区分黑客与入侵者，将他们视为同一类。

2. 黑客入侵的目的

如今，黑客入侵已完全被视为不正当行为，虽然存在一些只是认为好玩，有趣或者是为了验证智商，寻找挑战的人，比如有些学生，但非法进入别人的电脑，不请自来已属侵权行为。最麻烦的是，黑客攻击的目的，很可能是为了获取文件的信息、窃取超级用户权限（密码、口令等）、修改信息，甚至于进行网络恐怖主义！让我们不得不防。

3. 黑客入侵的过程

黑客攻击一般分三个步骤：

（1）确定目标。

黑客攻击必须先有明确的攻击目标。

（2）收集与攻击目标相关的信息，并找出系统的安全漏洞。

扫描是黑客们常用的寻找漏洞的手段，有专门的扫描器可以使用。黑客一般还会利用监听程序，或者利用网络分析工具进行侦察，也有黑客高手自己编写程序作为工具。

（3）实施攻击。

黑客在发现漏洞后，会利用病毒、特洛伊木马程序、邮件炸弹、拒绝服务等多种手段进行攻击。如前面所说的"蠕虫事件"，实质上就是黑客与病毒的融合。

我们的计算机接受的服务越多，可能存在的问题就越多。因此首先要了解自己的系统。如版本信息，不同的版本，有不同的弱点，都可能成为攻击对象；系统的关键文件也是重要的，可以从中提取用户名和口令。不透明、经常变化，不定期升级打补丁，采用动态口令，使用入侵扫描工具，经常检查日志，不要轻易安装不明软件，安装防火墙等，这些都是使系统在变化中变得相对安全，保护系统不受攻击的有效方法。

5.4.4　防病毒软件

随着病毒技术的发展，如今的病毒是越来越复杂，感染的速度也是越来越快，传播更是越来越广泛，破坏程序也越来越高。与之对应的，反病毒技术也发展极快，反病毒软件也从原来的简单查杀，发展成今天的防护、监控、查杀的全方位、立体方式。基本上，现代的防查杀病毒软件都由病毒防火墙、邮件防火墙、网页防火墙、病毒隔离系统等几部分组成。可以在一开始就监控文件并拦截带毒文件的访问并停止该文件的进程活动（病毒防火墙的功劳），能对邮件进行过滤；检查网页代码，防止恶意代码的执行；查杀病毒时，如果不能清除，也会进行隔离，防止进一步的蔓延及伤害计算机系统。

防病毒软件多种多样，但却各有所长。现在的网络威胁太多，在选择网络安全防范软件上，我们都希望用既能够防范病毒，也能防范黑客入侵，最好还可以查杀木马的功能齐全的软件。下面简单介绍几种常见的反病毒软件。

1. 诺顿（Norton）

诺顿杀毒软件是美国的 Symantec 公司的被广泛应用的反病毒程序（见图 5—30）。Norton 是美国市场占有率第一的防毒软件，而与之竞争的 McAfee、Trend Micro 分占第二、三名位置，在中国大陆以及台湾，其最强大的对手为卡巴斯基。

图 5—30　Norton 的图标

诺顿首创实时监控技术，引擎很强大。它主要以隔离为主，隔离能力很好！而且它自带很不错的防火墙；不再需要其他的防火墙。它从最底层保护计算机，但运行起来不太快。

诺顿的杀毒理念与众不同，不太适合个人用户，较适合企业用户选择。

2. 金山毒霸

金山毒霸（Kingsoft Antivirus）是金山网络研发的云安全智扫反病毒国产软件。融合了启发式搜索、代码分析、虚拟机查毒等经业界证明成熟可靠的反病毒技术，使其在查杀病毒种类、查杀病毒速度、未知病毒防治等多方面达到世界先进水平，同时金山毒霸具有病毒防火墙实时监控、压缩文件查毒、查杀电子邮件病毒等多项先进的功能。

从 2010 年开始，金山毒霸的杀毒功能和升级服务永久免费（见图 5—31）。它的最新版本为金山毒霸 2012（称为猎豹），其安装包低于 10M，安装速度更快。猎豹对新出现的未知文件，通过上传至云安全中心，99 秒内可得出鉴定结果。猎豹的 10 层网购防御体系，可保护网购安全；最新实现的"智扫"技术，给用户"快、智、轻"的极速查杀新体验。

金山公司开发的另一款软件——金山卫士，是一款查杀木马能力强、检测漏洞快、体积小巧的免费安全软件。它采用金山领先的云安全技术，不仅能查杀上亿已知木马，还能 5 分钟内发现新木马；漏洞检测针对 Windows 7 优化，速度更快；更有实时保护、插件清理、修复 IE 等功能，全面保护电脑的系统安全。

图 5—31　金山的图标

金山毒霸加上金山卫士杀毒组合，可以说是一种不错的选择。

3. 360 组合

360 杀毒是 360 安全中心出品的一款免费的云安全杀毒软件（见图 5—32）。360 杀毒无缝整合了来自罗马尼亚的国际知名杀毒软件 BitDefender（比特梵德）病毒查杀引擎，采用全新的"SmartScan"智能扫描技术，使其扫描速度奇快。360 杀毒无需激活码，轻巧快速；它能全面防御 U 盘病毒，查杀率高、资源占用少；并设有网购保镖，升级迅速，较适合中低端机器。

图 5—32　360 杀毒图标

4. 瑞星

瑞星品牌诞生于 1991 年刚刚在经济改革中蹒跚起步的中关村，是中国最早的计算机反病毒软件（见图 5—33）。瑞星是亚洲第一个通过西海岸实验室全部认证项目的安全公司，在 AV-Test 公布的评测报告中，瑞星杀毒软件高居全球第十位。2009 年，瑞星旗下产品全面支持 Windows 7 操作系统，并率先成为微软官方推荐的、国内唯一一款 Windows 7 指定杀毒软件。

图 5—33　瑞星品牌

2011 年最新的瑞星全功能安全软件、瑞星杀毒软件、瑞星防火墙、瑞星账号保险柜、瑞星加密盘、软件精选、瑞星安全助手等所有个人软件产品都宣布永久免费，这对广大用户来说是极好的消息。

除此之外，还有像北京江民新科技有限公司（简称江民科技）研发的 KV2010 等著名的防病毒软件，它们各有千秋，各有所长。

5.4.5　瑞星杀毒软件的使用

瑞星杀毒软件（Rising Antivirus）（简称 RAV）采用获得欧盟及中国专利的六项核心技术，形成全新软件内核代码；是目前国内外同类产品中最具实用价值和安全保障的杀毒软件产品。

1. 下载与安装

瑞星防杀病毒软件的最新版可直接到瑞星的官方网站（http：//www. rising. com. cn）下载。

双击下载来的可执行文件，会弹出瑞星自动安装程序窗口，此后会让我们选择语言（如图 5—34 所示）、接受最终用户许可协议（这是肯定得同意的了！）。瑞星的安装有三种情况：完全安装、典型安装及最小化安装。在如图 5—35 中，我们选择完全安装，右边窗口会提示需要的硬盘空间大小。全部安装，至少需要 100M 的硬盘空间。

图 5—34　瑞星安装过程语言设置

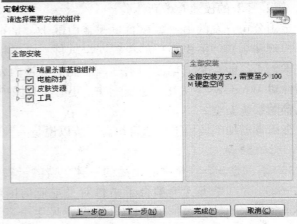

图 5—35　瑞星的定制安装

随后选择安装目录后就进入安装进程，结束时，会询问是否启动瑞星杀毒软件注册向导、是否启动瑞星设置向导、是否启动瑞星杀毒软件，如图 5—36 所示。可以不选，以后需要再设置。若是选择，它会邀请你加入瑞星云查杀计划，搜索需要保护的浏览器程序、Office 办公软件，升级方式、工作模式等项目可以自己选择。

一般情况下，按默认方法设置即可。安装完成，系统需要重新启动。重新启动后，在任务栏右边会有一把绿色小伞图标，表明现在计算机已在瑞星反病毒软件的保护之下了。双击该图标，可以打开瑞星的主界面。

2. 使用

（1）瑞星的主窗口简单清晰，四个选项卡中最主要的"杀毒"选项卡默认打开，三种查杀方式在主窗口下一目了然：快速查杀、全盘查杀及自定义查杀。如图 5—37 所示。

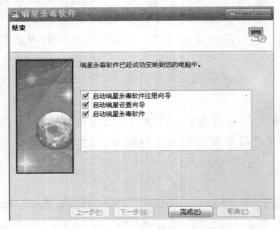
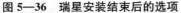

图 5—36　瑞星安装结束后的选项

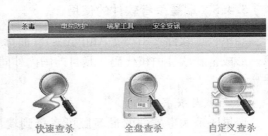

图 5—37　瑞星主界面

① 快速查杀只扫描敏感位置，因为活病毒基本上只在敏感位置存在。定期执行快速查杀，可以有效防止病毒侵害。

② 全盘查杀是扫描整个硬盘，需要花费很长时间（具体时间由硬盘上的文件多少来定）。一般情况下，并不需要全盘扫描。不过，初次安装病毒软件，建议进行全盘扫描。

③ 自定义查杀是根据需要来由用户自己指定扫描哪个位置，如放入的 U 盘或者指定某个目录，都可以用此方式。此方式用得较多。

（2）瑞星软件的其他三个功能为：电脑防护、瑞星工具、安全资讯，如图 5—38 所示。"电脑防护"可以实施对文件及邮件监控、U 盘保护、木马防御、浏览器保护、办公软件防护及系统内核加固。瑞星杀毒软件正常安装后，这些防护默认值都是选择开启状态的，即处于保护状态。

"瑞星工具"所具有的功能如图 5—39 所示，可以看到瑞星研发的各种配套工具。其中卡卡上网安全助手，可提供全面的反木马、反恶意网址功能，还拥有强大的漏洞扫描和修复系统。而账号保险柜可以保护网络游戏、股票软件、即时通信软件（QQ、MSN 等）、网上银行客户端等常用软件和网上银行的账号、密码不被木马病毒窃取。

图 5—38　瑞星电脑保护　　　　　　　　图 5—39　瑞星工具的功能

（3）瑞星软件设置。

在主界面上，点击"设置"，可以进行查杀设置、电脑防护设置、升级及其他设置。在这个界面下，我们可以提高病毒的查杀引擎级别及电脑防护级别，正常安装默认的级别都是"中"，可以根据需要进行更改；对病毒处理方式可以设为自动查杀或手动查杀。在升级选项中，可以选择定期升级及免打扰升级。

（4）软件升级。

如今的病毒层出不穷，基本上所有的杀毒软件也是每天都在更新，至少病毒库需要定期更新以防范新的病毒，所以杀毒软件的升级是一件重要的事情。瑞星的升级是智能升级程序。只要选择了"软件升级"，就会自动连接到软件中心下载最新程序。

提示：如今面对的是基于互联网的网络威胁，所以一般情况下，我们安装杀毒软件之外，还需要安装个人防火墙以防范网络上的恶意代码、木马、黑客等。所以建议大家下载安装全功能型安全软件，如瑞星杀毒软件＋防火墙套装。

实训5　瑞星杀毒软件安装与配置

1. 实训目的

瑞星杀毒软件安装与使用

2. 实训内容

安装瑞星软件，掌握快速查杀与全盘查杀方法。

3. 实训要求

通过本项目的学习，学生能进行常用软件的安装，熟悉病毒查杀步骤。

4. 实训步骤

步骤1：下载瑞星杀毒软件。

瑞星官方已承诺，永久免费，我们可以直接到瑞星官方网站去下载最新的杀毒软件，网站地址为：http://www.rising.com.cn/。本实训以瑞星杀毒软件2010版为例，下载后得到一个可执行的文件Ravf20101020.exe，文件大小9MB左右。

步骤2：安装瑞星杀毒软件。

双击Ravf20101020.exe启动安装程序，安装过程中选择"中文简体"、"完全安装"，其他按默认设置即可。

安装完成，重新启动系统。

步骤3：快速查杀。

双击任务栏右下角绿色小伞图标█，打开瑞星杀毒软件的主界面窗口。选择窗口中的"快速查杀"，先对自己的系统关键部位进行病毒快速查杀。

步骤4：全盘查杀。

选择窗口中的"全盘查杀"。

这个过程时间稍长，具体时间要依据磁盘中文件的多少来定。一般第一次安装杀毒软件，建议进行全盘查杀。

步骤5：自定义查杀。

插入一个U盘，选择窗口中的"自定义查杀"，在弹出的窗口的选择需要查杀病毒的U盘盘符，对U盘进行全面查杀。

步骤6：软件升级。

选择窗口中的"软件升级"，让瑞星自动连接到它的升级中心，下载最新的程序及病毒库，以保证你目前使用的是最新的杀毒软件。

提示：如果成功更新，最好对你的计算机再次进行快速查杀。

本章小结

本章主要介绍计算机硬件检测工具鲁大师、常用播放软件、刻录软件及病毒防护软件的安装与简单使用；同时涵盖了多媒体文件格式、刻录方式、计算机病毒、防火墙技术、网络威胁等内容。通过本章的学习，可使读者对计算机使用过程的一些常用工具有概括性的认识，并能快速掌握安装及简单使用。本章还设计了实训项目，读者通过实训，能进一步熟练工具软件的安装与使用。

思考与练习

1. 思考题

（1）你知道的硬件测试软件有哪些？

（2）多媒体文件主要有哪些类型？

（3）光盘的刻录格式指的是什么？

（4）常见的 CD-ROM 光盘的刻录格式主要有哪些？

（5）DVD 刻录格式主要有哪些？

（6）视频的基本原理是什么？

（7）什么是计算机病毒？它有哪些主要特征？

（8）计算机病毒的危害一般表现在哪几个方面？

（9）什么是防火墙？它有什么作用？

（10）什么是黑客？

2. 单项选择题

（1）以下不属于硬件检测工具软件的是（　　）。

A. 鲁大师　　　　　B. Everest　　　　　C. 瑞星　　　　　D. 3DMark

（2）以下可以进行整机检测的软件的是（　　）。

A. 鲁大师　　　　　B. CPU-Z　　　　　C. 3DMark　　　　　D. AMD CPUInfo

（3）下面哪一类型的文件不是音频文件（　　）。

A. ＊. AVI　　　　　B. ＊. MP3　　　　　C. ＊. WMA　　　　　D. ＊. AU

（4）下面哪一组是无损压缩音频文件？（　　）

A. MPEG、JPEG　　　　　　　　　B. MP3、WMA、OGG

C. APE、FLAC、TAK　　　　　　　D. MPEG、APE、WMA

（5）下面不能播放视频文件的软件是（　　）。

A. WINAMP　　　　　B. RealPlayer　　　　　C. 暴风影音　　　　　D. KMPlayer

（6）下面哪一个图像文件是没有经过压缩的？（　　）

A. BMP　　　　　B. JPG　　　　　C. GIF　　　　　D. TIFF

（7）暴风影音播放器可以播放哪些视频文件（　　）。

A. MPEG4　　　　　B. AVI　　　　　C. RM　　　　　D. 以上全部

（8）下面属于恶意代码的是（　　）。

A. 网络蠕虫　　　　　B. 后门程序　　　　　C. 特洛伊木马　　　　　D. 以上都是

（9）Nero 是一款（　　）软件。

A. 杀毒软件　　　　　B. 播放软件　　　　　C. 刻录软件　　　　　D. 办公软件

（10）如果需要将硬盘上的相片与文档刻录成光盘作为备份文件，那么我们应该选择刻录成（　　）光盘。

A. 标准数据光盘　　B. CD 光盘　　　　C. Video CD　　　　D. 有声读物 CD

（11）Nero 操作完成保存后的映像文件的扩展名是（　　）。

A. ＊. ini　　　　　B. ＊. doc　　　　　C. ＊. mp3　　　　　D. ＊. nri

（12）完成杀毒软件后，建议最好进行（　　），以彻底清查病毒。

A. 快速查杀   B. 全盘查杀   C. 自定义查杀   D. 以上都是必须的

3. 判断题

（1）鲁大师、Everest 等都可以检测整机的硬件，并能优化计算机性能。（   ）

（2）鲁大师能准备报出电脑某部件的生产日期。（   ）

（3）需要绘制电子表格我们可以用 Microsoft Excel 2003。（   ）

（4）有些音频文件太大，可以经过压缩处理，经过压缩处理后还可以再还原。（   ）

（5）我们常听的 MP3 是一种经过无损压缩处理的音频文件。（   ）

（6）在操作系统 Windows XP 中，WMA 是默认的编码格式。（   ）

（7）MIDI 文件不包含波形数据，它只是将所要演奏的乐曲信息用字节进行描述。（   ）

（8）可以复制 CD 格式的 *.cda 文件到硬盘上播放。（   ）

（9）图像文件的标准文件是 BMP 文件，它是经过压缩处理的。（   ）

（10）DVD 刻录机与 CD 刻录机一样，可以刻录标准的数据光盘。（   ）

（11）连续的图像变化每秒超过 24 帧（frame）以上画面时，人眼将无法辨别出是单幅的静态画面还是平滑连续的画面。（   ）

（12）一般情况下，我们要安装查杀病毒的软件，还需要安装防火墙防止黑客等入侵。（   ）

（13）防火墙不能防范病毒。（   ）

第6章　计算机软件系统的维护

学习目标

- 了解计算机操作系统及修复
- 正确认识计算机系统数据备份的重要性
- 能够完成微机系统的数据备份和还原工作

工作任务

- 使用 Ghost 备份和还原系统分区
- 利用 FileGee 备份与还原数据
- 使用 FinalData 还原已丢失的数据

6.1　操作系统的类型和修复

计算机系统由硬件和软件两部分组成。只有硬件设备，计算机系统还无法工作，计算机系统中必须有软件来发挥系统的效能并完成用户的各种应用需求。我们将计算机系统中的各种程序、数据和各种硬件设备统称为计算机系统中的资源，这样，用户程序的执行过程从宏观上看是在使用整个计算机系统，从微观上看是在使用计算机系统中的各种资源，为了使计算机系统能协调一致地工作，就需要对系统中的资源进行管理。由谁来管理计算机系统中的资源呢？承担这一任务的就是操作系统。

6.1.1　操作系统的类型

操作系统（Operating System，OS）就是有效地管理计算机系统中的各种资源，合理地组织计算机的工作流程，方便用户使用的一组软件的集合。操作系统是软件，而且是系统软件。操作系统的功能包括管理计算机系统的硬件、软件及数据资源；控制程序运行；改善人机界面；为其他应用软件提供支持等，使计算机系统所有资源最大限度地发挥作用，为用户提供方便的、有效的、友善的服务界面。

操作系统按应用领域来划分，可分为桌面操作系统、服务器操作系统和嵌入式操作系统，桌面操作系统是其中应用最为广泛的系统。

1. 桌面操作系统

（1）MS-DOS。

MS-DOS 是 Microsoft Disk Operating System 的简称，是 Intel x86 系列 PC 机上使用的最早的操作系统，微软公司产品，在 Windows 以前，DOS 是 IBM PC 及兼容机中的最基本配备，而 MS-DOS 则是个人电脑中最普遍使用的 DOS 操作系统之一，曾经统治了这个领域，现在已被 Windows 系列所代替。

MS-DOS 一般使用命令行界面来接受用户的指令，不过在后期的 MS-DOS 版本中，DOS 程序也可以通过调用相应的 DOS 中断来进入图形模式，即 DOS 下的图形界面程序。Windows 1. x/Windows 2. x/Windows 3. x 一直到 Windows 9x/Me 系列都是基于 MS-DOS 的图形用户界面程序。只有 Windows NT 系列不需要 DOS，但 Windows NT 在 2000 年之前并不流行。直到 Windows 2000（NT 5.0）、Windows XP（NT5.1）、Windows Vista（NT6）、Windows 7（NT6.1）的诞生，Windows 才真正抛弃了 MS-DOS。

（2）Windows 9x。

微软公司产品，从 Windows 3. x 发展而来，是基于 Intel x86 系列的 PC 机上的主要操作系统，Windows 9x 是 Windows 95、Windows 98 等以 Windows 95 为蓝本的微软操作系统的通称，它是一种多任务图形方式的操作系统，面向桌面、面向个人用户。

（3）Mac OS。

Mac OS 是一套运行于苹果 Macintosh 系列电脑上的操作系统，苹果公司所有，操作系统界面非常独特，突出了形象的图标和人机对话，界面友好、性能优异，它的许多特点和服务都体现了苹果公司的理念。由于只能运行在苹果公司自己的电脑上而发展有限，但由于苹果电脑独特的市场定位，具有一定的市场占有率。

（4）Linux。

Linux 是一种计算机操作系统和它的内核的名字。它是自由软件和开放源代码发展中最著名的例子。严格来讲，Linux 这个词本身只表示 Linux 内核，但实际上人们已经习惯了用 Linux 来形容整个基于 Linux 内核，并且使用 GNU 工程工具和数据库的操作系统（也被称为 GNU/Linux）。基于这些组件的 Linux 软件被称为 Linux 发行版。一般来讲，一个 Linux 发行套件包含大量的软件，比如软件开发工具、数据库、Web 服务器（例如 Apache）、X Window、桌面环境（比如 GNOME 和 KDE）、办公套件等。

2. 服务器操作系统

服务器操作系统（Server Operating System）一般指的是安装在大型或中型计算机上的操作系统，比如 Web 服务器、应用服务器和数据库服务器等，是企业 IT 系统的基础架构平台。同时，服务器操作系统也可以安装在性能优良、质量可靠、工作稳定的微机上。相比个人版操作系统，在一个具体的网络中，服务器操作系统要承担额外的管理、配置、稳定、安全等功能，处于每个网络中的心脏部位。

（1）UNIX 系列。

UNIX 是一个强大的多用户、多任务操作系统，支持多种处理器架构，由 AT&T 公司和 SCO 公司共同推出，主要支持大型的文件系统服务、数据服务等应用，广泛应用于科研、学校、金融等关键领域。

（2）Windows NT 系列。

微软公司产品，它利用 Windows 友好的用户界面优势打进了服务器操作系统市场。但其在整体性能、效率、稳定性上都与 UNIX 有一定差距，所以现在主要应用于中小企业，主要版本有 WinNT 4.0 Server、Win 2000/Advanced Server、Win 2003/Advanced Server、Windows Server 2008 等。

（3）Novell Netware 系列。

Novell 公司产品，以极适合于中小网络而著称，在中国的证券行业市场占有率极高，而且其产品特点鲜明，在一些特定行业和事业单位中，Netware 因其优秀的批处理功能和安全、稳定的系统性能有很大的生存空间，仍然是服务器系统软件中的常青树。Netware 目前常用的版本主要有 Novell 的 3.11、3.12、4.10、5.0 等中英文版。

（4）Linux 系列。

Linux 是一种自由和开放源码的类 Unix 操作系统。目前存在着许多不同的 Linux，但它们都使用了 Linux 内核。Linux 可安装在各种计算机硬件设备中，从手机、平板电脑、路由器和视频游戏控制台，到台式计算机、大型机和超级计算机。

6.1.2　操作系统的修复

现在，威胁电脑安全的东西越来越多，当操作系统出现问题的时候，可以使用操作系统本身自带的维护工具进行系统检查与修复，也可以使用第三方辅助软件来进行检查。

1. 系统文件检查器：SFC

系统文件检查器（SFC.exe）这个工具在 Win 3.x 时代开始集成于微软操作系统，并正式出现在 Windows 98 下，它可以扫描所有受保护的系统文件，验证系统文件完整性并用正确的 Microsoft 程序版本替换不正确的版本。在 Windows XP 中，它的功能更为强大，不仅可以扫描所有受保护的系统文件以验证其版本，还可以设置文件缓存大小、清除文件缓存及重新填充"%SystemRoot%\System32\Dllcache"文件夹。在使用计算机的过程中，如果 Windows 系统中的某些系统文件丢失或是被损坏，可以使用 SFC 进行系统检查。

SFC.exe 格式如下：

SFC［/SCANNOW］［/SCANONCE］［/SCANBOOT］［/REVERT］［/PURGECACHE］［/CACHESIZE＝x］

/SCANNOW——立即扫描所有受保护的系统文件。

/SCANONCE——下次启动时扫描所有受保护的系统文件。

/SCANBOOT——每次启动时扫描所有受保护的系统文件。

/REVERT——将扫描返回到默认设置。

/PURGECACHE——清除文件缓存。

/CACHESIZE＝x——设置文件缓存大小。

在使用这个工具之前，需要首先准备系统的安装光盘，因为在恢复过程中可能需要从光盘中提取相应的系统文件。

操作方法：

（1）点击"开始"菜单，点击"运行"。

（2）输入 CMD 后回车。

（3）输入 SFC/SCANNOW。

（4）插入系统安装光盘，系统会自动将硬盘中的系统文件与系统安装光盘中的文件进行比较并修复。

2．以最后一次正确的配置启动电脑

Windows 2000 以上版本的操作系统，每次成功启动后都会对系统注册表进行自动备份。如果 Windows 系统本次不能正常启动时，一般情况是上一次对系统进行了错误的操作或者对某些软件进行了错误的安装，从而破坏了系统注册表的相关设置。此时，可以尝试运用上一次成功启动时的配置来重新启动计算机系统。

操作方法：

在重新启动系统的过程中，及时按下 F8 功能键，调出系统启动菜单，然后选择"最后一次正确的配置"项目。

3．重新注册 DLL 文件

在 Windows 中，许多应用程序并不是一个完整的可执行文件，它们被分割成一些相对独立的动态链接库，即 DLL 文件，放置于系统中。当我们执行某一个程序时，相应的 DLL 文件就会被调用，很多系统错误是因为 DLL 文件没有注册造成的，系统中的 DLL 文件很多，可以对系统所有的 DLL 文件重新注册。

操作方法：

（1）点击"开始"菜单，点击"运行"。

（2）输入 CMD，回车。

（3）输入命令：for %1 in (%windir% \ system32 〔. dll) do regsvr32. exe /s %1。

4．系统还原功能

如果你用的是 Windows XP 系统，可以借助 Windows XP 系统的"系统还原功能"，将 Windows 系统的运行状态恢复到正常状态，使用系统还原功能的前提是在安装软件或是对电脑进行设置之前已创建了还原点。

操作方法：

依次点击"开始" \ "程序" \ "附件" \ "系统工具" \ "系统还原"，在其后弹出的向导界面中，将"恢复我的计算机到一个较早的时间"项目选中，然后单击"下一步"按钮即可。

6.2　系统的备份与还原

随着计算机的普及和信息技术的进步，特别是计算机网络的飞速发展，信息安全的重要性日趋明显，只要发生数据传输、数据存储和数据交换，就有可能产生数据故障。加上 Windows 自身的不稳定性，系统崩溃的可能随时威胁着我们。作为计算机用户，要维护计算机系统和数据的完整性与准确性，确保系统数据信息安全就显得尤为重要。

造成系统失效的主要原因有以下几个方面：硬盘驱动器损坏、人为操作错误、计算机病毒、特洛伊木马、"黑客"入侵、自然灾害、磁干扰等，在这种情况下，如果没有采取必要的安全措施及数据备份、数据恢复等手段，有时就会导致数据丢失，造成无法弥补与估量的损失。因此，及时做好系统软件及数据的备份和恢复就成为我们平时日常操作中一个非常重要的措施，也是防止主动型信息攻击的一道防线。

6.2.1 使用 Ghost 备份系统分区

提及到计算机系统的备份，就不能不说 Ghost 软件，它为 DOS、Windows 的用户提供了一个快捷、安全的数据备份方案。

Ghost（幽灵）软件是美国赛门铁克公司推出的一款出色的硬盘备份还原工具，可以实现 FAT16、FAT32、NTFS、OS2 等多种硬盘分区格式的分区及硬盘的备份还原，俗称克隆软件。Ghost 的备份还原是以硬盘的扇区为单位进行的，也就是说可以将一个硬盘上的物理信息完整复制，而不仅仅是数据的简单复制，Ghost 支持将分区或硬盘直接备份到一个扩展名为 .gho 的文件里（gho 文件称为镜像文件），也支持直接备份到另一个分区或硬盘里。可以在纯 DOS 或 Windows 下运行。

Ghost 包括 DOS 版本和 Windows 版本。Windows 下的 Ghost 已经完全抛弃了原有的基于 DOS 环境的内核，其"Hot Image"技术可以让用户直接在 Windows 环境下，对系统分区进行热备份而无须关闭 Windows 系统；新增的增量备份功能，可以将磁盘上新近变更的信息添加到原有的备份镜像文件中去，不必再反复执行整盘备份的操作；它还可以在不启动 Windows 的情况下，通过光盘启动来完成分区的恢复操作。Windows 版本 Ghost 的最大优势在于全面支持 NTFS，不仅能够识别 NTFS 分区，而且还能读写 NTFS 分区目录里的备份文件。

下面我们将以 Ghost for DOS 为例详细介绍 Ghost 的使用过程。

1. Ghost 的界面简介

由启动软盘（目前一般都是 U 盘）或启动光盘启动计算机，进入 DOS 环境后，在提示符下输入 ghost，回车即可运行 Ghost，首先出现的是关于 Ghost 说明的界面，如图 6—1 所示。

按任意键即可进入 Ghost 操作界面，出现 Ghost 菜单，如图 6—2 所示。主菜单共有 6 项，从上至下分别为 Local（本地）、Peer to Peer（点对点，主要用于网络中）、Ghostcast（克隆广播，主要用在网络中）、Options（选项）、Help（帮助）、Quit（退出）。一般情况下我们只用到 Local 菜单项，其下有三个子项：Disk（硬盘备份与还原）、Partition（磁盘分区备份与还原）、Check（硬盘检测），前两项功能是我们用得最多的，下面的操作讲解就是围绕这两项展开的。

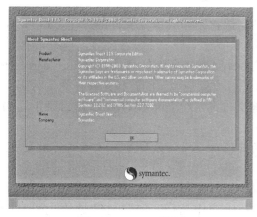

图 6—1　Ghost 界面

图 6—2　Ghost 操作选项

（1）菜单项介绍。

Disk：即磁盘。

Partition：即分区，在操作系统里，每个硬盘盘符（C盘以后）对应着一个分区。

Image：镜像，镜像是 Ghost 的一种存放硬盘或分区内容的文件格式，扩展名为 .gho。

To：到，在 Ghost 里，简单理解 to 即为"备份到"的意思。

From：从，在 Ghost 里，简单理解 from 即为"从……还原"的意思。

（2）Partition 菜单简介。

其下有三个子菜单：

To Partion：将一个分区（称源分区）直接复制到另一个分区（目标分区），注意操作时，目标分区空间不能小于源分区。

To Image：将一个分区备份为一个镜像文件，注意存放镜像文件的分区不能比源分区小，最好是比源分区大。

From Image：从镜像文件中恢复分区（将备份的分区还原）。

2. 使用 Ghost 备份系统分区

（1）运行 Ghost 后，用光标方向键将光标从"Local"经"Disk"、"Partition"移动到"To Image"菜单项上，如图6—3所示，然后按回车。

（2）弹出选择本地硬盘窗口，如图6—4所示，再按回车键（即选择 OK）。

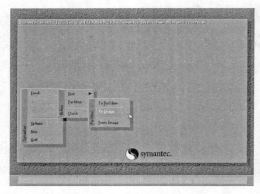 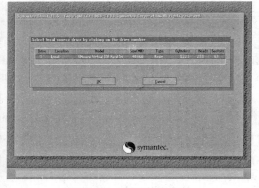

图6—3　Ghost 备份系统分区　　　　　　图6—4　选择本地硬盘

（3）接下来弹出选择源分区窗口（源分区就是要把它制作成镜像文件的那个分区），如图6—5所示，同样选择"OK"。

（4）进入镜像文件存储目录，默认存储目录是 Ghost 文件所在的目录，在 File name 处输入镜像文件的文件名，也可带路径输入文件名（此时要保证输入的路径是存在的，否则会提示非法路径），如输入 D：\ winxp，表示将镜像文件 winxp. gho 保存到 D 盘目录下，如图6—6所示，录入文件名后，选择"Save"后回车。

提示：镜像文件要保存在 C 盘（系统盘）外的其他磁盘上，最好是不常用到的磁盘中。条件许可，可做光盘备份。

（5）出现"是否要压缩镜像文件"窗口，如图6—7所示，包括"No（不压缩）、Fast（快速压缩）、High（高压缩比压缩）"，三个按键，压缩比越低，保存速度越快。一般选 Fast 即可，用向右光标方向键移动到 Fast 上，回车确定。

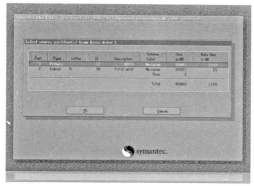
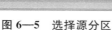

图 6—5　选择源分区

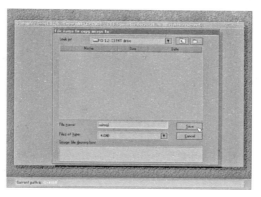

图 6—6　保存镜像文件

（6）Ghost 开始制作镜像文件，如图 6—8 所示。

图 6—7　压缩镜像文件

图 6—8　Ghost 开始制作镜像文件

（7）建立镜像文件成功后，会出现提示创建成功窗口，回车即可回到 Ghost 界面。

（8）再按 Q 键，回车后即可退出 Ghost，至此，分区镜像文件制作完毕！

6.2.2　使用 Ghost 还原系统分区

制作好镜像文件后，一旦出现系统崩溃，就可以利用它来还原恢复系统至制作镜像文件时的状态。镜像文件的具体还原过程如下。

（1）用光盘启动，进入 DOS 状态，进入 Ghost 所在目录，输入 Ghost 后回车，即可运行 Ghost。

（2）出现 Ghost 主菜单后，用光标方向键移动到菜单"Local-Partition-From Image"，如图 6—9 所示，然后回车。

（3）出现"镜像文件还原位置窗口"，如图 6—10 所示，在 File name 处输入镜像文件的完整路径及文件名，再回车。

（4）出现从镜像文件中选择源分区窗口，直接回车。如图 6—11 所示。

（5）又出现选择本地硬盘窗口，如图 6—12 所示，再回车。

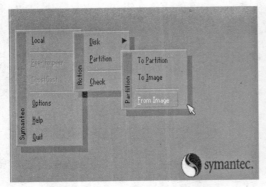

图 6—9　从镜像文件还原系统

图 6—10　选择镜像文件

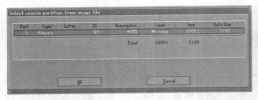

图 6—11　选择源分区

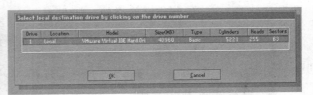

图 6—12　选择还原系统硬盘

（6）出现选择从硬盘选择目标分区窗口，选择目标分区（即要还原到哪个分区），如图 6—13 所示，一样按回车键。

（7）在出现的提问窗口，如图 6—14 所示，选 Yes 回车确定，Ghost 开始还原分区信息。

图 6—13　选择目标分区

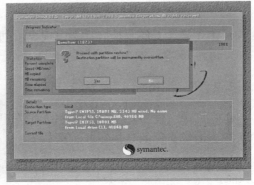

图 6—14　还原分区信息提示

（8）出现还原完毕窗口，选择 Reset Computer，回车重启电脑。完成了分区的恢复。

注意：选择目标分区时一定要注意选择正确，否则会产生严重的后果！（即目标分区原始数据将全部丢失。）

　小资料：硬盘的备份及还原

Ghost 的 Disk 菜单下的子菜单项可以实现硬盘到硬盘的直接对拷（Disk To Disk）、硬盘到镜像文件（Disk To Image）、从镜像文件还原硬盘内容（Disk From Image）。

在多台电脑的配置完全相同的情况下，如学校计算机教室等，我们可以先在一台电脑上安装好操作系统及软件，然后用 Ghost 的硬盘直接对拷功能（Disk To Disk）将系统完整地"复制"一份到其他电脑，这样安装操作系统比传统安装方法简单快捷。

Ghost 网络克隆

对于学校或企业局域网的计算机管理，可以利用 GhostCast Server 网络多播克隆在较短时间内大批量迅速安装或恢复所有计算机系统。它消除了以前逐台拆机，然后安装光驱或用硬盘对拷的麻烦，大大提高了机房管理效率，减轻了管理人员的工作量。

6.3 数据的备份与还原

文件（数据）备份即对重要数据资料如：文档、数据库、记录、进度等生成备份文件放在安全的存储空间内，当发生数据被破坏或丢失时可将原备份文件恢复到备份时状态。

数据备份是容灾的基础，是指为防止各种因素导致用户数据丢失，而将全部或部分数据集合从应用主机的硬盘或阵列复制到其他的存储介质的过程。传统的数据备份主要是采用内置或外置的存储介质进行冷备份。但是这种方式只能防止操作失误等人为故障，而且其恢复时间也较长，不能做到对数据实时备份。随着技术的不断发展，数据的海量增加，不少企业开始采用专业的数据存储管理软件结合相应的硬件和存储设备来实现文件的同步备份。

6.3.1 认识 FileGee

"FileGee 企业文件同步备份系统"是文件备份同步软件，是一款基于 Windows 平台的多功能专业文件备份及文件同步软件。它具有性能稳定、占用资源少的特点，充分满足了企业级用户的需求。它不需要额外的硬件资源，便能为企业搭建起一个功能强大、高效稳定、无人照看的全自动备份环境，并能安全、准确、稳定、高效地完成文件备份工作，有效地保障了企业文件的安全。

"FileGee 企业文件同步备份系统"集文件备份、同步、加密于一身，可实现 FTP、局域网及本机各种存储器之间的备份与同步。具有较强的容错功能和详尽的日志、进度显示，保证了备份、同步的可靠性，可应用于企业或个人计算机数据备份、网站服务器、办公自动化、网吧管理等领域。

FileGee 的主要特点：

● 可以实现本机存储器、局域网共享目录、FTP 服务器，两两之间的备份与同步。

● 可以对数据库等文件实施热备份，可以读取正在被其他程序独占打开的文件。

● 可以以系统服务（Service）的方式工作，无须登入操作系统，完全隐藏在后台工作。

● 多用户版提供隐藏受控客户端，管理员可通过服务器端静默地对多台电脑进行集中备份；多用户版服务器端与客户端之间具有文件传输的内部通道，无须通过 FTP 或共享路径传输文件。

● FTP 支持多线程上传下载、断点续传、FXP 方式、SSL 等安全验证方式。

● 可以利用大空间邮箱通过 E-mail 来进行文件备份，大文件还可以分割保存在多封邮件中；提供独立的文件分割与合并工具，可以对分割保存到邮箱中的文件进行整合。

● 独立的多任务模式，可以同时对多个不同的文件夹进行不同的备份与同步操作。

● 强大的容错功能，任务执行时的操作错误自动记录，自动重试，不遗漏一个文件。

● 可以对 USB 移动存储设备进行实时监控，当移动存储设备插上时自动执行备份或同步。

● 可以在备份或同步执行的同时，对文件进行加密，有力地保障了数据的安全。

● 智能的增量备份恢复功能，能够恢复出与每次执行时源目录完全一样的目录结构和文件。

● 独立的增量备份恢复工具，可以在任何一台没安装本软件的电脑上进行文件恢复。

● 可以使用通用的 zip 格式对备份或同步出来的文件进行压缩，并可以设置密码保护。

● 丰富的定时计划方案，支持按月、按周、按日等计划模式。

● 提供多种自动删除过多备份文件和日志的方法，做到既备份了有用的数据也不浪费存储空间。

● 任务可以关联执行，相关任务之间可以指定其执行的先后顺序。

● 任务执行时中途可以随时中止，已经备份的文件将自动记录，下次执行时不再重复备份。

● 详尽的执行日志，详细记录每次任务执行时，所有文件的操作及操作结果；清晰的任务进度显示，可以时刻跟踪任务执行进度及可能出现的问题。

● 对于需要权限的共享网络路径，可以保存用户名和密码自动认证。

● 可以设置代理服务器来访问 FTP 服务器，进行文件同步与备份。

● 人性化的界面布局，功能明确、操作简单，向导化的设计更简化了用户的操作。

● 高效地利用系统资源，可以备份或同步超大规模的文件夹。

● 能够长期持续自动工作，十分稳定，不需要人工的介入。

6.3.2 利用 FileGee 备份与还原数据

1. 建立备份同步任务

这是新建备份任务向导的第一页，在这里需要为任务取一个名字，便于区分各个任务，并选择适当的备份同步类型。

备份同步的类型共有以下几种，如图 6—15 所示。

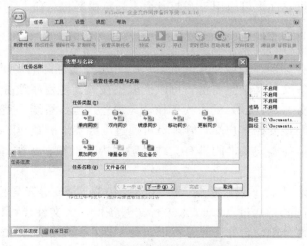

图 6—15　设置备份同步任务类型与名称

● 单向同步。

每次执行任务时，源目录中新建和更新的文件将被复制到目标目录中；目标目录中对应源目录中已经删除的文件，将被删除。此类型只是单向地对文件进行从源目录到目标目录的操作。而手工对目标目录进行的任何文件操作，将被任务忽略。

● 双向同步。

每次执行任务时，不管源目录还是目标目录中新建和更新的文件都会被复制到另外一个目录中；在任何一个目录中删除文件，另外一个目录也会删除对应的文件。当两个目录中文件的操作重叠时，任务会自动保留最新的操作。如果操作时间无法判断，更新和新建文件的操作会优于删除文件而被保留。此任务类型会对源目录进行文件操作。

● 镜像同步。

每次执行任务时，任何在源目录中新建或在目标目录中删除或在两个目录中更新的文件，都会从源目录复制到目标目录。任何在源目录中删除或在目标目录中新建的文件都会从目标目录中删除。此类型始终保持目标目录中的文件和源目录中的文件一模一样，任何目标目录自身的文件变化将被去除。

● 移动同步。

每次执行任务时，源目录中的任何文件都会被移动到目标目录中去。目标目录中如果存在相同文件将被覆盖。移动后，源目录被清空。

● 更新同步。

每次执行任务时，源目录中新建和更新的文件将被复制到目标目录中，目标目录中任务之前复制的所有文件将被删除，只保留最新的文件。

● 累加同步。

每次执行任务时，源目录中新建和更新的文件将被复制到目标目录中，目标目录中的任何文件都不会被删除。目标目录中会保留所有在源目录中曾经出现过的文件且都是最后一个版本。

● 增量备份。

每次执行任务时，任务发现源目录中有新建或更新的文件，则在目标目录中建立一个子目录来保存这些新文件。虽然保存的文件只反映了执行时源目录的一部分，但您可以利用软件中提供的文件恢复工具来恢复执行时源目录完整的目录结构和所有文件。增量备份任务第一次执行时，会自动对源目录做一次完全备份，以便以后能完全恢复。

● 完全备份。

每次执行任务时，任务会在目标目录中建立一个子目录来保存源目录中的所有文件。

除双向同步和镜像同步外，其他类型的任务在执行时，如果发现源目录中的文件没有发生变化，将不做任何处理，只会记录一个最后检查时间。双向同步和镜像同步如果碰到源目录和目标目录中的文件都没有变化的情况，也将只记录一个最后检查时间。

除双向同步和镜像同步外，其他类型的任务对于用户直接对目标目录进行新建、更新、删除的文件不做处理。也就是说，不是任务复制到目标目录而存在的文件，任务认为它不存在，不是被任务删除的文件，任务认为文件还在目标目录中存在。

除双向同步和移动同步外，其他类型的任务不会对源目录进行文件操作。

2. 需要备份的文件位置

需要同步备份的文件所在的源目录的位置将在这一页中被设置，如图6—16所示。源目录可能在本地电脑上，也可能在 FTP 服务器上，所以首先要选择源目录的位置。

如果是本地路径，可以指定本机目录或者指定局域网另外一台电脑上的共享目录。对于局域网共享目录，可以点击右上角的钥匙图样按钮来设置登录共享目录的用户名和密码。

如果源文件在 FTP 服务器上，先要设置 FTP 信息，因为 FTP 服务器可能会被多个任务调用，所以 FTP 服务器信息不放在任务向导中设置，任务中只是调用已经添加好的 FTP 信息。选择好调用那个 FTP 服务器后，就可以选择 FTP 服务器上源文件所在路径，这个路径是登入 FTP 服务器时的相对路径。

图 6—16 中显示的部分是多用户网络版独有的，多用户网络版可以通过软件内部的文件传输通道进行文件传输。当服务器端开启了内部文件传输通道，并在服务器电脑上为客户端指定了一个文件存放的根路径后，客户端这边就可以建立任务来把文件存放到根路径的某个相对子目录中，或者从根路径的某个相对子目录中获得文件。

3. 备份文件的保存位置

如图 6—17 所示，保存文件的位置也分为在本地电脑上或在 FTP 服务器上保存。在这里要设置目标目录的位置。相关设置方法与上一步"需要备份的文件位置"基本一致。

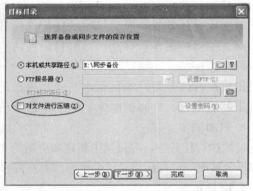

图 6—16　选择需要备份或同步的源文件位置　　图 6—17　选择备份或同步文件的保存设置

不同的是，我们可以对备份的文件进行压缩来节省磁盘空间，压缩后的文件可以设置密码保护。在"对文件进行压缩"处打钩后就可以进行相关设置。

4. 备份内容的选择

现在，需要选择需要备份的文件内容了。即对要备份的文件进行选择性备份，如图 6—18 所示。首先，可以通过勾选"包含源目录的子目录"来选择是否要备份子目录中的文件。其次，通过勾选"根据文件名过滤"来指定哪些文件需要备份，文件名可以是特指的文件名；也可以用通配符来表示多个文件。还有一项，是"对文件进行选择"，直接点击文件来精确指定哪些文件需要备份，哪些文件不需要备份。

5. 备份自动启动设置

软件备份一般都设置成自动执行，自动启动

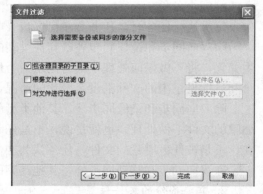

图 6—18　设置备份或同步的部分文件

备份有以下的这些方式，按每月某些日、每星期某些日或每日，当日某一时刻启动备份；或者按间隔多少时间自动启动一次备份；再或者实时备份，即需要备份的文件夹中内容发生变化后，自动启动备份任务。

要注意的是，系统空闲不仅是指没有鼠标和键盘操作，更多是指 CPU 的使用率不是很高的情况；另外，实时备份会有 3 秒钟的延时，这样做是为了当有很多文件被复制到需要备份的源目录中时，让软件等它们都复制完后统一备份，而不是复制好一个就触发一次备份；还有，如果需要备份的文件是 FTP 服务器上的文件，软件无法做到实时监控，可以通过间隔执行的方法来实现较为实时的备份。图 6—19 所示是自动执行备份设置界面。

● 如果选择了每月某些日进行备份，则必须设置哪些日子触发。

● 如果选择了每星期某些日进行备份，则必须设置星期几触发。

● 如果选择了每月某些日、每星期某些日或每日进行备份，还必须设置在这一日中的触发时间。

● 如果选择了间隔执行，就要设置间隔时间。

值得注意的是，不管是手动备份还是自动备份，当软件检查源目录，发现没有任何变化时，软件将不做备份动作。

6. 自动重试设置

如果任务执行时未能完全成功地进行所有文件操作，任务可以设置自动重试。在自动重试向导这一页（见图 6—20），可以指定重试的次数和间隔时间。间隔时间精确到分钟，例如，设置了间隔 0 分钟重试，任务会在不到 1 分钟的时间内重试，具体是多少秒不确定。

图 6—19　设置自动执行方式　　　　图 6—20　设置任务自动重试模式

7. 任务一般扩展设置

对已建立好的任务，还可以做些扩展设置，如图 6—21 所示，下面我们就这些选项做些说明。

第一个选项，用来选择是否在备份、同步文件的同时对文件进行加密。文件加密后将无法被正常打开，通过软件中的恢复工具恢复时，文件会自动解密，这样才能被正确打开。或者可以通过软件中提供的文件夹加密解密工具将目标目录解密后查看文件。

第二个选项，选择是否在删除文件时，把这些文件删除到回收箱中。此选项只适用于本机硬盘，对于 FTP、局域网路径、移动存储等设备由于没有回收箱，此选项不起作用。

第三个选项，选择是否要在任务每次执行后加入备注信息，这些备注信息会写入日志中，以备查看。任务结束时会自动弹出窗口，要求用户输入。

第四个选项，选择是否要显示任务进度，对于本地目录而言，进度刷新速度是相当快的，也就会占用一定数量的 CPU。文件数量多的话，则会占用一定数量的内存。所以，用户根据自己的需要，选择是否要显示任务执行进度。

第五个选项，选择是否要记录全部的日志。如果任务执行时会处理大量文件，日志文件会达到几十 M 的话，可以考虑启用这个选项来提高速度。启用时必须确定日志对你没有多大作用，另外增量备份必须记录日志，否则无法恢复出目录结构。

第六个选项，选择是否要在任务执行前后，在桌面右下角位置出现一个气泡提示，快速反应任务是否执行及执行结果。

8. 任务高级扩展设置

也可继续任务的高级扩展设置，如图 6—22 所示。

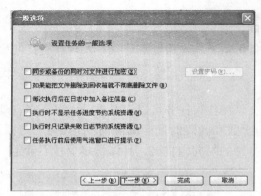

图 6—21 设置任务一般选项

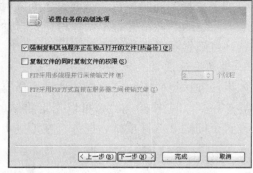

图 6—22 设置任务高级选项

第一个选项，选择当发现源文件被别的程序占用无法复制时，是否启用特殊的方式来复制。源文件必须是本机文件才支持这一功能。此功能通常用于数据库热备份，普通任务不需要启用。

第二个选项，选择是否要在复制文件的同时，把文件的权限同样复制给新的文件。

第三个选项，对于源目录或目标目录在 FTP 服务器上的任务，选择是否启用多线程上传下载文件。启用多线程会加快文件传输速度，设多少个线程需要根据具体的网速。设太多，传输经常超时反而影响速度。

第四个选项，如果源目录和目标目录都在 FTP 服务器上，且两个 FTP 服务器的主被动模式不一样，可以启用 FXP 工作方式，让 FTP 服务器直接对传文件，不通过本地中转。

9. 任务执行前后执行命令

在 FileGee 软件中，任务执行之前和执行之后，还可以执行指定的命令来调用软件外的其他操作，如图 6—23 所示。图中黑框内的第一、第二个按钮分别是添加和删除命令；第三和第四个按钮是前移后移选中的命令。执行的命令是按前后顺序执行的。

10. 建立备份同步任务完成

经过一系列的设置，图 6—24 所示的是成功建立好备份同步任务后的窗口。

图6—23　运行其他程序的设置

图6—24　建立任务的界面信息

6.4　使用 FinalData 还原已丢失的数据

计算机在我们的日常生活当中扮演着越来越重要的角色，我们也把越来越多的事情交给计算机处理。重要的资料、照片、音乐、程序等塞满了我们的硬盘，各种类型的数据文件是我们保存在计算机上的巨大财富，而数据文件无故或者无意丢失一直都是计算机使用者最为恐惧的事情，严重丢失时就如一场梦魇。虽然有时候 Windows 的"回收站"会为误操作提供挽回的余地，但是如果连回收站都清空或者禁用了呢？市场上或许有许许多专业的数据恢复公司，不过其数据恢复的价格却不是一般用户可以承受的。

如前所述，及时做好数据备份工作是保护数据文件完整的重要手段之一。但是，当存储介质出现损伤或由于人为误操作、操作系统本身故障造成数据看不见、无法读取、丢失时，就需要通过特殊的手段最大可能地恢复已不可见、无法读的数据。

实际上，用户对文件进行删除或对硬盘进行格式化操作后，都会以为删除、格式化以后数据就不存在了。事实上，上述简单操作后的数据仍然存在于硬盘中，了解数据在硬盘上的存储原理后，可以利用专门的数据恢复软件进行数据恢复。

6.4.1　数据存储原理

要恢复数据，先要知道硬盘的数据结构和文件的存储原理。一个已经投入使用的硬盘一般被划分为主引导区、操作系统引导区、文件分配表、目录分配表和数据存储区五个部分。计算机系统在硬盘上存取数据时将会用到文件分配表、目录分配表和数据存储区三个部分，硬盘的数据存储区以簇为单位划分并编号使用，以保存真正的数据内容。

当计算机系统读取数据时，首先通过目录分配表获得文件的起始簇位置，并在此开始读取，然后通过文件分配表了解该簇是否有后继簇，有则继续读取，直至一个指明没有后继簇的结束簇，完成文件的读取操作。

在保存文件时，也需要通过文件分配表找到哪些簇是可以使用的，将数据存储到第一个可用簇后，如果还有数据没有存储就查找第二个可用簇，并且在文件分配表中为第一个簇指明后继簇的位置，重复操作至数据存储完毕后。目录分配表中将会记录下文件的名称、属性、初始簇等信息。

在 Windows 环境下删除一个文件，其实只是目录信息从 FAT 或者 MFT（NTFS）分区表中被删除掉。数据存储区所保存的数据内容实际上并没有被清除！这意味着文件数据仍然留在磁盘上。这为数据恢复提供了可能。所以，从技术角度来讲，经删除、快速格式化甚至标准格式化等命令操作硬盘，文件还是有可能恢复的。

超级数据恢复工具 FinalData 软件就是通过这个机制来恢复丢失的数据的。

6.4.2 利用 FinalData 恢复丢失的数据

FinalData 具有强大的数据恢复功能。当文件被误删除（并已从回收站中清除掉了）、FAT 表或者磁盘根区被病毒侵蚀造成文件信息全部丢失、物理故障造成 FAT 表或者磁盘根区不可读，以及磁盘格式化造成全部文件信息丢失之后，FinalData 都能够通过直接扫描目标磁盘抽取并恢复出文件信息（包括文件名、文件类型、原始位置、创建日期、删除日期、文件长度等），用户可以根据这些信息方便地查找和恢复自己需要的文件。甚至在数据文件已经被部分覆盖以后，专业版 FinalData 也可以将剩余部分文件恢复出来。极端的情况下，如目录结构被部分破坏，只要数据仍然保存在硬盘上，也可以恢复。

FinalData 由北京冠群联想软件有限公司研制开发，它兼容 Windows XP 以上版本，不需要任何复杂的 DOS 命令，操作简单易用。

1. FinalData 主窗口

启动 FinalData，它的主界面窗口如图 6—25 所示。窗口的组成简洁，仅由菜单栏、工具栏、目录示图和目录内容示图几部分组成。

2. 打开丢失数据的盘符

选择界面左上角的"文件"/"打开"，从"选择驱动器对话框"（见图 6—26）中选择想要恢复的文件所在的驱动器。这里我们从逻辑驱动器列表中选择"驱动器 G"，然后单击"确定"。

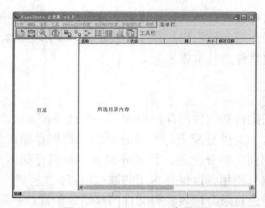

图 6—25　Find Date 主界面

图6—26　选择恢复文件驱动器

3. 扫描驱动器

在选择好驱动器以后，FinalData 开始扫描驱动器上已经存在的文件与目录（见图 6—27）。它将分析相应的逻辑驱动器的分区信息与目录入口。扫描完毕以后出现一个"选择要搜索的簇范围"对话框，如图 6—28 所示，由于我们并不知道被删除的文件所在的扇区具体位置，所以不做修改。点击"确定"按钮进行搜索。图 6—29 所示为簇扫描窗口。

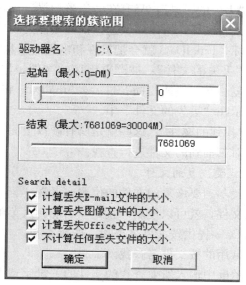

图 6—27　扫描已删除数据　　　　　　图 6—28　选择搜索簇范围

其实当文件被删除时，实际上只有文件或者目录名称的第一个字符会被删掉。FinalData 通过扫描子目录入口或者数据区来查找被删除的文件。扫描完成后将生成删除的文件和目录的列表在目录示图和目录内容示图中。

当目录扫描完成后，在窗口的左边区域将会出现六个项目，而目录和文件信息将会显示在右边窗口（见图 6—30）。这六个项目的含义如下：

图 6—29　簇扫描窗口　　　　　　　　图 6—30　扫描完成界面

（1）"根目录"：正常根目录。

（2）"删除的目录"：从根目录删除的目录集合。

（3）"删除的文件"：从根目录删除的文件集合。

（4）"丢失的目录"：只有在"完整扫描"后找到的目录才会被显示在这里。由于已经被部分覆盖或者破坏，所以"快速扫描"不能发现这些目录。如果根目录由于格式化或者病毒等引起破坏，FinalData就会把发现和恢复的信息放到"丢失的目录"中。

（5）"丢失的文件"：被严重破坏的文件，如果数据部分依然完好，可以从"丢失的文件"中恢复。在"快速扫描"过后，FinalData将执行"完整扫描"以查找被破坏的文件并将列表显示在"丢失的文件"中。

（6）"找到的文件"：这些就是所有硬盘上面被删除的文件，以后可以按照文件名、簇号和日期等对扫描到的文件进行查找。

4. 查找要恢复的文件

如果找不到要恢复的文件的位置或者在"删除的文件"中有太多文件以至于很难找到需要恢复的文件，就可以使用"查找"功能。从菜单中选择"文件"/"查找"。

FinalData提供按文件名查找、按簇查找、按日期查找三种方式，如图6—31所示。这里介绍最常用的按文件名查找。

在提示框中输入所要查找的文件的关键字或者通配符（？号、＊号）。单击右面的"查找"以后FinalData将在当前分区查找存在的或者已删除的目标文件。找到的文件将会出现在左窗口区域的"已搜索的文件"项目中（见图6—32）。

图6—31 查找窗口

图6—32 搜索到的文件信息

5. 恢复

在图6—32右边的目录内容显示窗口中，找到我们需要恢复的文件，单击右键选择"恢复"，出现"选择目录保存"对话框。对话框上面的"FAT"设置和文件系统有关。如果使用的是FAT16/32文件系统，这个选项可以使用。如果使用的是NTFS4.0/5.0文件系统，该项就不可选。

在"目录"里面指定希望恢复文件的保存路径，最后单击"保存"按钮，这时候我们就可以打开"我的电脑"来确认数据是否恢复成功了。

注意：保存文件时，最好不要把数据保存到根目录。因为当重要数据从根目录被意外删除后，其他数据的访问将大大减少这些重要数据被恢复的可能性。

FinalData 可以恢复被回收站清空的文件、被格式化的硬盘文件以及被病毒改变了的文件，甚至于用 FDISK 进行过低级格式化也能恢复。但它不是万能的，如果硬盘出现物理损坏，如无法识别或者无法 FDISK 的磁盘，那么 FinalData 将无能为力。

本章小结

本章在对计算机常用操作系统进行了简单介绍的基础上，进一步对目前流行的 Windows 操作系统的修复、备份、恢复及数据文件的备份与恢复作了详细描述。其中介绍了系统修复工具、系统备份软件 Ghost、数据备份软件 FileGee 及数据恢复工具 FinalData 软件的使用。通过本章的学习，可使读者对计算机操作系统与数据文件的维护有更深一层次的认识与理解，并能快速掌握各种维护软件的使用。

思考与练习

1. 思考题

（1）简述"系统备份"和"系统还原"的概念。

（2）简述数据备份及恢复是如何进行的？

（3）常用的软件系统工具有哪几种？

2. 实训题

（1）结合本章对系统维护软件 Ghost 的讲述，练习微机系统的备份与恢复。

（2）使用 Ghost 工具软件的克隆功能，练习安装计算机操作系统。

（3）课外练习：通过网络资料或图书借阅，了解 Windows 系统注册表的作用和常规操作方法。在允许的机器上通过注册表内容的修改，优化操作系统和应用软件，设置 Windows 的使用权限，解决硬件与网络设置不当带来的故障。

第7章 计算机连网

学习目标

- 了解计算机局域网的基本结构
- 掌握无线网卡和路由器的安装及配置方法
- 正确认识网络安全相关问题
- 正确理解蹭网行为的本质和对网络的影响

工作任务

- 联网设备简介
- 无线网络的工作原理
- 无线局域网的新发展

7.1 微机连网硬件设备

7.1.1 网卡与中继器

1. 网卡

计算机与网络的连接是通过在微机主板上插入一块网络接口板卡实现信息通信的。在笔记本电脑中插入的是一块 PCMCIA 卡，目前还有使用 USB 接口的无线网卡。网络接口板卡又称为网络适配器 NIC（Network Interface Card），简称"网卡"，如图 7—1 所示。目前，市场上销售的一体化集成主板，已将网络适配器固化在主板上，不用再插网卡。

网卡是工作在数据链路层的网路组件，是局域网中连接计算机和传输介质的接口，不仅能实现与局域网传输介质之间的物理连接和电信号匹配，还涉及帧的发送与接收、帧的封装与拆封、介质访问控制、数据的编码与解码以及数据缓存的功能等。

图 7—1 PCI 接口网卡

网卡的主要功能有以下三个：

（1）数据的封装与解封：发送时将上一层交下来的数据加上首部和尾部，成为以太网的帧。接收时将以太网的帧剥去首部和尾部，然后送交上一层。

（2）链路管理：主要是 CSMA/CD（Carrier Sense Multiple Access with Collision Detection，带冲突检测的载波监听多路访问）协议的实现。

（3）编码与译码：即曼彻斯特编码与译码。

2. 无线网卡

无线网卡是无线网络的终端设备。如果某台电脑处在无线路由器或者无线 AP 的覆盖范围下，就可以通过无线网卡以无线的方式连接上网。

无线网卡（见图 7—2）按照接口的不同可以分为多种：一种是台式机专用的 PCI 接口无线网卡；一种是笔记本电脑专用的 PCMCIA 接口网卡。一种是 USB 无线网卡，这种网卡不管是台式机用户还是笔记本用户，只要安装了驱动程序，都可以使用。

图 7—2　无线网卡

在选择时要注意的是只有采用 USB 2.0 接口的无线网卡才能满足 802.11g 或 802.11g＋的需求。USB 无线网卡除此以外，还有笔记本电脑中应用比较广泛的 MINI-PCI 无线网卡。MINI-PCI 为内置型无线网卡，其优点是无须占用 PC 卡或 USB 插槽，并且免去了随身携带 USB 卡的麻烦。

3. 中继器

中继器（见图 7—3）是在局域网环境下用来延长网络距离的最简单最廉价的互连设备，中继器（Repeater）工作于 OSI 的物理层，是局域网上所有节点的中心，它的作用是放大信号、补偿信号衰减、支持远距离的网络通信。

图 7—3　中继器

中继器在网络通信应用中的利与弊：

（1）优点：扩大了通信距离，但代价是增加了一些存储转发延时，增加了节点的最大数目，各个网段可使用不同的通信速度，性能得到改善。

（2）缺点：由于中继器对接收的被衰减信号再生（整理、放大）至符合发送标准的信号，并转发出去，因而增加了延时。CAN 总线的 MAC 子层并没有流量控制功能。当网络上的负荷很重时，可能因中继器中缓冲区的存储空间不够而发生溢出，以致产生帧丢失的现象。中继器若出现故障，对相邻两个子网的工作都将产生影响。

7.1.2　集线器与交换机

1. 集线器

集线器（Hub）（见图 7—4）属于数据通信系统中的基础设备，被广泛应用到各种场合。集线器工作在局域网（LAN）环境，像网卡一样，应用于 OSI 参考模型第一层，因此又被称为物理层设备。集线器内部采用了电器互连，当维护 LAN 的环境是逻辑总线或环形结构时，完全可以用集线器建立一个物理上的星形或树形网络结构。

图 7—4　集线器

集线器在工作时依据 IEEE 802.3 协议。集线器的功能是随机选出某一端口的设备，并让它独占全部带宽,与集线器的上连设备(交换机、路由器或服务器等)进行通信。由此可以看出,集线器在工作时具有以下两个特点。首先是 Hub 只是一个多端口的信号放大设备,工作中当一个端口接收到数据信号时,由于信号在从源端口到 Hub 的传输过程中已有了衰减,所以 Hub 便将该信号进行整形放大,使被衰减的信号再生(恢复)到发送时的状态,紧接着转发到其他所有处于工作状态的端口上。其次是 Hub 只与它的上连设备(如上层 Hub、交换机或服务器)进行通信,同层的各端口之间不会直接进行通信,而是通过上连设备再将信息广播到所有端口上。

不过,随着技术的发展和需求变化,目前的许多 Hub 在功能上进行了拓宽,网络端口之间不再受工作机制的影响。由 Hub 组成的网络是共享式网络,同时 Hub 也只能够在半双工下工作。

Hub 主要用于共享网络的组建,是解决从服务器直接到桌面最经济的方案。在交换式网络中,Hub 直接与交换机相连,将交换机端口的数据送到桌面。使用 Hub 组网灵活,它是网络的一个星形节点,对与节点相连的工作站进行集中管理,不让出问题的工作站影响整个网络的正常运行,并且用户的加入和退出不受限制。

2. 交换机

交换机(Switch,意为"开关")是一种用于电信号转发的网络设备。它可以为接入交换机的任意两个网络节点提供独享的电信号通路。最常见的交换机是以太网交换机。其他常见的还有电话语音交换机、光纤交换机等。如图 7—5 所示。

图 7—5　交换机

交换机的传输模式有全双工、半双工和全双工/半双工自适应。交换机的全双工是指交换机在发送数据的同时也能够接收数据,两者同步进行,这好像我们平时打电话一样,说话的同时也能够听到对方的声音。目前的交换机都支持全双工。全双工的好处在于迟延小,速度快。

交换机的主要功能包括物理编址、网络拓扑结构、错误校验、帧序列以及流控。目前交换机还具备了一些新的功能,如对 VLAN(虚拟局域网)的支持、对链路汇聚的支持,甚至有的还具有防火墙的功能。除此之外,其他功能为:

(1)学习:网络交换机了解每一端口连接设备的 MAC 地址,并将地址的相应端口映射起来存放在交换机缓存中的 MAC 地址表中。

(2)转发/过滤:当一个数据帧的目的地址在 MAC 地址表中有映射时,它被转发到连接目的节点的端口而不是所有端口(如该数据帧为广播/组播帧则转发至所有端口)。

(3)消除回路:当交换机包括一个冗余回路时,以太网交换机通过生成树协议避免回路的产生,同时允许存在后备路径。

7.1.3　无线 AP

无线 AP(Access Point)即无线接入点,它是用于无线网络的无线交换机,也是无线网络的核心(见图 7—6)。无线 AP 是移动计算机用户进入有线网络的接入点,主要用于宽带家庭、大楼内部以及园区内部,典型距离覆盖几十米至上百米,目前主要技术为 802.11 系列。大多数无线 AP 还带有接入点客户端模式(AP Client),可以和其他 AP 进行无线连接，延展网络的覆盖范围。

　　无线 AP（无线访问节点、会话点或存取桥接器）是一个包含很广的名称，它不仅包含单纯性无线接入点（无线 AP），也同样是无线路由器（含无线网关、无线网桥）等类设备的统称。它主要提供无线工作站对有线局域网和有线局域网对无线工作站的访问，在访问接入点覆盖范围内的无线工作站可以通过它进行相互通信。

图 7—6　无线 AP

　　单纯性无线 AP 就是一个无线的交换机，提供无线信号发射接收的功能。单纯性无线 AP 的工作原理是将网络信号通过双绞线传送过来，经过 AP 产品的编译，将电信号转换成为无线电信号发送出来，形成无线网的覆盖。根据不同的功率，其可以实现不同程度、不同范围的网络覆盖，一般无线 AP 的最大覆盖距离可达 500 米。多数单纯性无线 AP 本身不具备路由功能，包括 DNS、DHCP、Firewall 在内的服务器功能都必须有独立的路由或是计算机来完成。

7.1.4　路由器

　　路由器（见图 7—7）是连接因特网中各局域网、广域网的设备，它会根据信道的情况自动选择和设定路由，以最佳路径，按前后顺序发送信号。路由器英文名为 Router，路由器是互联网络的枢纽、"交通警察"。目前路由器已经广泛应用于各行各业，各种不同档次的产品已经成为实现各种骨干网内部连接、骨干网间互连和骨干网与互联网互连互通业务的主力军。

　　路由器的一个作用是连通不同的网络，另一个作用是选择信息传送的线路。选择通畅快捷的近路，能大大提高通信速度，减轻网络系统通信负荷，节约网络系统资源，提高网络系统畅通率，从而让网络系统发挥出更大的效益。

图 7—7　路由器

　　路由器具有四个要素：输入端口、输出端口、交换开关、路由处理器和其他端口。在选择路由器时应注意安全性、控制软件、网络扩展能力、网管系统等方面。

7.1.5　家庭宽带三合一路由猫

　　路由猫也称路由一体机、三合一路由等，是网络设备厂商根据国内宽带用户的实际需要量身定制的一种简洁易用的家用商用多功能网络连接设备。可以认为是集成了 ADSL 拨号和无线功能的路由器，可破解路由封杀、进行 IP 带宽控制、支持 IPTV 接入等。具有如下性能特点：

　　（1）优异的无线性能。MD895N 采用先进 11N 无线技术，无线传输速度可达 150Mbps，局域网内数据传输更加高效，语音视频、在线点播、观看 IPTV 等应用可流畅进行。支持 WDS 无线桥接功能，可以实现两台或者多台具有 WDS 功能的 ADSL 无线路由一体机或无线路由器之间的无线连接。

　　（2）优秀的 ADSL 品质。内置 PVC 池，包含全国绝大多数地区使用的 VPI/VCI 组合，可自动检测并设置正确的 PVC 参数，自动匹配。采用多重防雷设计，保障设备稳定运行。

（3）丰富的路由功能。支持 IP 带宽控制功能，可以根据不同用户的上网需求，合理分配网络带宽，避免个别用户使用 BT、迅雷等软件占用过多带宽影响其他用户正常的网络使用。支持桥接与路由混合模式，可以实现同时接入 IPTV 的多台电脑共享上网。

（4）简约环保。集 150M 无线、ADSL、路由器、交换机及防火墙于一体，几乎满足了日常上网的所有需求，自由共享上网，仅需一台设备，既简约又环保。

7.1.6 双绞线及其制作方法

下面以双绞线为例，主要介绍网络连线的制作方法。

1. 双绞线

双绞线作为一种价格低廉、连接可靠、性能优良的传输介质，在网络连接中得到了广泛应用。它由不同颜色的 4 对 8 芯线组成，每两条按一定规则绞织在一起，成为一个芯线对。双绞线一般可分为屏蔽（STP）与非屏蔽（UTP）两种。屏蔽双绞线的性能比非屏蔽双绞线要好，价格也贵。采用双绞线的目的是减少线路传输的分布电容对高频电信号的衰减，以利于网络信号的长距离传输。

2. RJ-45 接头

RJ-45 接头又称水晶头，因接头使用透明的有机玻璃而得名，如图 7—8 所示。用于计算机连网的水晶头采用 8 芯接头，前端是 8 个压线铜片，用来衔接线路；中、后端有塑料弹片，压下后用来固定双绞线。RJ-45 接口的信息传输方式规定：1、2 端线发送；3、6 端线接受，其余两组端线暂未使用（可以用来传送一个音频和一组电源）。水晶头的质量好坏直接影响着通信质量的高低，许多网络故障产生的原因源于低质量的水晶头。

图 7—8　RJ45 水晶头

3. 网线制作工具

网线制作只需一把网线压线钳（见图 7—9）即可，它可以完成剪线、剥线和压线等功能。压线钳上有两个刀口，顶端的双刀口称为剥线口，它能够仅仅切破网线的外层表皮，而不伤害每根铜线的塑料皮；单刀口称为切割口，用来截取相应长度的网线。压线钳的中部为水晶头制作"刀口"，完成水晶头上的铜片和塑料弹片的压制。

4. 网线的标准和连接方法

网线制作有两种国际标准：EIA/TIA 568A（见表 7—1）和

图 7—9　双绞线压线钳

EIA/TIA 568B（见表 7—2）。网线制作标准是为了方便网络工程的维护。有了统一的制作标准，在网络工程移交后或网管人员变迁时，接续者可以按照国际标准进行网线检测。

表 7—1　　　　　　　　　　　　　　　　EIA/TIA 568A 标准的线序

1	2	3	4	5	6	7	8
白绿	绿	白橙	蓝	白蓝	橙	白棕	棕

1	2	3	4	5	6	7	8
白橙	橙	白绿	蓝	白蓝	绿	白棕	棕

双绞线的连接方法也主要有两种：直通线缆和交叉线缆。

直通线缆的水晶头两端都遵循 EIA/TIA 568A 或 EIA/TIA 568B 标准（见图 7—10），每组线的颜色排列在两端水晶头的相应槽中，一一对应，保持一致。集线器的 Uplink 口连接到普通端口或者普通端口连接到计算机网卡上，必须采用直通线缆。

交叉线缆的水晶头一端遵循 EIA/TIA 568A 标准，另一端采用 EIA/TIA 568B 标准。也就是说，A 水晶头的 1、2 线对应 B 水晶头的 3、6 线，而 A 水晶头的 3、6 线对应 B 水晶头的 1、2 线。

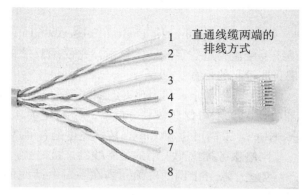

图 7—10   双绞线接插的排列方法

直通线缆和交叉线缆在计算机网络中的使用要求如图 7—11 所示。

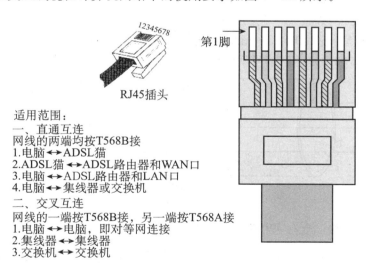

适用范围：
一、直通互连
网线的两端均按T568B接
1.电脑↔ADSL猫
2.ADSL猫↔ADSL路由器和WAN口
3.电脑↔ADSL路由器和LAN口
4.电脑↔集线器或交换机
二、交叉互连
网线的一端按T568B接，另一端按T568A接
1.电脑↔电脑，即对等网连接
2.集线器↔集线器
3.交换机↔交换机

图 7—11   双绞线的不同制作方法在使用中的连接方式

5. 网线测试

网线制作好以后，或者网络出现传输问题时，可以用网线测试仪（见图 7—12）进行检查。把一条网线的水晶头插入测试仪的两个接口之后，可以看到仪器上的指示灯在闪动。若测试的线缆为直通线，测试仪上的 8 个指示灯依次为绿色闪过，证明网线正常。若测试的为交叉线缆，其中一侧 8 个指示灯依次绿灯闪动，另外一侧则根据 3、6、1、4、5、2、7、8 顺序闪动

图 7—12   套装的网线测试仪

绿灯。若出现任何一个灯为红灯或黄灯，都说明存在断路或接触不良现象。

7.2　Internet 接入技术

7.2.1　ADSL 技术

ADSL（Asymmetric Digital Subscriber Line，非对称数字式用户线路）是一种在普通电话线上传输高速数字信号的技术，它使用双绞铜线作为传输介质，通过 26kHz 以后的高频带获取较高的带宽。

ADSL 技术充分利用现有的铜线资源，采用 DMT（离散多音频）技术，将原先电话线路 0Hz 到 1.1MHz 频段划分成 256 个频宽为 4.3kHz 的子频带。ADSL 的下载速度最小为 265Kbps，最高可达 8Mbps，传输速度是普通 Modem 的 140 倍。

网络服务提供商采用的是专线的连接方式，ADSL 调制解调器与网络总是处于连接的状态，免去了拨号上网的麻烦。当在一对电话线的两端分别安置一个 ADSL 设备时，利用现代分频和编码调制技术，就能够在这段电话线上产生三个信息的通道，如图 7—13 所示。一个是高速的下传通道（1.5～1.8Mb/s），一个是中速的双工通道，一个是普通的电话通道，并且这三个通道可以同时工作。也就是说它能够在现有的电话线上获得最大的数据传输能力，这样用户在一条电话线上既可以上网快速"冲浪"，还可以打电话、发传真，而不影响通话或降低 Internet 的效果。

具体工作流程是：经 ADSL Modem 编码后的信号通过电话线传到电话局后再通过一个信号识别/分离器，如果是语音信号就传到电话交换机上，如果是数字信号就接入 Internet。

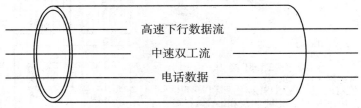

图 7—13　ADSL 终端

7.2.2　认识 ADSL 接入 Internet 的方式

目前 ADSL 上网方式有两种：专线上网和虚拟拨号（PPPOE）上网，其中专线上网是指由电信公司分配给专线用户一条固定的链路和一个固定的公网 IP 地址，用户通过此 IP 地址与网络相连。而虚拟拨号方式是指用户的链路是固定的，但每次上网时都需电信局端服务器来验证用户的合法身份，并自动分配 IP 地址，依靠此 IP 地址来上网，因此需要由电信公司向用户提供一套虚拟拨号软件和用户上网账号与口令。

7.2.3　ADSL Modem 的连接与配置

ADSL 的安装分为硬件安装和软件安装两部分。

1. 硬件连接方法

硬件部分连接如图 7—14 所示。

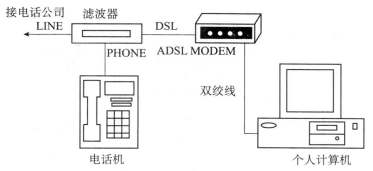

图 7—14　ADSL Modem 的连接方式

（1）准备计算机。

首先用户计算机中需要加入一块 10BASE-T 接口以太网卡（10M 或 10M/100M 自适应）。此网卡是专门用来连接 ADSL Modem 的。因为 ADSL 调制解调器提供与计算机相连的接口是 10BASE-T 的，加入这块网卡就是为了在计算机和调制解调器间建立一条高速传输数据通道。

（2）安装 ADSL Modem 的信号分离器（又叫滤波器，Spliter）。

信号分离器是用来将电话线路中的高频数字信号和低频语音信号分离的。低频语音信号由分离器接电话机用来传输普通语音信息；高频数字信号则接入 ADSL Modem，用来传输数字信息。这样，在使用电话时，就不会因为高频信号的干扰而影响话音质量，也不会因为在上网时，由于打电话语音信号的串入影响上网的速度，便可以实现一边上网一边打电话。

分离器有三个 RJ-11 插孔，安装时先将来自电信局端的电话线接入信号分离器的"LINE"端，"PHONE"口接模拟话机，而"MODEM"用来与 ADSL Modem 相连。

（3）安装 ADSL Modem。

以 ETEK ADSL Modem 为例，将分离器"MODEM"口与 ADSL Modem 用电话线连接起来，用随 Modem 附带的五类网线将计算机的网卡与 Modem 的"ETHE"口相连起来，如果网卡安装成功，线路也正常，则 Modem 前面板上的"PWR"、"LLK"、"WLK"三个指示灯应该常亮，其中"PWR"代表电源正常，"LLK"指示网卡连接正常，"WLK"则表明外线正常。

2. 软件配置方法

（1）设置 IP 地址。

一般情况下，每一个以太网 Modem 都有一个固定的局域网 IP 地址，默认的 IP 地址可从该 Modem 的用户手册上查到（假如出厂时的 IP 地址是 192.168.1.1）。在找到 Modem 的局域网地址后，我们需要把配置用的计算机 IP 地址设置为跟 Modem 局域网地址在同一个网段内的另外一个地址。

开机后，先在计算机上 ping 一下 Modem 的地址，看两者之间有没有通信故障。在命令提示符状态下输入：

　　　ping 192.168.1.1

如果得到的结果如图 7—15 所示，那就表明我们的连接及 IP 的设置没有什么问题。

然后，需要了解它们基本的电信参数：VPI 和 VCI 的值，例如某地区的值为 0 和 35。如果这两个值不是很清楚的话，可以打电话到电信运营商的技术支持部门去了解一下，这两

209

个值一定要确认正确无误，因为在下面的配置中是要用到。如果在这两个值的选项中填入了不正确的数值，那与电信运营商局端的连接将不会成功。还有，如果是拨号上网的话（一般为 PPPoE 方式），还需要知道由电信运营商分配的用户名和密码。

一切准备就绪后，就可以开始下面的操作了。

（2）进行 ADSL Modem 设置。

在浏览器的地址栏中输入 Modem 的 IP 地址 192.168.1.1，然后再输入正确的用户名和密码，我们就可

图 7—15　正确连接时的 ping 结果

进入到 ADSL Modem 的设置首页（见图 7—16）。在这个页面中，有七个大的标签内容，分别为"首页"，有关 Modem 的一些状态信息的描述和系统的时间设置，以及系统模式与快速安装等内容；"局域网口"，在该选项中对 Modem 的局域网参数进行设置，如其使用的局域网 IP 地址和 DHCP 功能等相关内容；"广域网口"，这个选项中，主要配置 Modem 的相关电信参数，以及拨号时的用户名和密码信息等；"桥接"，该选项是用来配置当设置 Modem 为透明网桥时的相关电信参数；"路由"，这个选项的内容可能是许多多机共享上网的用户最关心的，实际上就只有一台机器使用时，Modem 也可配置高路由模式，在这里有关路由的详细信息及相关的 PPP 自动拨号等也都可设置完成；"服务"，此选项是 Modem 提供的一些安全方面的功能，诸如防火墙、IP 过滤的有关设置，以及 DNS、RIP 等方面的内容；"管理"，在这个选项下，管理 Modem 的用户，远程/本地升级、报警、诊断，Modem 所使用的一些端口等方面的内容均在此进行详细的设置。

图 7—16　ADSL Modem 的设置首页

①局域网相关设置。

点击"局域网口"标签后，可看到在这个标签下有四个选项内容："局域网设置"、"DHCP Mode"（DHCP 模式）、"DHCP Server"（DHCP 服务器）、"DHCP Relay"（DHCP中继）。下面来详细介绍每一个选项中的具体内容。

A. 局域网设置。

本页内容主要是对 Modem 局域网接口使用的 IP 地址进行设置，如图 7—17 所示。对于 Modem 局域网接口所使用的 IP 地址，有三种不同的方式来获得。第一种方法是手工指定，需要在 "Get LAN Address" 一栏中选择 "Manual" 选项，让用户自己来指定一个 IP 地址。手动选项是默认的设定值，在 modem 出厂时厂家都为其指定了一个固定的保留地址（如 192.168.1.1）。然后就须在下面的两栏中分别填入用户自己指定的 IP 地址和子网掩码。在这个页面中，还可以看到 Modem 局域网接口的连接速度和工作模式，例如某一 Modem，它与交换机的连接速度是 100M，全双工的工作模式。在下面的 IGMP 选项中，选择默认的 Disable 就行了，一般不用进行改动。

如果想让这台 Modem 从 ISP 的 DHCP 服务器中来获得动态 IP 地址，在它每次登录进入时就分配这个地址，那就选择 "External DHCP Server"。而如果在我们的局域网中还有一台其他 DHCP 服务器，而又希望这台 Modem 从局域网中的 DHCP 服务器中自动获得 IP 地址，则要选择 "Internal DHCP Server"。

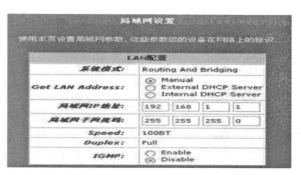

图 7—17　局域网设置

如果 Modem 还可支持 USB 的接口，那在这个页面下还可能有一些内容。当将 USB 接口连接到计算机上时，在这个页面下还需对 USB 接口进行配置，指定 USB IP 地址，与前面的手工指定 IP 地址一样，可参照前面进行。

B. DHCP Mode（DHCP 模式）设置。

DHCP（动态主机配置协议）可自动分配可用的 IP 地址（在有限的租用期内使用）以及传送附加的 IP 配置信息。DHCP 是一个能够使网络管理员集中管理和分配 IP 信息到一个网络中的所有电脑上的协议。当我们在网络中启用 DHCP 时，可以使用一台设备（比如 ADSL Modem 或者一台路由器）在网络上联络 ISP 来分配一个临时的 IP 地址到这个网络内的计算机上。那么这台分配 IP 地址的设备就叫做 DHCP 服务器，这台接受 IP 地址并分配下去的设备就是 DHCP 代理器。当网络中启用 DHCP 时，IP 地址信息的动态分配与静态分配相比的一个优点是，一台 DHCP 的客户机当它每次重新连接到网络时可以从 DHCP 服务器的公共的 IP 地址池中分配到一个不同的 IP 地址。

DHCP 允许让我们使用一台中心计算机（DHCP 服务器）通过网络来管理和分配 IP 地址，如果没有 DHCP，那我们将不得不分别为每台计算机配置 IP 地址和及其有关的数据。

在一个单局域网中，分配 IP 地址的管理对管理员来说始终是一个头疼的问题。辛辛苦苦给每台客户机设置好 IP 地址后，碰上有意无意的改动，结果不是不能上网就是某些软件不能正常运行，造成了许多不必要的麻烦。如果我们打开 ADSL Modem 内置的 DHCP 功能，就可以让客户机自动获取 IP 地址，从而免去了管理员的奔波之苦。下面详细讲述一下 ADSL Modem 的 DHCP 的设置及应用。

点击 "DHCP Mode"，在 "DHCP 设置" 页面中，可以设置 DHCP 的三种工作模式：None、DHPC Server 和 DHCP Relay。如图 7—18 所示。

我们可把这台 ADSL Modem 配置为一台 DHCP 服务器、DHCP 中继服务器或 DHCP 代理，或者禁止使用 DHCP 服务器模式。

None：禁用 DHCP 模式。如果选择此模式，那在局域网中的计算机一定要设置为静态 IP 地址方式（即指定 IP 地址）。

DHCP Server：把 ADSL Modem 设置为一台 DHCP 服务器。如果设置它为一台 DHCP 服务器，那 ADSL Modem 将遵循 IP 地址协议来分配 IP 地址到局域网中的计算机。如果分配

图 7—18　DHCP 模式设置

指定的 IP 地址是因特网上保留的地址，还须设定 ADSL Modem 的 NAT（网络地址翻译）服务功能，那么在因特网上保留的 IP 地址才能翻译为合法的公有 IP 地址来使用。一般，在 ADSL Modem 中 DHCP 服务器和 NAT 功能的默认状态是打开的。

DHCP Relay：把 ADSL Modem 设置为一台 DHCP 中继服务器。如果在我们的网络中 ISP 已经提供了 DHCP 服务器的功能，那么可以配置 ADSL Modem 作为一台 DHCP 中继服务器。当这台 DHCP 中继服务器接收到网络上的一台计算机发出访问因特网的请求时，它就会联络 ISP 取得所需的 IP 信息然后中转这些特定的信息到那台计算机中。

如果在网络中已经有另外一台电脑或其他设备有了 DHCP 服务器的功能，那么我们也可以配置 ADSL Modem 的 LAN 口作为这台服务器的 DHCP 代理。当把 ADSL Modem 配置为 DHCP 代理时，对于局域网中的计算机来说它本身能作为一台 DHCP 服务器使用，但对于它自己的 LAN 口却不能应用。具体的设置是在"局域网设置"中，选择"External DH-CP Server"（指从 ISP 处获得 IP 地址）或"Internal DHCP Server"（指从内部局域网的 DHCP 服务器处获得 IP 地址）。

C. DHCP Server（DHCP 服务器）设置。

下面介绍怎么配置 ADSL Modem 让它具有 DHCP 服务器功能，在建立 DHCP 服务器之前，首先要确定在我们的局域网中所使用的 IP 地址范围，也就是 DHCP 服务器共享地址。还有其他附加信息如网关、DNS 服务器地址等。

共享 IP 地址可以是 ISP 分配的公网 IP，也可以使用因特网上保留的 IP 地址，一般在局域网中使用保留的 IP 地址，然后通过 NAT 功能翻译成合法的公网 IP。

②创建可使用的 IP 地址群。

在 ADSL Modem 上可以创建 2 个以上最多可以达到 254 个共享 IP 地址的地址群，例如可以配置为只有一个从 192.168.1.2 到 192.168.1.255 的共享 IP 地址段，或者有两个如下范围的共享 IP 地址段：共享 1：192.168.1.3 到 192.168.128；共享 2：192.168.1.129 到 192.168.1.255。

A. 在图 7—19 所示的"DHCP 设置"页面中，选择"DHCP Server"，再按"提交"按钮保存设置。

B. 在"DHCP Server"页面中按"添加"按钮，弹出一个"DHCP 服务器地址群—添加"页，如图 7—20 所示。例如，设计让局域网内的 18 台计算机可自动获得 IP 地址，则可填入如下的参数。

图 7—19   设置 DHCP Server   图 7—20   DHCP 服务器地址设置

● 起始/End IP 地址：指定所分配 IP 段的起始和结束的 IP 地址，最大范围可达 254。

● Mac 地址：当想指定一个特定的 IP 地址到一台特定的计算机（即把 IP 地址绑定到某一块网卡时）时才要使用这个框，这个指定的 IP 地址将会一直分配给符合这个 Mac 地址的计算机，只有这台计算机才能使用。如果在这里输入 Mac 地址，必须在起始和结束 IP 地址框中输入同一 IP 地址才行。

● 子网掩码：指定所分配 IP 地址范围内有关网络的每个 IP 地址的指定部分和使用主机部分。

● 域名：用来指明一个所分配 IP 地址的名称，这个由用户自定，可以不填。

● 网关地址：指定计算机的默认网关地址。如果没有指定这个值，那么在 ADSL Modem 设备上的合适的 LAN（eth-0）或 USB（usb-0）口地址将会自动分配到每台电脑上作为它默认的网关地址，依靠网关地址来对每台电脑进行链接。

● DNS 地址/SDNS 地址：指定局域网中计算机所使用的域名服务器地址和备用域名服务器地址。

● SMTP…SWINS 地址：执行不同的服务的地址（如 SMTP 邮件服务器的地址），请按照实际的参数填写，或者不填。

C. 填写好上面的参数，点击"提交"按钮，则添加了本局域网内计算机可获得的 IP 地址群。如图 7—21 所示。

③在共享 IP 地址中禁用某个 IP 地址。

如果在本地局域网中有一些 IP 地址是指定给一台设备固定使用的，或者因其他一些原因不想使它在网络中使用，那么可以在共享 IP 地址群中

图 7—21   DHCP 服务器地址池

将它禁用。

具体的操作为：

在想要修改 IP 地址的相应地址群中点击 ，进入"DHCP 共享服务器—修改页"页面，在"Excluded IP"框中输入想要禁用的每个 IP 地址并点击"添加"按钮，当输入完后点击"提交"按钮。

④查看当前 IP 地址分配情况。

当 ADSL Modem 在本地局域网中充当一台 DHCP 服务器时，它会保存已经分配给局域网内计算机的 IP 地址记录，要查看当前 IP 地址分配记录，可在"DHCP 服务器设置页"中点击"地址表"按钮，将弹出"DHCP 服务器地址表"页面。DHCP 服务器地址表列举了一些当前分配给本局域网内计算机的 IP 地址。

7.2.4 Internet 接入方式的新发展——3G 上网

1. 3G 网络

3G 上网卡是目前无线广域通信网络应用广泛的上网介质。目前我国有中国移动的 TD-SCDMA 和中国电信的 CDMA 2000 以及中国联通的 WCDMA 三种网络制式，所以常见的无线上网卡就包括 CDMA 2000、TD 和 WCDMA 无线上网卡三类。

CDMA 2000 1XEV-DO 由 CDMA 2000 演进而来，与有线宽带相比，它是一种可提供高速无线连接的第三代（3G）移动通信标准。

CDMA 2000 EVDO 让个人用户可以发送和接收带大附件的电子邮件、享受实时互动游戏、收发高分辨率的图片和视频、下载视频和音乐内容或者与办公室里的电脑保持无线连接等。

该产品是针对 CDMA 2000 EVDO 网络无线高速数据业务而提供的互联网接入设备，可以将已开通 EV-DO 服务的 UIM 卡插入设备中，与电脑的 USB 接口相连，实现高速无线上网、语音通话、短信收发、数据传输等功能，数据下载速度最高可达到 2.4Mbps，上传可达到 153.6Kbps，适合于笔记本电脑、台式电脑、工控机使用。兼容 CDMA 20001X 网络，在未开通 EV-DO 网络的环境下，数据传输速度为 153.6Kbps.

CDMA 是码分多址（Code Division Multiple Access）技术的缩写，是近年来在数字移动通信进程中出现的一种先进的无线扩频通信技术。CDMA 无线上网卡类似于 GPRS 无线上网卡，采用 PC 卡接口，可以插入笔记本电脑实现无线 Internet 接入。在一般环境下最快可达 153K，几乎是 GPRS 速度的四倍。虽然 CDMA 1X 比 GPRS 快了数倍，但目前由于国内 CDMA 1X 网络尚不成熟，往往达不到这个速度。

现有的 3G 上网卡设备，几乎都是双模自动切换，没有 3G 信号的地方可以选择其他网络，网速相对比较慢。中国电信可以自由切换 EVDO 和 CDMA 1X 网络，中国移动可以自由切换 TD-SCDMA 网络和 EDGE 网络，中国联通可自由切换 WCDMA 和 CDMA 1X 网络。

2. 4G 网络

4G 移动系统网络结构可分为三层：物理网络层、中间环境层、应用网络层。物理网络层提供接入和路由选择功能，它们由无线网络和核心网的结合模式来完成。中间环境层的功能有 QoS 映射、地址变换和完全性管理等。

4G 网络物理网络层与中间环境层及其应用环境之间的接口是开放的，它使发展和提供新的应用及服务变得更为容易，提供无缝高数据率的无线服务，并运行于多个频带。这一服务能自适应多个无线标准及多模终端能力，跨越多个运营者和服务，提供大范围服务。第四代移动通信系统的关键技术包括信道传输；抗干扰性强的高速接入技术、调制和信息传输技术；高性能、小型化和低成本的自适应阵列智能天线；大容量、低成本的无线接口和光接口；系统管理资源；软件无线电、网络结构协议等。第四代移动通信系统主要是以正交频分复用（OFDM）为技术核心。OFDM 技术的特点是网络结构高度可扩展，具有良好的抗噪声性能和抗多信道干扰能力，可以提供比目前无线技术质量更高（速度快、时延小）的服务和更好的性能价格比，能为 4G 无线网提供更好的方案。例如无线区域环路（WLL）、数字音讯广播（DAB）等，都将采用 OFDM 技术。4G 移动通信对加速增长的宽带无线连接的要求提供技术上的回应，对跨越公众和专用的、室内和室外的多种无线系统和网络提供无缝的服务。

7.3 组建小型局域网

7.3.1 小型局域网简介

家庭无线局域网的组建，最简单的莫过于两台安装有无线网卡的计算机实施无线互连，其中一台计算机还连接着 Internet。这样，一个基于 Ad-Hoc 结构的无线局域网便完成了组建。但其缺点也比较明显：范围小、信号差、功能少、使用不方便。

无线 AP 的加入，则丰富了组网的方式（见图 7—22），并在功能及性能上满足了家庭无线组网的各种需求。技术的发展，令 AP 已不再是单纯的连接"有线"与"无线"的桥梁。带有各种附加功能的产品层出不穷，这就给目前多种多样的家庭宽带接入方式提供了有力的支持。下面就从上网类型入手，来介绍家庭无线局域网的组网方案。

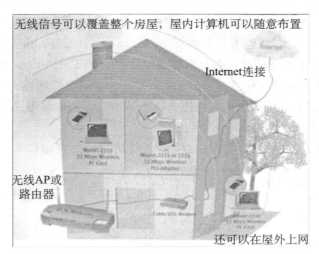

图 7—22 无线连接可以摆脱线缆的束缚

1. 普通电话线拨号上网

如果家庭采用的是 56K Modem 的拨号上网方式，无线局域网的组建必须依靠两台以上装备了无线网卡的计算机才能完成，其中一台计算机充当网关，用来拨号。其他的计算机则

215

通过接收无线信号来达到"无线"的目的。在这种方式下，如果计算机的数量只有 2 台，无线 AP 可以省略，两台计算机的无线网卡直接相连即可连通局域网。当然，网络的共享还需在接入 Internet 的那台计算机上安装 WinGate 等网关类软件。此时不难发现，这种无线局域网的组建与有线网络非常相似，都是拿一台计算机做网关，唯一的不同就是用无线传输替代了传统的有线传输而已。

2. 以太网宽带接入

以太网宽带接入方式是目前许多居民小区所普遍采用的，其方式为所有用户都通过一条主干线接入 Internet，每个用户均配备个人的私有 IP 地址，用户只需将小区所提供的接入端（一般是一个 RJ-45 网卡接口）插入计算机中，设置好小区所分配的 IP 地址、网关以及 DNS 后即可连入 Internet。就过程及操作上看，这种接入方式的过程十分简便，一般情况下只需将 Internet 接入端插入 AP 中，设置无线网卡为"基站模式"，分配好相应的 IP 地址、网关、DNS 即可。

3. 虚拟拨号＋局域网

这类宽带的接入方式与以太网宽带非常类似，ISP 将网线直接连接到用户家中。但不同的是，用户需要用虚拟拨号软件进行拨号，从而获得公有 IP 地址方可连接 Internet。对于这种宽带接入方式，最理想的无线组网方案是采用一个无线路由器（Wireless Router）作为网关进行虚拟拨号（见图 7—23），所有的无线终端都通过它来连接 Internet，使用起来十分方便。

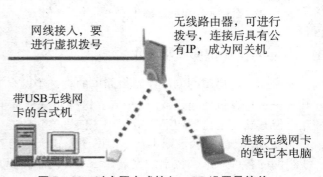

图 7—23　以太网方式接入，AP 设置最简单

一般而言，普通 AP 没有路由功能，它只能起到单纯的网关作用，即把有线网络与无线网络简单地连接起来，其本身也不带交换机功能。而 Wireless Router 则是带了路由功能的 AP，相当于有线网络中的交换机，并且带有虚拟拨号的 PPPoE 功能，可以直接存储拨号的用户名和密码，能够直接和 DSL Modem 连接。另外，在网络管理能力上，Wireless Router 也要优于普通 AP。但通常情况下，人们把 AP 和 Wireless Router 统称为无线 AP。

4. 以太网 DSL Modem 接入

DSL 是目前最普及的宽带接入方式（中国电信所提供的宽带接入，如图 7—24 所示），

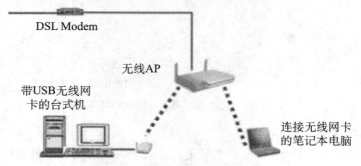

图 7—24　最主流的接入方式：DSL

用户只需一块有线网卡，通过网线连接以太接口的 DSL Modem 进行虚拟拨号连接上网。在这种宽带接入方式下，组网方案根据 DSL Modem 是否支持路由而分为两类。

其一是 DSL Modem 不支持路由模式，无法进行独立拨号。这种情况下的组网方式基本与"局域网＋虚拟拨号"方式相同，需要无线路由器的支持。另外需要注意的是，无线路由器应通过网线连接在 DSL Modem 的下端。其二是 DSL Modem 支持路由的模式，作为单独的网关进行拨号并占有公有 IP 地址。此时，一个普通的 AP 的接入即可满足需要，所有无线终端的网关都指向 DSL Modem 的 IP 地址。

7.3.2 无线路由器的安装与设置

在浏览器中，输入无线路由器的管理 IP，桌面会弹出一个登录界面，将用户名和密码填写进入之后，就进入了无线路由器的配置界面。

进入无线路由器的配置界面之后，系统会自动弹出一个"设置向导"。在"设置向导"中，系统只提供了 WAN 口的设置。建议用户不要理会"设置向导"，直接进入"网络参数设置"选项。

1. 网络参数设置部分

在无线路由器的网络参数设置中，必须对 LAN 口、WAN 口两个接口的参数进行设置。在实际应用中，很多用户只对 WAN 口进行了设置，LAN 口的设置保持无线路由器的默认状态。

要想让无线路由器保持高效稳定的工作状态，除对无线路由器进行必要的设置之外，还要进行必要的安全防范。用户购买无线路由器的目的，就是为了方便自己，如果无线路由器是一个公开的网络接入点，其他用户都可以共享，这种情况之下，用户的网络速度将无法保证稳定。为了无线路由器的安全，用户必须清除无线路由器的默认 LAN 设置。

多数默认 LAN 口地址是 192.168.1.1，为了防止他人入侵，可以把 LAN 地址更改成为 192.168.1.254，子网掩码不做任何更改。LAN 口地址设置完毕之后，点击"保存"后会弹出重新启动的对话框。配置了 LAN 口的相关信息之后，再配置 WAN 口。对 WAN 口进行配置之前，先要搞清楚自己的宽带属于哪种接入类型，固定 IP、动态 IP，PPPoE 虚拟拨号，PPTP，L2TP，802.1X＋动态 IP，还是 802.1X＋静态 IP。如果使用的是固定 IP 的 ADSL 宽带，为此，WAN 口连接类型选择"静态 IP"，然后把 IP 地址、子网掩码、网关和 DNS 服务器地址填写进去就可以了。

诸如 IP 地址、子网掩码、网关和 DNS 服务器等信息，都是宽带运营商提供的。另外，固定 IP 的 ADSL 也属于静态 IP 的连接模式。

LAN 口和 WAN 口的配置完成之后，下面配置无线参数。在配置无线路由器时，严格来说没有步骤，建议用户按照无线路由器配置页面中的次序进行配置。

2. 无线网络参数配置

无线网络参数的设置优劣，直接影响无线上网的质量。从表面来看，无线路由器中的无线参数设置，无非是设置一个 SSID 号，仅此而已。在实际应用中，诸如信道、无线加密等设置项目，不仅会影响无线上网的速度，还会影响无线上网的安全。

SSID 号：SSID（ServiceSetIdentifier）也可以写为 ESSID，用来区分不同的网络，最多可以有 32 个字符，无线网卡设置了不同的 SSID 就可以进入不同网络，SSID 通常由无线路由器广播出来，通过 Windows XP 自带的扫描功能可以查看当前区域内的 SSID。无线路由器出厂时已经配置了 SSID 号，为了防止他人共享无线路由器上网，建议用户自己设置一个 SSID 号，并定期更改，同时关闭 SSID 广播。

频段：即"Channel"，也叫信道，以无线信号作为传输媒体的数字信号传送通道。IEEE802.11b/g 工作在 2.4～2.4835GHz 频段（中国标准），这些频段被分为 11 或 13 个信道。手机信号、子母机及一些电磁波会对无线信号产生一定的干扰，通过调整信道就可以解决。因此，如果在某一信道感觉网络速度不流畅时，可以尝试更换其他信道。可以根据自己的环境，调整到合适的信道。一般情况下，无线路由器厂商默认的信道值是 6。

7.3.3 无线网络的安全策略

由于无线网络是一个相对开放式的网络，只要有信号覆盖的地方，输入正确的 SSID 号就可以上网，为了限制非法接入，无线路由器都内置了安全设置。很多用户都为了提高无线网络的安全性能，设置了复杂的加密，殊不知，加密模式越复杂，无线网络的通信效率就越低。为此，如果用户对无线网络安全要求不高，建议取消安全设置。

无线网络 MAC 地址过滤：该项设置是为了防止未授权的用户接入无线网络，用户可以根据设置，限制或者允许某些 MAC 地址的 PC 访问无线网络。相比之下，MAC 地址过滤比数据加密更有效，而且不影响无线网络的传输性能。要想准确获得接入无线路由器的 PC 的 MAC 地址，可以通过"主机状态"来查看，在该项中，用户可以看到接入该无线路由器所有机器的 MAC 地址。

DHCP 服务：在实际应用中，很多用户的无线路由器的 DHCP 服务是启动的，这样无线网卡就无须设置 IP 地址、网关及 DNS 服务器等信息。从 DHCP 服务的工作原理可以看出，客户端开机会向路由器发出请求 IP 地址信息，上网过程中，路由器和无线网卡之间还会因为 IP 地址续约频繁通信，这无疑会影响无线网络的通信性能。为此，建议用户关闭 DHCP 服务。如果确实需要开启 DHCP，那么要尽量缩小 IP 地址池范围，以免留出过多空余 IP 给非法接入者有连接的机会。

7.3.4 恶意蹭网行为的检测

"蹭网"是指用自己电脑的无线网卡连接他人的无线路由器上网，而不是通过正规的 ISP 提供的线路上网。但是，蹭网是一种入侵并盗用其他可上网终端带宽的行为。而且从客观角度来讲，这种入侵可能造成更加严重的个人隐私、个人财产甚至经济、军事、政治上的损失。

1. 蹭网途径

（1）蹭网机。

这种东西不建议购买，由于信号原因，蹭网机电磁波发射强度高达 1W，对人体健康造成极大伤害。长期使用容易患癌症，血癌几率是普通人 10 倍左右。另外，不要太过相信这种产品，这类产品柜台演示的是 WEP 加密方式破解，这种方法非常简单，几分钟就破解了，如果是 WPA 破解需要 10～30 分钟，WPA2 需要更长时间甚至无法破解，WPA2-PSK-AES 则基本无法破解。

（2）蹭网卡。

蹭网卡实质上是一种大功率无线网卡，同时配备了密码破解软件。蹭网卡并不神秘，这种"免费"上网卡 2006 年就已经在中国台湾地区出现。它本质上就是一种外置的无线上网卡，只是比普通无线上网卡搜寻网络能力要强一些。普通用户无线网络密码设置比较简单，高手破解起来几乎不费吹灰之力。一般情况下，蹭网者如果不是大流量下载，就不太容易被真正的用户觉察到。其实，合法的宽带用户只要登录无线路由器，就能察看是否有人在蹭网，而通过 MAC 地址过滤的方式，就可以把对方"踢"走。

然而，"蹭网卡"的灵敏度越高、搜索范围越大，其功率也就越大，对人体危害也可能越大。一些"蹭网卡"最高功率达到 0.5W，对人体危害明显。"蹭网卡"的搜索原理来自于上一个数码时代的 BB 机，也是通过散发假冒信息截取信号资源从而上网。

2. 如何防止蹭网

（1）修改 SSID 信息并禁止广播。

关闭 SSID 广播，可以大大降低被蹭网机发现的几率，家庭用户可以关闭。关闭后无线端连接路由器可能要输入无线网络名称 SSID，具体关闭方法见路由器设置章节的内容。

（2）利用 WPA2-PSK 加密无线网络。

使用 WPA2-PSK 中的 AES 方式进行加密，密码设置尽可能长，使用数字加大小写字母加符号组合形式，可以延长被破解时间。并且将组密钥更新周期设置在 12～24 小时（过短可能会导致无线连接异常），这样可以增加黑客对密码的破译难度。需要注意的是 WEP WPA 加密算法目前均已告破，如果网卡较老不支持 WPA2 加密应该更新设备或尽量使用 WPA 并且密码用数字加大小写字母加符号组合，达到加密的目的。

（3）降低信号发射功率。

降低无线设备信号发射功率，可以降低被蹭网机发现的几率。通过易拉罐等将天线包围起来，让信号转为定向发射，减小其他方向信号，另外还可以使用路由器自带的功率调节功能进行调节（DD-WRT、TOMATO 固件都有此功能）。

（4）开启 MAC 地址过滤。

将所有己方计算机 MAC 添加到白名单，禁止其他客户接入，另外请注意，不要以为过滤就能 100％防止蹭网，MAC 为明文传送，数据传输可能导致 MAC 被截获，蹭网者可以修改本机 MAC，也能接入到无限路由器。

（5）设置信道。

一般路由器信道默认使用 6，如果多台路由器在有限空间都是用信道 6，信号会非常差，用户可能无法连接路由器，如果附近有微波炉、天线等设备应调节信道至干扰很小为止，所以应该避开 1，2，5，6，7，13，14 这几个信道，使用中间信道如：3，4，8～11 这几个，可以降低被蹭网机发现的几率。

（6）关闭 DHCP 功能。

关闭 DHCP 功能可以降低被发现的几率。

（7）定期升级路由器固件。

路由器厂商会定期发布路由器固件更新，通常会修复一些 BUG，用户应及时更新到最新版本，防止路由器漏洞导致的蹭网。

因路由器品牌不同，可以到路由器厂家的官方网站查看是否有固件升级，升级可以修复一些路由器安全方面的问题。

3. 如何查看是否被蹭网

（1）用路由器管理界面进行查看。

在 IE 地址栏键入 192.168.0.1（少数路由器是 192.168.1.1 或 192.168.2.1）按回车键，如果没有修改过密码则用户名与密码均填写为 admin，登录后点击"系统状态"中的"无线用户列表"即可查询出当前是否有人蹭网。

（2）使用 360 安全卫士进行检测。

360 安全卫士中有一项新增功能"防蹭网检测"，可以使用户在不具备任何无线网络知识的情况下，轻松检测是否受到蹭网危害，并能指导用户进行有效防范。

实训 6   家庭无线网的实现

1. 实训目的

家庭无线局域网的组网。

2. 实训内容

组建家庭无线网络，掌握配置路由器和使用无线网卡的方法。

3. 实训要求

通过本项目的学习，使学生能进行无线网络的安装，熟悉连接配置步骤。

4. 实训步骤

使用双绞线连接无线路由器，打开浏览器，在地址栏中输入路由器的局域网地址（例如192.168.1.1），并登录。

步骤 1：在配置页面中进行参数设置。

包括 ADSL 账号信息、DHCP 设置、DNS 设置、无线网络（WLAN）设置、安全设置等。设置自动拨号、限制 DHCP 地址池为 5 个地址，DNS 为当地 ISP 公布的 DNS 参数，无线网络加密类型为 WPA2-PSK 中的 AES 方式，并广播 SSID。

设置完成后，点击"保存"，重新启动路由器。

步骤 2：查看 ADSL 拨号状态。

在"系统状态"页面中查看是否已顺利连接 ADSL。

步骤 3：安装 USB 无线网卡。

将 USB 无线网卡插入计算机的 USB 接口，按照系统提示选择驱动程序位置，安装完成后打开"网络连接"窗口查看自动出现的新建无线连接。

步骤 4：配置无线连接的地址。

在无线连接的图标上点击右键——属性，在弹出的对话框中双击 TCP/IP 项，将 IP 地址设置为"自动获取"，点击"确定"退出设置。

步骤 5：使用无线网卡访问 Internet。

在任务栏右下角的无线连接图标上双击，在弹出的 WLAN 网络列表中选择自己的路由器 SSID 名称，双击，按照提示输入无线网络的口令，等待尝试连接到路由器。

打开浏览器，输入域名 www.baidu.com 进行访问，若能打开网页浏览，即完成家庭无线网络的安装与配置。

本章小结

本章主要介绍了微机连网的一些基本硬件，重点讲解了如何通过 Modem，ADSL 和局域网将微机连接入 Internet，使读者学会组建家庭局域网实现微机上网的功能。另外，实训任务通过对上网软硬件安装和各个配置环节的具体实践，可以让读者掌握网线制作、上网设备安装、网络连接设置等方法和技术。

思考与练习

1. 思考题

（1）通过网络搜寻或图书借阅，自学网络连接的双绞线的 568A 和 568B 标准；搞清楚交叉线与直通线的区分，以及能够制作双绞线网线。

（2）如何实现多机共用一线上网？

2. 单项选择题

（1）以下哪个不是网线压线钳的功能？（　　　）。

A. 剪线　　　　B. 剥线　　　　C. 压线　　　　D. 连线

（2）以下哪个选项不是目前常用的基于 Windows 操作系统的 PPPoE 软件？（　　　）。

A. EnterNet 300　B. WinPoET　　C. RASPPPoE　　D. XPPPoE

（3）以下哪个速度不可能是调制解调器的速度？（　　　）。

A. 56Kbps　　　B. 33.6Kbps　　C. 28.8Kbps　　D. 128Kbps

（4）当电话线两端连接 ADSL Modem 时，电话线上提供的信息通道有（　　　）。

A. 1 个　　　　B. 2 个　　　　C. 3 个　　　　D. 4 个

（5）要测试网络的连通性，可以使用的 DOS 命令是（　　　）。

A. ping　　　　B. ipconfig　　C. netstat　　　D. path

3. 填空题

（1）双绞线一般可分为_____与_____两种。

（2）默认情况下，Sygate 服务器端会自动设置 IP 地址为_____。

（3）网卡接口的 8 根线中，规定 1、2 为_____信号线，_____为接受信号线。

（4）ADSL 是_____的缩写，是一种在普通电话线上传输高速数字信号的技术。

4. 判断题

（1）集线器的功能是信息分发，把从一个端口接收的信号向所有端口分发出去。（　　　）

（2）水晶头的质量好坏并不影响通信质量的高低。（　　　）

（3）集线器间普通端口的连接或者网卡直接连接时，需要采用交叉线缆。（　　　）

（4）内置 Modem 需要将其插到微机主板的 PCI 插槽上。（　　　）

（5）ADSL 使用电话线作为传输介质，通过 26kHz 以后的高频带获取较高的带宽。（　　　）

第8章　计算机硬件系统的维护与维修

学习目标

- 了解计算机常用维修工具的用途
- 掌握计算机故障常见检测方法
- 能够掌握开关电源原理模块图
- 能够对常见的计算机故障进行维修处理

工作任务

- 计算机维修基础
- 计算机主板常见故障和处理方法
- 鼠标、键盘等常见故障
- 开关电源常见故障
- 笔记本电脑常见故障和处理

8.1　计算机维修基础

8.1.1　电子元器件检测

1. 电阻器的检测

（1）小型电阻的标识。

① 小功率碳膜和金属膜电阻，通常用色环表示阻值的大小，有四环和五环两种规范（五色环的表示法中有三位数字）。四环表示法中，表示阻值的三环距离较近。第一条色环表示首位数字，第二条色环表示第二位数字，第三条色环表示 10 的幂数。距离稍大的第四环，代表误差。金色代表±5％，银色代表±10％。

颜色和数字的对应关系表：

颜色	棕	红	橙	黄	绿	蓝	紫	灰	白	黑
数字	1	2	3	4	5	6	7	8	9	0

例如某一色环电阻，依次为：红、紫、棕、金。由上述对应关系得知：红色代表 2、紫色代表 7、棕色代表 1，第四环金色代表误差±5%。

则该电阻的阻值为　　　　R＝27×10¹＝270Ω。

② 在微型贴片电阻上，小数点用 R 表示。E24 标准的代码一般标为 3 位数，前两位表示有效数字，第三位表示零的个数，精度为 5%；E96 标准的代码一般标为 4 位数，前三位表示有效数字，第四位表示零的个数，精度为 1%。

例如：代码 1R0=1.0Ω；R22=0.22Ω；103=10 000Ω＝ 10kΩ；1003=100 000Ω=100kΩ。

（2）固定电阻器的检测。

万用表的量程选择在欧姆挡，将两表笔分别与电阻的两端引脚相接即可测出实际电阻值。为了提高测量精度，应根据被测电阻标称值的大小来选择量程。由于欧姆挡刻度的非线性关系，它的中间一段分度较为精细，因此应使指针指示值尽可能落到刻度的中段位置，即全刻度的 20%～80% 弧度范围内。根据电阻误差等级不同，读数与标称阻值之间分别允许一定的误差。如超出误差范围，则说明该电阻变值或损坏。

提示：测试时，特别是在测几十 kΩ 以上阻值的电阻时，手不要触及表笔和电阻的导电部分；被检测的电阻从电路中焊下来，至少要焊开一端，以免电路中的其他元件对测试产生影响，造成测量误差。

（3）熔断电阻器的检测。

熔断电阻器在电路中的作用类似于保险丝。在电路中，当熔断电阻器熔断开路后，可根据经验做出判断：若发现熔断电阻器表面发黑或烧焦，可断定是其负荷过重，是通过它的电流超过额定值很多倍所致；如果其表面无任何痕迹而开路，则表明流过的电流刚好等于或稍大于其额定熔断值。对于表面无任何痕迹的熔断电阻器好坏的判断，可借助万用表 R×1 挡来测量，为保证测量准确，应将熔断电阻器一端从电路上焊下。若测得的阻值为无穷大，则说明其已失效开路，若测得的阻值与标称值相差甚远，表明电阻变值，也不宜再使用。在维修实践中发现，也有少数熔断电阻器在电路中被击穿短路的现象，检测时也应予以注意。

（4）电位器的检测。

检查电位器时，首先要转动旋柄，看看旋柄转动是否平滑，开关是否灵活，开关通、断时"喀哒"声是否清脆，并听一听电位器内部接触点和电阻体摩擦的声音，如有"沙沙"声，说明质量不好。电位器的中间引脚是滑动端，两边引脚是固定端。测量固定端的阻值应当接近标称值；测量滑动端与任一固定端的阻值会随轴柄旋转测量的阻值均匀变化，如指针有跳动现象，说明活动触点有接触不良的故障。

（5）压敏电阻的检测。

用万用表的 R×1k 挡测量压敏电阻两引脚之间的正、反向绝缘电阻，均为无穷大。否则，说明漏电流大。若所测电阻很小，说明压敏电阻已损坏。

（6）光敏电阻的检测。

用一黑纸片将光敏电阻的透光窗口遮住，此时万用表的指针基本保持不动，阻值接近无穷大。此值越大说明光敏电阻性能越好。若此值很小或接近为零，说明光敏电阻已烧穿损坏，不能再继续使用。将一光源对准光敏电阻的透光窗口，此时指针应有较大幅度的摆动，阻值明显减小。此值越小说明光敏电阻性能越好。若此值很大甚至无穷大，表明光敏电阻内部开路损坏，也不能再继续使用。将光敏电阻透光窗口对准入射光线，用小黑纸片在光敏电阻的遮光窗上部晃动，使其间断受光，此时指针应随黑纸片的晃动而左右摆动。

2. 电容器的检测

电容可以用电容测试仪测量，也可以用万用电表的欧姆挡粗略估测。用红、黑两表笔分别碰接电容的两脚，表内的电池给电容充电，指针偏转。充电完毕，回路电流为零，指针回零。调换红、黑两表笔，电容放电后又会反向充电。电容越大，电流变化值越大，指针偏转也越大。用此方法，对比被测电容和已知电容的偏转情况，就可以粗略估计被测电容的量值。但是，普通万用电表欧姆挡只能估测量值较大的电容，量值较小的电容（微微法）就只能用电容测试仪测量了。

（1）固定电容器的检测。

10pF以下的固定电容器容量太小，用万用表进行测量，只能定性的检查其是否有漏电，内部短路或击穿现象。测量时，可选用万用表R×10k挡，用两表笔分别任意接电容的两个引脚，阻值应为无穷大。若测出阻值（指针向右摆动）为零，则说明电容漏电损坏或内部击穿。

对于0.01μF以上的固定电容，可用万用表的R×10k挡直接测试电容器有无充电过程以及有无内部短路或漏电，并可根据指针向右摆动的幅度大小估计出电容器的容量。

（2）电解电容器的检测。

因为电解电容的容量较一般固定电容大得多，测量时应针对不同容量选用合适的量程。根据经验，一般情况下，1~47μF间的电容，可用R×1k挡测量，大于47μF的电容可用R×100挡测量。将万用表红表笔接负极，黑表笔接正极，在充电完毕表针停稳在某一位置时。此刻度值便是电解电容的正向漏电阻，此值略大于反向漏电阻。实际使用经验表明，电解电容的漏电电阻一般应在几百kΩ以上，否则，将不能正常工作。

在测试中，若正向、反向均无充电的现象，即表针不动，则说明容量消失或内部断路；如果所测阻值很小或为零，说明电容漏电大或已击穿损坏，均不能再使用。

3. 电感器、变压器检测

（1）色码电感器检测。

电感是用导线缠绕制成的电子元件。被测色码电感器直流电阻值的大小与绕制电感器线圈所用的漆包线径、绕制圈数有直接关系，只要能测出电阻值，则可认为被测色码电感器是正常的。测量时将万用表置于R×1挡，表笔各接色码电感器的任一引出端，若被测色码电感器电阻值为零，则其内部有短路故障。

（2）电源变压器的检测。

通过观察变压器的外貌来检查其是否有明显异常现象。如线圈引线断裂、脱焊、绝缘材料有烧焦痕迹、铁心紧固螺杆松动、硅钢片锈蚀、线圈绕组外露等。

① 绝缘性测试：用万用表R×10k挡，分别测量铁心与各绕组间的电阻值，万用表指针均应指在无穷大位置不动。否则，说明变压器绝缘性能不良。

② 线圈通断的检测：将万用表置于R×1挡，测试每一绕组的引出端，若某个绕组的电阻值为无穷大，则说明此绕组有断路故障。

③ 空载电流的检测：将次级所有绕组全部开路，把万用表置于交流电流挡（500mA）串入初级绕组。当初级绕组的插头插入220V交流市电时，万用表所指示的便是空载电流值。此值不应大于变压器满载电流的10%~20%。一般常见电子设备电源变压器的正常空

载电流应在 100mA 左右。如果超出太多，则说明变压器有局部短路故障。

④ 电源变压器短路性故障的综合检测判别。电源变压器发生短路故障后的主要症状是发热严重和次级绕组输出电压失常。通常，线圈内部匝间短路点越多，短路电流就越大，而变压器发热就越严重。检测判断电源变压器是否有短路性故障的简单方法是测量空载电流。存在短路故障的变压器，其空载电流值将远大于满载电流的 10%。

4. 二极管的检测

（1）普通二极管的检测。

普通二极管（包括检波、整流、阻尼、开关、续流二极管）是由一个 PN 结构成的半导体器件，具有单向导电特性。通过用万用表检测其正、反向电阻值，可以判别出二极管的电极，还可估测出二极管是否损坏。

① 极性的判别：将万用表置于 R×100 挡或 R×1k 挡，两表笔分别接二极管的两个电极，测出一个结果后，对调两表笔，再测出一个结果。两次测量的结果中，有一次测量出的阻值较大（为反向电阻），一次测量出的阻值较小（为正向电阻）。在阻值较小的一次测量中，黑表笔接的是二极管的正极，红表笔接的是二极管的负极。

② 性能的检测及好坏的判断：通常，锗材料二极管的反向电阻值为 1kΩ 左右，正反向电阻值为 300 左右。硅材料二极管的电阻值为 3kΩ 左右，反向电阻值为无穷大。正、反向电阻值相差越悬殊，说明二极管的单向导电特性越好。若测得正、反向电阻值均接近 0 或阻值较小，则说明该二极管已击穿短路或漏电损坏；若测得二极管的正、反向电阻值均为无穷大，则说明该二极管已开路损坏。

（2）单色发光二极管的检测。

单色发光二极管的导通条件是施加 3V 正向电压。由于万用表的低阻挡一般使用一节 5 号电池，所以在测量时外部需附接一节 1.5V 电池（黑色表笔接负极）。将万用表置 R×10 或 R×100 挡，检测时用万用表两表笔交替接触发光二极管的两管脚。若管子性能良好，必定有一次能正常发光。此时，黑表笔所接的为发光管的正极，红表笔所接的为负极。

如果身边没有 1.5V 电池，可取一个大容量电解电容器，用万用表 R×100 挡对其充电代替。注意充电后的电容两引脚分别所代替的电池极性。

（3）红外发光二极管的检测。

将万用表置于 R×1k 挡，测量红外发光二极管的正、反向电阻。通常，正向电阻应在 30kΩ 左右，反向电阻要在 500kΩ 以上，这样的管子才可正常使用。要求反向电阻越大越好。

（4）其他二极管的检测。

小功率晶体二极管，玻封硅高速开关二极管，快恢复、超快恢复二极管，高频变阻二极管等，可以参考检测普通二极管的方法。

5. 三极管的检测

（1）中、小功率三极管的检测。

① 测量极间电阻：将万用表置于 R×100 或 R×1k 挡，按照红、黑表笔，在三个电极之间采用六种不同接法进行测试。其中，发射结和集电结的正向电阻值较低，其他四种接法测得的电阻值都很高，约为几百千欧至无穷大。硅材料的极间电阻要比锗材料极间电阻大得多。

② 检测判别电极：首先判定基极。用万用表 R×100 挡测量三个电极中每两个极之间的正、反向电阻值。当用第一根表笔接某一电极，而第二表笔先后接触另外两个电极均测得低阻值时，则第一根表笔所接的那个电极即为基极 b。注意，若这时红表笔接的是基极，所测得的阻值都较小，则还可判定被测三极管为 PNP 型管；若黑表笔接的是基极，则被测三极管为 NPN 型管。其次判断 e 和 c。将万用表的红表笔接基极 b，用黑表笔分别接触另外两个管脚时，所测得的两个电阻值会不一样。在阻值小的一次测量中，黑表笔所接管脚为集电极 c，余下的一个是发射极 e。

三极管的两个 PN 结，测量结果凡不符合 PN 结单向导电特性的，均可判定三极管的损坏。

提示： 在实际应用中，小功率三极管多直接焊接在印刷电路板上，由于元件的安装密度大，拆卸比较麻烦，所以在检测时常常通过用万用表直流电压挡测量被测三极管各引脚的电压值，来推断其工作是否正常，进而判断其好坏。

（2）大功率晶体三极管的检测。

利用万用表检测中、小功率三极管的极性、管型及性能的各种方法，对检测大功率三极管来说基本上适用。但是，由于大功率三极管的工作电流比较大，因而其 PN 结的面积也较大，其反向饱和电流也必然增大。所以，若像测量中、小功率三极管极间电阻那样，使用万用表的 R×1k 挡测量，必然造成测量的读出数值很小，好像极间短路一样。所以通常使用 R×10 或 R×1 挡检测大功率三极管。

6. 集成芯片的检测

检查和维修计算机板卡的集成电路（芯片 IC）前，首先要熟悉所用集成电路的功能、内部电路、主要电气参数、各引脚的作用以及引脚的正常电压和波形与外围元件组成电路的工作原理。如果具备上述知识，那么分析和检查会容易许多。检测前要了解集成电路及其相关电路的工作原理。测试不要造成引脚间短路。

（1）专用工具检测。

计算机板卡的检查和维修，最好的方法是采用专用工具检测（参考本章的"计算机故障检测方法"和"计算机维修工具"）。

（2）不在路检测。

这种方法是在集成芯片 IC 未焊入电路时进行的，一般情况下可用万用表测量各引脚对应于接地引脚之间的正、反向电阻值，并和完好的集成芯片 IC 进行比较判断。

（3）在路检测。

这是一种通过万用表检测 IC 各引脚在路（IC 在电路中）直流电阻、对地交直流电压以及总工作电流的检测方法。这种方法克服了代换试验法需要有可代换 IC 的局限性和拆卸 IC 的麻烦，是检测 IC 最常用和实用的方法。在路检测法需要有相关集成芯片的技术参数。

7. 判断晶振的好坏

晶体振荡器简称晶振，是数字电路和众多电子设备不可缺少的电子元件。检测时先用万用表（R×10k 挡）检测晶振两端的电阻值，若为无穷大，说明晶振无短路或漏电；再将试电笔插入市电插孔内（火线），用手指捏住晶振的任一引脚，将另一引脚碰触试电笔顶端的金属部分，若试电笔氖泡发红，说明晶振是好的；若氖泡不亮，则说明晶振损坏。

8. 单向晶闸管检测

可用万用表的 R×1k 或 R×100 挡测量任意两极之间的正、反向电阻，如果找到一对极的电阻为低阻值（100Ω～1kΩ），则此时黑表笔所接的为控制极，红表笔所接为阴极，另一个极为阳极。晶闸管共有 3 个 PN 结，我们可以通过测量 PN 结正、反向电阻的大小来判别它的好坏。测量控制极（G）与阴极（C）之间的电阻时，如果正、反向电阻均为零或无穷大，表明控制极短路或断路；测量控制极（G）与阳极（A）之间的电阻时，正、反向电阻读数均应很大；测量阳极（A）与阴极（C）之间的电阻时，正、反向电阻都应很大。

9. 双向晶闸管的极性识别

双向晶闸管有主电极 1、主电极 2 和控制极，如果用万用表 R×1k 挡测量两个主电极之间的电阻，读数应近似无穷大，而控制极与任一主电极之间的正、反向电阻读数只有几十欧。根据这一特性，我们很容易通过测量电极之间的电阻大小，识别出双向晶闸管的控制极。而当黑表笔接主电极 1，红表笔接控制极时所测得的正向电阻总是要比反向电阻小一些，据此我们也很容易通过测量电阻大小来识别主电极 1 和主电极 2。

10. 检查发光数码管的好坏

先将万用表置 R×10k 或 R×100k 挡（该类万用表的高电阻测量挡位接有 9V 叠层电池），然后将红表笔与数码管（以共阴数码管为例）的"地"引出端相连，黑表笔依次接数码管其他引出端，七段均应分别发光，否则说明数码管损坏。

11. 光电耦合器检测

光电耦合器在弱电信号传输时，利用光电转换提高电路的抗干扰能力。光电耦合器由光敏对管集成封装而成，简称光耦。测量时万用表选用电阻 R×100 挡，不得选 R×10k 挡，以防电池电压过高击穿发光二极管。

光耦的输入端检测如同发光二极管。输出端的内部结构是光敏三极管，检测时万用表选电阻 R×1 挡。红、黑表笔接输出端，测正、反向电阻，正常时均接近于∞，否则表明受光管已损坏。光耦的输入、输出端，发光管与受光管之间的绝缘电阻在有条件时，可应用兆欧表测其绝缘电阻，此时兆欧表输出额定电压应略低于被测光电耦合器所允许的耐压值。发光管与受光管间绝缘电阻正常应为∞。也可用万用表的 R×10k 挡检测光耦的绝缘电阻。

8.1.2　焊接技术

焊接是将元器件高质量连接起来最容易实现的方法，是维修人员必须掌握的基本技能。

1. 热风枪

（1）使用指导。

热风枪也叫热风机，是一种贴片元件和贴片集成电路的拆焊、焊接专业工具，如图 8—1 所示。热风枪主要由气泵、线性电路板、气流稳定器、外壳、手柄组件组成。性能较好的 852 热风枪采用 850 原装气泵。具有噪声小、气流稳定的特点，而且风流量较大，一般为 27L/min；NEC 组成的原装线性电路板，可调节符合标准的温度（气流调整曲线），从而获得均匀稳定的热量、风量；手柄组件采用消除静电材料制造，可

图 8—1　热风机

以有效的防止静电干扰。由于计算机板卡广泛采用黏合的多层印制电路板，在焊接和拆卸时要特别注意通路孔，应避免印制电路与通路孔错开。更换元件时，应避免焊接温度过高。有些金属氧化物互补型半导体（CMOS）对静电或高压特别敏感而易受损。这种损伤可能是潜在的，在数周或数月后才会表现出来。在拆卸这类元件时，必须放在接地的台子上，接地最有效的办法是维修人员戴上导电的手套，不要穿尼龙衣服等易带静电的服装。

（2）操作说明。

① 将热风枪电源插头插入电源插座，打开热风枪电源开关。

② 在热风枪喷头前 10cm 处放置一纸条，调节热风枪风速开关，当热风枪的风速在 1 至 8 挡变化时，观察热风枪的风力情况。

③ 在热风枪喷头前 10cm 处放置一纸条，调节热风枪的温度开关，当热风枪的温度在 1 至 8 挡变化时，观察热风枪的温度情况。

④ 使用完毕后，将热风枪电源开关关闭，此时热风枪将向外继续喷气，等待喷气结束后再将热风枪的电源插头拔下。

2．电烙铁

（1）使用指导。

与 852 热风枪并驾齐驱的另一类维修工具是 936 电烙铁（见图 8—2），936 电烙铁有防静电（一般为黑色）的，也有不防静电（一般为白色）的，选购 936 电烙铁最好选用防静电可调温度型。焊接时最好使用助焊剂，有利于焊接良好又不造成短路。一般来说，电烙铁的功率越大，热量越大，烙铁头的温度也越高，通常选用 20W 的内热式电烙铁就足够了。使用功率过大容易烧坏元件，一般二极管、三极管节点温度超过 200℃就会烧坏。

图 8—2　电烙铁

值得注意的是焊接时，时间不能太长也不能太短，时间过长容易损坏元件和电路板，而时间太短焊锡不能充分熔化，造成焊点不光滑、不牢固，还可能产生虚焊。一般要求必须在 1.5～4s 内完成。

（2）操作说明。

通电后等待几分钟，用电烙铁去触及松香和焊锡，观察电烙铁的温度情况。使用完毕后，注意及时关闭电烙铁的电源开关，并拔下电源插头。

提示： 对于有温度控制的电烙铁，温度最好调节在 200℃以下。

3．焊料

焊料是一种易熔金属，最常用的一般是锡丝。焊料的作用是使元件引脚与印刷电路板的连接点连接在一起，焊料的选择对焊接质量有很大的影响。市场上的焊锡一般都是混合物，常见的是锡铅焊料，主要成分是锡 Sn 和铅 Pb，焊锡中所含的铅含量偏高影响焊接质量。出口欧洲的产品，一般为符合 ROHS 标准的无铅焊料。助焊剂是焊料的辅助物品，能使焊锡和元件更好地焊接，一般用得最多的是松香。

4．吸焊器

吸焊器（见图 8—3）利用真空作用可以把电路板上溶解的焊锡处理掉。吸焊器在拆除多引脚元件时十分有用，它能将焊点全部吸掉，帮助维修师取下待更换的元件。而对于两引脚或三引脚的元件，熟练使用烙铁的人仅用烙铁即可将焊点熔掉取出元件。

5. 焊接元件

(1) 清除焊接部位的氧化层。

可用断锯条的刀刃处，刮去金属引线表面的氧化层，使引脚露出金属光泽。对于印刷电路板可用细纱纸将铜箔打光后，涂上一层松香酒精溶液。

图8—3 吸锡器

(2) 元件镀锡。

在刮净的引线上镀锡。可将引线蘸一下松香酒精溶液后，将带锡的热烙铁头压在引线上，并转动引线，即可使引线均匀地镀上一层很薄的锡层。对于多股金属丝的导线，打光后应先拧在一起，然后再镀锡。

(3) 焊接。

将带有焊锡的烙铁头刃面紧贴在焊点处，电烙铁与水平面大约成60°角，以便于熔化的锡从烙铁头上流到焊点上。烙铁头在焊点处停留的时间控制在2~3s，之后抬开烙铁头，但固定元件的手仍保持不动。待焊点处的锡冷却凝固后，才可松开。

用镊子拨动引线，确认不松动，然后用偏口钳剪去多余的引线。

(4) 焊接质量检查。

焊接牢固的锡点光亮、圆滑而无毛刺。锡量适中时，锡和被焊物融合牢固。焊接电路板时，一定要控制好时间。太长，电路板将被烧焦，或造成铜箔脱落。

(5) 贴片集成电路拆卸和焊接。

在用热风枪拆卸贴片集成电路之前，一定要将电路板上的备用电池拆下（特别是备用电池离所拆集成电路较近时），否则，备用电池很容易受热爆炸，对人身构成威胁。

① 拆除：将线路板固定在维修平台上，打开带灯放大镜，仔细观察欲拆卸集成电路的位置和方位，并做好记录，以便焊接时恢复。用小刷子将贴片集成电路周围的杂质清理干净，往贴片集成电路管脚周围加注少许松香水。调好热风枪的温度和风速。温度开关一般调至3~5挡，风速开关调至2~3挡。用单喷头拆卸时，应注意使喷头和所拆集成电路保持垂直，并沿集成电路周围管脚慢速旋转，均匀加热。喷头不可触及集成电路及周围的外围元件，吹焊的位置要准确，且不可吹跑集成电路周围的外围小件。待集成电路的管脚焊锡全部熔化后，用医用针头或手指钳将集成电路轻轻掀起或镊走。操作过程中不可用力！否则，极易损坏集成电路的锡箔。

② 焊接：将焊接点用平头烙铁整理平整，必要时，对焊锡较少焊点应进行补锡。然后，用酒精清洁干净焊点周围的杂质。将更换的集成电路和电路板上的焊接位置对好，用带灯放大镜进行反复调整，使之完全对正。先用电烙铁焊好集成电路的四脚，将集成电路固定，然后，再用热风枪吹焊四周。焊好后应注意冷却，不可立即去动集成电路，以免其发生位移。冷却后，用带灯放大镜检查集成电路的管脚有无虚焊，若有，应用尖头烙铁进行补焊，直至全部正常为止。最后用无水酒精将集成电路周围的松香清理干净。

6. BGA 芯片的拆卸和焊接

在计算机板卡中，普遍采用了先进的 BGAIC（球栅阵列封装）技术，这种技术可大大缩小板卡的体积，增强功能，减小功耗，降低生产成本。但BGA封装的IC很容易因摔碰引起脱焊，给维修工作带来了很大的困难。BGA封装的芯片均采用精密的光学贴片仪器进行安装，误差只有0.01mm，而在实际的维修工作中，大部分维修者并没有贴片机之类的设备，光凭热风机和感觉进行焊接安装，成功的机会微乎其微。

要正确地更换一块BGA芯片，除具备熟练使用热风枪、BGA置锡工具之外，还必须掌握一定的技巧和正确的拆焊方法。

（1）拆卸BGA芯片。

① 将需要拆卸BGA的表面组装板安放在返修系统的工作台上（见图8—4）。

② 选择与器件尺寸相匹配的四方形热风喷嘴，并将热风喷嘴安装在上加热器的连接杆上，要注意安装平稳。

③ 将热风喷嘴扣在器件上，要注意器件四周的距离均匀，如果器件周围有影响热风喷嘴操作的元件，应先将这些元件拆卸，待返修完毕再焊上将其复位。

④ 选择适合需要拆卸器件的吸盘（吸嘴），调节吸取器件的真空负压吸管装置高度，使吸盘接触器件的顶面，打开真空泵开关。

⑤ 设置拆卸温度曲线，要注意必须根据器件的尺寸、PCB的厚度等具体情况设置拆卸温度曲线，BGA的拆卸温度与传统的SMD相比，其设置温度要高150℃左右。

图8—4　BGA返修台

⑥ 打开加热电源，调整热风量。

⑦ 当焊锡完全融化时，器件被真空吸管吸取。

⑧ 向上抬起热风喷嘴，关闭真空泵开关，接住被拆卸的器件。

（2）去除PCB焊盘上的残留焊锡。

用烙铁将PCB焊盘残留的焊锡清理干净、平整，可采用拆焊编织带和扁铲形烙铁头进行清理，操作时注意不要损坏焊盘和阻焊膜。之后用异丙醇或乙醇等清洗剂将助焊剂残留物清洗干净。

（3）印刷焊膏。

因为表面组装板上已经装有其他元器件，因此必须采用BGA专用小模板，模板厚度与开口尺寸要根据球径和球距确定，印刷完毕必须检查印刷质量，如不合格，必须清洗后重新印刷。

（4）贴装BGA。

① 将印好焊膏的表面组装板安放在返修系统的工作台上。

② 选择适当的吸嘴，打开真空泵。将BGA器件吸起来，用摄像机顶部光源照射PCB上印好焊膏的BGA焊盘，调节焦距使监视器显示的图像最清晰，之后拉出BGA专用的反射光源，照射BGA器件底部并使图像最清晰，然后调整工作台的X、Y、9（角度）旋钮，使BGA器件底部图像与PCB焊盘图像完全重合，大尺寸的BGA器件可采用裂像功能。

230

③ BGA 器件底部图像与 PCB 焊盘图像完全重合后将吸嘴向下移动，把 BGA 器件贴装到 PCB 上，然后关闭真空泵。

（5）再流焊接。

① 设置焊接温度曲线。根据器件的尺寸、PCB 的厚度等具体情况设置焊接温度曲线，为避免损坏 BGA 器件，预热温度控制在 100～125℃，升温速度和温度保持时间都很关键，升温速度控制在 1～2℃/s，BGA 的焊接温度与传统的 SMD 相比，其设置温度要高 15℃ 左右，PCB 底部预热温度控制在 160℃ 左右。

② 选择与器件尺寸相匹配的四方形热风喷嘴，并将热风喷嘴安装在上加热器的连接杆上，要注意安装平稳。

③ 将热风喷嘴扣在 BGA 器件上，要注意器件四周的距离均匀。

④ 打开加热电源，调整热风量，开始焊接。

⑤ 焊接完毕，向上抬起热风喷嘴，取下 PCB 板。

（6）检验。

BGA 的焊接质量检验需要 X 光或超声波检查设备。在没有检查设备时，可通过功能测试判断焊接质量。还可以把焊好 BGA 的表面组装板举起来，对光平视 BGA 四周，观察焊膏是否完全熔化、焊球是否塌陷、BGA 四周与 PCB 之间的距离是否一致，以经验来判断焊接效果。

8.1.3 计算机故障检测方法

计算机和周边高精密电子设备在出现问题时，可遵循清洁法、直接观察法、交换法、拔插法、专用工具测试法等方法维修处理电脑故障。

1. 清洁法

清洁的维护作用远大于维修，对于环境较差和使用较长时间的机器，应定期进行清洁。积尘会导致主机、电源、外设发生故障。过多的灰尘附着在 CPU、芯片、风扇的表面会导致这些元件散热不良，电路印刷板上的灰尘在潮湿的环境中常常导致短路，积尘阻挡红外线的穿透，使外设的红外线开关（如打印机的左界定位、打印纸检测等）失去作用。可用毛刷轻轻将灰尘扫去，或用棉签蘸无水酒精清洗积尘元件。振动、灰尘等原因，常会造成板卡、内存条、芯片等引脚氧化，导致接触不良。可将部件拔出，用橡皮擦轻轻擦拭引脚表面去除氧化物。长时间不使用微机，会导致部分元件受潮而使用不正常，可用电吹风的低热挡均匀将受潮元件烘干。针式打印机导轴积压油污，会造成字车不动和打印字迹不齐等故障，可用无水酒精清洗导轴。打印头油污阻塞，会造成打印针不出针、断针等故障，可用无水酒精浸泡并清洗。所以，清洁法往往可以处理许多故障。

2. 直接观察法

直接观察法即"看、听、闻、摸"。观察，是维修判断过程中第一要法，它贯穿于整个维修过程中。观察不仅要认真，而且要全面。要观察的内容包括周围的环境、硬件环境（包括接插头、插座和插槽等）、软件环境、用户的操作习惯和过程。

"看"即观察板卡之间，主机与外设之间的插头、插座、连线是否脱落或接触不良。如显示器接头松动会导致屏幕偏色、无显示等故障。板卡表面是否烧焦、断线，芯片表面是否开裂，电容是否漏液和胀裂，元器件之间是否有异物，等等。主板经常爆裂电容（见图 8—

5），除了电容的质量原因外，若电源质量不合格，也会致使电容负荷过高而导致电容发热爆裂。更换电容时，可以选用原参数的电容，最好选用高一等级的电容替换。比如原来 6.3V 3 300μF 的电容，可替换为 10V 3 300μF 的电容。

"听"即监听电源和板卡风扇、硬盘、光驱等设备的工作声音是否正常。监听可以及时发现一些事故隐患和帮助人们在事故发生前及时采取措施，避免因散热不良，引发芯片、元件工作温度太高，而造成故障的发生。监听方法特别适用于微机的外部设备，如不间断电源 UPS，在停

图 8—5　主板电容爆裂

电逆变工作时，蜂鸣器长鸣说明逆变不工作；蜂鸣器间断叫声加快，说明蓄电池电压已接近逆变工作下限电压，等等。

"闻"即辨闻板卡中是否有烧焦的气味，便于发现故障和确定短路所在地。

"摸"即用手按压管座上的接插芯片，看芯片是否松动或接触不良。另外，在通电状态下，用手触摸或靠近 CPU、显示器、硬盘等设备的外壳，根据其温度判断设备运行是否正常。

3. 交换法

交换法是通过逐步的交换设备或部件，根据故障现象的变化情况来判断故障所在。维修操作过程是"先静后动"，根据故障现象先分析考虑问题可能所在，然后动手操作。"先外后内"的含义是：首先替换电源线、显示器连线、打印电缆等，排除连线故障。再根据故障现象，与其他完好主机交换所怀疑的设备，借以判断故障源。对于主机故障可打开机箱，先交换开机软开关和复位开关，在排除开关故障后，可拔出电源的所有连线，鉴别电源的好坏。如果使用交换法无法排除故障，可以采用拔插法进一步检测故障所在。

4. 拔插法

通过先将 I/O 卡和拔插部件全部拔出后，再逐个插入的方法，根据故障现象的变化情况来判断故障来源。拔插法的操作步骤按最小硬件系统的启动型（电源＋主板＋CPU）到点亮型（电源＋主板＋CPU＋内存＋显卡＋显示器），最后分次插入其他 I/O 卡。整个过程每次只增加一件部件或 I/O 卡，通过观察可以方便、简单、清晰地发现故障所在。结合清洁法可以排除接触不良、引脚氧化等故障。在未插入显卡之前，可结合随机诊断程序（Power On Self Test，POST）的故障提示音，判断故障所在。在插入某块 I/O 卡后，故障现象重现，则说明该 I/O 卡或插槽有故障，再运用交换法定位故障。排除故障后，继续检测余下 I/O 卡是否有故障，注意每检测完一块 I/O 卡（显示卡除外），都必须拔出该卡。更换所有故障部件、I/O 卡后，重新插入其他 I/O 卡。从交换法、拔插法操作步骤可以看出，在故障分析过程中，在不同分析阶段，应该交替运用不同的检测方法，这样可以快速、准确地判断故障所在。

5. 专用工具测试法

该方法在不同阶段采用不同的检测工具。在无显示的情况下，可以通过随机诊断程序或

专用维修诊断卡（主板诊断卡、CPU假负载、阻值卡）来辅助硬件维修。在能显示的情况下，可以通过微机故障提示信息、各种诊断程序与诊断工具（如硬盘检测软件、debug、DM等），判断故障是硬件故障还是软件故障，以及故障所在。

6. 其他方法

振动敲击法可以轻敲板卡，发现、排除因虚焊造成的不稳定故障；当220V不稳定时，会造成UPS的稳压继电器切换频繁，并引发继电器触点接触不良的不稳定故障，可以轻敲继电器，使继电器触点处于正常的状态。升温降温法通过人为降低、升高局部元件温度的方法，根据出现故障频率的变化，观察和判断故障所在的位置。该方法能有效地发现因受潮造成的电容漏电、热敏电阻等元件的性能下降而引发的不稳定故障。这些方法在基于掌握硬件元件知识、微机硬件工作原理、日益更新的芯片功能、作用及性能的情况下，才能做到有的放矢。

8.1.4 计算机维修工具

"工欲善其事，必先利其器"。计算机维修不仅要求维修人员具有丰富的计算机软硬件知识，而且还要有一些专用设备。不管是计算机专业维修部门还是计算机维修教学、培训，维修工具是必不可少的。

1. 硬盘检测软件

硬盘属于高精密机械电子设备，盘片密封在无尘的空间中。硬盘故障检修前最好先使用相关检测软件进行分析判断，纯属硬件问题再动手修理。下面介绍几款检测软件。

（1）IBM公司的DFT（Drive Fitness Test，驱动健康检测）。DFT是面向IBM硬盘而推出的硬盘检测软件，它基于DFT微代码来判断硬盘的错误所在，这些微代码会自动地记录重要的硬盘错误事件。DTF软件可以"快速检测"、"表面完全扫描"硬盘的错误历史、检验S.M.A.R.T功能及基于PES对硬盘的机械性能进行分析等。DFT程序只能在DOS模式下运行，DFT程序诊断完成后对应以下四种结果：硬盘有坏扇区；硬盘已经由于振动而损坏；硬盘将要衰减；硬盘可以正常使用，不需要进行返修或者换盘。

安装程序（dft32-v200.exe）包含IBM DOS 2000及Drive Fitness Test，运行此程序，系统将自动在软盘上建立IBM DOS 2000启动盘，此启动盘中包含有DFT。DFT用来检测IBM IDE及SCSI硬盘的错误，它不会覆盖用户数据。

（2）QDPS是昆腾公司针对昆腾系列硬盘开发的，QDPS软件兼容火球系列（Fireball）、大脚系列（BigFoot）及大力神系列（Atlas）。即使用昆腾硬盘产品的用户均能使用此QDPS检测软件。QDPS软件需运行在DOS操作系统下，运行该软件，系统会自动建立一张启动盘，使用DOS启动检测盘就可进行硬盘检测工作。QDPS软件可以检测硬盘的每个扇区，检测的点主要在硬盘的前300MB空间内，因为那块空间主要存放绝大部分的操作系统和主要的程序。

硬盘完成快速检测后一般会产生三个结果：Hard Drive Passes All Tests（硬盘通过全部检测）、Hard Drive Fails Test（硬盘检测失败，可能有物理错误）、Hard Drive Passes Test（硬盘通过检测，但是系统存在问题）。如果是第一种情况，则说明硬盘没有问题，可以放心使用；第二种结果表明硬盘出现了物理损伤，应更换硬盘；如果出现第三种情况，那你需要再做一次全面检测。如果结果还一样，则故障可能不在硬盘，而是主板、操作系统或系统存在病毒等。

2. 主板诊断卡

主板诊断卡可将主板启动时 BIOS 内部自检程序的检测过程转换成代码，读取卡上的显示代码，对照故障代码表，可快速诊断或定位主板、内存、CPU、电源等相关部件的故障（见图 8—6）。

操作步骤：首先将电源供电断开，利用观察法，检查整机各部件是否完好。如果没发现异常，再利用硬件最小系统法，将主板诊断卡插在 ISA 或 PCI 槽上（如主板带 ISA 槽，建议先选择 ISA 槽）。选择 PCI 槽时最好是靠近中间的槽，因为该卡与少量主板有兼容性问题，使用第一个或最后一个 PCI 槽时可能产生"00"无显。连接好喇叭与主板 SPEAKER 插座的连线；接通电源，启动最小系统。观察主板诊断卡左上角的两个发光管显示的代码，对照故障代码表，确认故障。此时也可通过指示灯状态、喇叭声音进行综合判断。如果在最小系统下硬件没发现问题，再利用逐步添加法，逐一添加其他设备，观察诊断卡显示代码的情况，找出故障部件。代码和灯光表示见表 8—1 和表 8—2。

图 8—6　主板诊断卡

表 8—1　　　　　　　　　常见故障代码含义表（详细代码与指示灯状态见诊断卡说明书）

代码	说明	备注
00 或 FF	运行一系列代码之后，出现 00 或 FF 代码，则主板 OK	由于主板设计以及芯片组之间的差异，部分主板自检完成后可能显示 23、25、26 代码，属于正常情况
	一开机就显示一个固定的代码（如：00 或 FF），没有任何变化，通常为主板或 CPU 没有正常运行	
CO	初始化高速缓存	主板或 CPU 故障
C1 或 C6	内存自检	死机，喇叭将报警，有些主板显示 A7
31	显示器存储读/写测试或扫描检测失败	主板显示部分或显卡故障，喇叭将报警
41	初始化软盘驱动控制器	主板 BIOS 问题

表 8—2　　　　　　　　　　　　　　　　指示灯状态表

灯名	信号名称	说明
CLK	总线时钟	不论 ISA 或 PCI，只要一块空板（无需 CPU），接通电源就应该亮，否则时钟信号坏
BIOS	基本输入输出	当主板运行对 BIOS 有读操作时会闪烁
IRDY	主设备准备好	有 IRDY 信号时才闪烁，否则不亮
OSC	振荡	有 ISA 槽的主振信号，空板通电应常亮，否则停振
FRAME	帧周期	PCI 槽有循环帧信号时灯才闪烁，平时常亮

灯名	信号名称	说明
RET	复位	开机瞬间或按下 RESET 按钮后，亮半秒熄灭属正常情况；若常亮，通常为主板复位电路、复位按钮坏，或插针连接有误
±12V	电源	空板上电即应常亮，否则无此电压输出或主板有短路
±5V	电源	空板上电即应常亮，否则无此电压输出或主板有短路
3.3V	电源	空板上电即应常亮，否则无此电压输出或主板有短路

3. CPU 假负载

CPU 假负载主要是用来测 CPU 的各个点与电压是否正常（见图 8—7），检测正常之后才能安装真的 CPU（这样就避免了在维修主板的过程中把 CPU 烧掉）。也可以用来测 CPU 通向北桥或其他通道的 64 根数据线和 32 根地址线是否正常，是维修主板必备的工具。目前主要有 SOCKET37O、423、478 三种类型的负载。

操作步骤：卸下主板、电源以外的其他部件以及信号线，选择好相应型号的 CPU 负载，正确地安装到 CPU 插槽上，并准备好万用表，调到直流电压挡；接通电源，将万用表的黑表笔接地（电源或机箱的机壳），红表笔接负载的测试端点，读取万用表显示的数值；断开电源，比较万用表显示的数值是否在允许的范围内。如果无误，则可以确定主板的 CPU 供电电压正常，否则主板有故障。

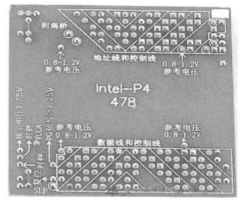

图 8—7　478CUP 假负载

例：478CPU 假负载的主要检测点：

（1）核心电压：VCC 参考电压 1.75V。

（2）复位：RESET♯ 参考电压 1.75V。

（3）时钟：BCLK［0］BCLK［1］参考电压 1.75V。

（4）PG 信号：PWRGOOD 参考电压 1.75V。

（5）1V 参考：GTLREF 参考电压 1V（四个当中有一个为 1V，均为正常）。

（6）64 根数据线：D♯［0］→D♯［63］参考电压 1.75V（它们的对地阻值与对地电压均相同）。

（7）32 根地址线：A♯［03］→A♯［35］参考电压 1.75V（它们的对地阻值与对地电压均相同）。

4. 阻值卡

阻值卡又称打阻值卡，是主要用来测电脑主板接口电阻值的板卡，阻值卡把接口引线连到板卡上，方便测试，并标有电源、地址、时钟等信号的测试点。按接口分类，市场上目前分为 DDR 内存阻值卡、DDR2 内存阻值卡、PCI 阻值卡、PCI-E 阻值卡、AGP 阻值卡、PS/2 阻值卡、VGA 阻值卡、IDE 阻值卡等。

PCI-E 带灯阻值卡（见图 8—8）采用软件控制电路，能自动快速检测主板南桥芯片的开路或短路，代替人工逐个测量的方法，配合其他套件产品，使维修电脑主板不用打阻值卡就能快速找到故障点。

PCI-E 带灯阻值卡使用说明：

（1）给测试卡外接 12V 直流电源，并插在主板相应的 PCI-E 插槽上。

（2）按下测试卡上的轻触开关，测试卡上的测试灯依次全部被点亮，如有灯不亮则应检查南桥相应的引脚是否开路或短路，隔离电容是否损坏。

（3）PCI-E 测试卡主要用来维修电脑主板不工作（数码卡显示 FF 或不显示）、工作不稳定、显卡不显示等故障。

5. 其他辅助工具

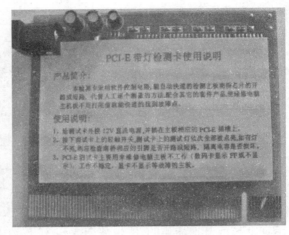

图 8—8　PCI-E 带灯阻值卡

（1）防静电手套：防止人体产生的静电对电脑中各器件造成损害；

（2）IC 起拔器：用于起拔板卡上的集成电路芯片；

（3）串口、并口及网口短路环：模拟接口设备，结合相关程序对接口性能进行检测；

（4）条件允许可配示波器、BGA 芯片测试座、BGA 返修台、超声波清洗机等工具。

8.1.5　计算机维修应遵循的基本原则

计算机维修应当"先简后繁、先易后难"，往往有些微机故障经过简单处理就能恢复正常。掌握计算机维修的基本原则，灵活运用故障处理的基本方法，可以做到事半功倍。正确处理计算机故障的基本原则是：

（1）进行维修判断须从最简单的事情做起。

（2）根据观察到的现象，要"先想后做"。

（3）在大多数的电脑维修判断中，必须"先软后硬"。

（4）在维修过程中要分清主次，即"抓主要矛盾"。

在计算机故障处理中，要正确运用本章介绍的维修方法和处理原则，不断学习计算机发展的新知识、了解新成果，同行之间要经常交流维修经验。通过刻苦钻研、摸爬滚打，你将来一定能成为业务熟练的计算机维修工程师。

8.2　计算机主板常见故障和处理方法

8.2.1　主板简介

主板（Motherboard）也叫主机板，它不但是整个电脑系统平台的载体，还负担着系统中各种信息的交流作用。主板的平面是一块 PCB（印刷电路板），一般采用四层板或六层板。低档主板多为四层板：主信号层、接地层、电源层、次信号层；而六层板则增加了辅助电源层和中信号层，因此，六层 PCB 的主板抗电磁干扰能力更强，主板也更加稳定。

主板主要由 CPU 插座（见图 8—9），BIOS 芯片，芯片组，内存条插槽，各类 I/O 卡插槽，数据线接口，键盘、鼠标、打印机等接口，USB 通用接口，CMOS 电路，电源接口等组成。

针式 弹簧夹片 CPU 金属散热器
引脚 导电端子 片基

图 8—9　CPU 针式引脚与底座弹簧夹片导电端子结合展示图

　　BIOS 芯片（见图 8—10）是一块方块状的存储器，里面存有与该主板搭配的基本输入输出系统程序。能够让主板识别各种硬件，还可以设置引导系统的设备，调整 CPU 外频等。BIOS 芯片是可以写入的，方便用户更新 BIOS 的版本，以获取更好的性能及对电脑最新硬件的支持。BIOS 可改写的一面会让主板遭受诸如 CIH 病毒的袭击。

图 8—10　主板 BIOS 存储器、电池和蜂鸣器

　　横跨 AGP 插槽左右两边的两块芯片就是南北桥芯片。南桥多位于 PCI 插槽的上面；而 CPU 插槽旁边，被散热片盖住的就是北桥芯片。北桥芯片主要负责处理 CPU、内存、显卡三者之间的"交通"，由于发热量较大，因而需要散热片散热。南桥芯片则负责硬盘等存储设备和 PCI 之间的数据流通。南桥和北桥合称芯片组；芯片组在很大程度上决定了主板的功能和性能。需要注意的是，AMD 平台中部分芯片组因 AMD CPU 内置内存控制器，可采取单芯片的方式，如 nVIDIA nForce 4 便采用无北桥的设计。

　　RAID 控制芯片相当于一块 RAID 卡的作用，可支持多个硬盘组成各种 RAID 模式。目前主板上集成的 RAID 控制芯片主要有 HPT372RAID 控制芯片和 Promise RAID 控制芯片。

　　主板上所谓的"插拔部分"是指这部分的配件可以用"插"来安装，用"拔"来拆卸。插拔部分主要包括：CPU 插座、内存插槽、AGP 插槽、PCI Express 插槽、CNR 插槽等。

　　接口部分有：硬盘接口（IDE 接口和 SATA 接口）、COM 接口（串口）、PS/2 接口、USB 接口、LPT 接口（并口）、声卡的 MIDI 接口（和游戏杆接口共用）、电源接口。

　　其他还有 CPU 风扇、前置机箱风扇、前置面板接口（复位、电源开关、电源指示灯、硬盘指示灯）等。面板扩展接口如图8—11所示。

8.2.2 主板故障处理

主板出现故障，一方面可能是因为驱动程序安装错误或丢失导致的软性故障，另一方面则是由于板上的部分元件老化或损坏，导致的硬件故障。如果主板出现了硬件故障，一般情况下先从判断主板上的电容元件有无损坏入手进行逐步的排查与维修，如果是电容损坏，只需更换相同型号的电容即可解决问题。

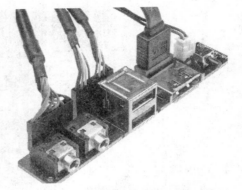

图8—11　前面板扩展口：音箱、USB、SATA

然而，有时候并不一定是由于电容损坏导致的主板故障，像南、北桥芯片烧毁等故障也时有发生，而这类故障的发生往往是由于主板散热不良、静电和操作不当造成的。

主板上的故障，按是否有显示为界，可以分成关键性故障和非关键性故障两大类。在主板BIOS的引导下，POST检测系统各个组件的过程大致为：加电→CPU（中央处理器，一切正常都是建立在CPU正常的基础上）→BIOS（BIOS本身有问题，自检是毫无意义）→System Clock（系统时钟，检查KEYBOARD控制芯片等）→DMA（直接存取，检查定时/计数器8253和DMA控制器）→16KB RAM（随机存储，检查BIOS运行所需的最小16KB RAM）→IRQ（中断请求，检查中断控制器8259A）→Display Card（显示卡，检查显示卡）等，在显卡以前的检测中，任何关键性部件有问题，主板都将处于挂起状态（死机）。对于这类"关键性故障"只能按Reset（复位）键或重新开机。

检测完显卡后，主板将对其余的内存、I/O口、软硬盘驱动器、键盘、即插即用设备、CMOS设置等进行检测，并在屏幕上显示各种信息和出错报告。如果一切正常，计算机将设备清单在屏幕上显示出来，并按CMOS中设定的系统启动驱动器，装载引导程序（boot）启动操作系统（OS）。

产生核心故障的器件主要有主板、CPU、显卡、内存和电源等，根据POST显示的出错信息，我们可以方便地找到有问题的设备。

1. 主板主要芯片

（1）中央处理器CPU。

CPU是Central Processing Unit的缩写，即中央处理器（见图8—12）。CPU的内部结构可分为控制单元、运算单元和存储单元三大部分。CPU是整个微机系统的核心，它往往是各种档次微机的代名词，CPU的性能大致上反映出微机的性能，因此它的性能指标十分重要。详情参看第2章。

（2）主要芯片组。

芯片组分为南桥和北桥，是和CPU相连的两块比较大的芯片。作用是协助、分担CPU的工作。南桥主要对I/O设备进行管理，北桥对内存条进行管理。如果CPU没有复位，而其他复位点都正

图8—12　Intel四核芯片

常，一般故障点在北桥。IDE 接口没有复位，一般会造成主板灯亮但不认 IDE 接口设备，故障点在 IDE 到南桥之间的门电路或电子开关。南北桥芯片组的功能见表 8—3。

表 8—3 芯片组功能表

芯片组	关联 I/O 设备和通道
南桥：即系统 I/O 芯片，主要管理中低速外部设备，集成了中断控制器、DMA 控制器	PCI、ISA 与 IDE 之间的通道
	PS/2 鼠标控制
	KB 键盘控制
	USB 通用串行总线控制
	SYSTEM CLOCK 系统时钟控制
	I/O 芯片控制
	ISA 总线
	IRQ 中断请求控制
	DMA 直接存取控制
	RTC 控制
北桥：系统控制芯片，主要负责 CPU 与内存、CPU 与 AGP 之间的通信。掌控项目多为高速设备，如：CPU、Host Bus。后期主板北桥集成了内存控制器、Cache 高速控制器	CPU 与内存之间数据控制
	Cache 控制
	AGP 图形加速端口控制
	PCI 总线控制
	CPU 与外设之间数据控制
	支持内存的种类及最大容量的控制

2. BIOS 自检故障提示音

计算机硬件维修，一定要了解屏幕错误信息提示和 BIOS 报警铃声。有硬件故障的电脑在开机时，机内会传出"嘀嘀嘀"不同的铃声，这是主板上固化程序 BIOS 发出的错误提示音。熟悉这些声音的含义，对排除电脑故障显得非常方便。

（1）主机的上电自检。

POST（Power On Self Test）是 BIOS 的一部分，是微机开机时硬件系统进行自我检查的一个例行程序，这个过程通常称为上电自检。POST 对系统几乎所有的硬件进行检测。

在我们按下启动键（电源开关）时，系统的控制权就交由 BIOS 来完成，由于此时电压还不稳定，主板控制芯片组会向 CPU 发出并保持一个 RESET（重置）信号，让 CPU 初始化，同时等待电源发出的 POWER GOOD 信号（电源准备好信号）。当电源开始稳定供电后，芯片组便撤去 RESET 信号，CPU 马上就从地址 FFFF0H 处开始执行指令，这个地址在系统 BIOS 的地址范围内。无论是 Award BIOS 还是 AMI BIOS，放在这里的只是一条跳转指令，跳到系统 BIOS 中真正的启动代码处。系统 BIOS 的启动代码首先要做的事情就是进行 POST 操作，由于电脑的硬件设备很多（包括存储器、中断、扩展卡等），因此将对系统的几乎所有硬件进行检测，提供这些设备工作状态是否正常的报告。

这一过程是逐一进行的，BIOS 厂商对每一个设备都给出了一个检测代码（称为 POST CODE，即开机自我检测代码），在对某个设置进行检测时，首先将对应的 POST CODE 写入 80H（地址）诊断端口，若该设备检测通过，则接着送另一个设置的 POST CODE，对此设置进行测试。如果某个设备测试没有通过，则此 POST CODE 会在 80H 处保留下来，检测程序也会中止，并根据已定的报警铃声进行报警，我们可以根据报警声的不同，分辨出故障所在。

POST 自检测顺序大致为：加电→CPU→ROM→BIOS→System Clock→DMA→64KB RAM→IRQ→显卡等。检测显卡以前的过程称关键部件测试，如果关键部件有问题，计算机会处于挂起状态，习惯上称为核心故障。检测完显卡后，计算机将对 64KB 以上内存、I/O 口、软硬盘驱动器、键盘、即插即用设备、CMOS 设置等进行检测，并在屏幕上显示各种信息或出错报告。后期检测的部件故障称为非关键性故障。在正常情况下，POST 过程进行得非常快，我们几乎无法感觉到这个过程。

（2）故障提示音举例。

不同厂家生产的主板，BIOS 自检提示音有所不同，但如果出故障提示音，肯定是针对主板、CPU、显卡、内存等硬件系统的。以常见的 Award 和 AMI 两种主板为例：

Award 主板 BIOS 故障提示音：

1 短：系统正常启动。表明机器没有任何问题。

2 短：常规错误，请进入 CMOS Setup，重新设置不正确的选项。

1 长 1 短：内存或主板出错。换一条内存试试，若还是不行，只好更换主板。

1 长 2 短：显示器或显示卡错误。

1 长 3 短：键盘控制器错误。检查主板。

1 长 9 短：主板 Flash RAM 或 EPROM 错误，BIOS 损坏。换块 Flash RAM 试试。

长鸣音（不断地响）：内存条接触不良或损坏。重插内存条，或更换内存。

AMI 主板 BIOS 故障提示音：

1 短：内存刷新失败。更换内存条。

2 短：内存 ECC 校验错误。在 CMOS Setup 中将内存关于 ECC 校验的选项设为 Disabled 就可以解决，不过最根本的解决办法还是更换一条内存。

3 短：系统基本内存检查失败。换内存。

4 短：系统时钟出错。

5 短：CPU 出现错误。

6 短：键盘控制器错误。

7 短：系统实模式错误，不能切换到保护模式。

8 短：显示内存错误。显示内存有问题，更换显卡试试。

9 短：BIOS 芯片检验错误。

1 长 3 短：内存错误。内存损坏，更换即可。

1 长 8 短：显示测试错误。显示器数据线没插好或显示卡没插牢。

3.BIOS 自检故障提示信息

程序服务处理程序主要是为应用程序和操作系统服务，这些服务主要与 I/O 设备有关，例如读磁盘、文件输出到打印机等，可以称程序服务处理程序为硬件控制程序。为了完成这些操作，BIOS 必须直接与计算机的 I/O 设备打交道，它通过端口发出命令，向各种外部设备传送数据以及从 I/O 端口读取数据，使程序能够脱离具体的硬件操作。而中断处理则分别处理 PC 机硬件的需求，因此这两部分分别为软件和硬件服务，组合到一起，使计算机系统正常运行。硬件中断处理通过调用中断服务程序来实现，这些服务分为很多组，每组有一个专门的中断。例如视频服务，中断号为 10H；屏幕打印，中断号为 05H；磁盘及串行口服务，中断号为 14H 等。每一组又根据具体功能细分为不同的服务号。应用程序需要使用哪些外设、进行什么操作只需要在程序中用相应的指令说明即可，无须直接控制。下面列举 BIOS 运行到这个硬件控制程序时一些常见的错误提示信息。

（1）CMOS Battery State LOW（CMOS 电池不足）；

（2）Keyboard Interface Error（键盘接口错误）；

（3）Hard disk drive failure 或 Primary master hard disk fail 或 Primary slave hard disk fail 或 Secondary master hard fail 或 Secondary slave hard fail（都说明硬盘故障并提示出错硬盘的位置）；

（4）Hard disk not present（硬盘参数错误）；

（5）Missing operating System（硬盘主引导区被破坏）；

（6）Non System Disk Or Disk Error（启动系统文件错误）；

（7）FDD Controller Failure BIOS（软驱控制错误）；

（8）HDD Controller Failure BIOS（硬盘控制错误）；

（9）Cache Memory Bad，Do Not Enable Cache（主板 Cache 故障）；

（10）BIOS ROM checksum error-System halted（BIOS 信息不完全所造成的）。

4．主板的常见故障现象和故障原因

如图 8—13 所示，主板故障集中表现在板上的六个位置。

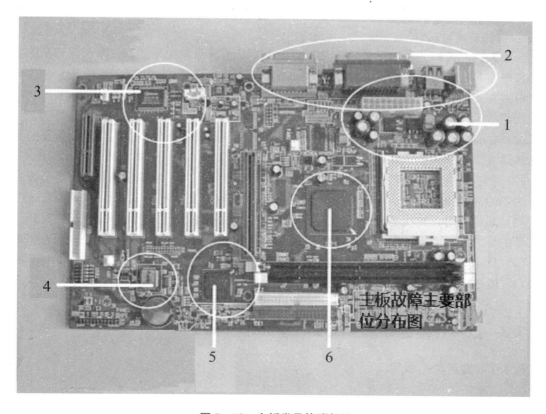

图 8—13　主板常见故障部位

（1）电源部分（见图8—13中1）：各种主板的内核电压不同，1.5～2V不等，是主板故障多发的部位，电源损坏的频率较高。常见故障现象有不能上电，即电源正常的情况下，短接主板的 POWER ON 开关，主板不通电；或短接主板的 POWER ON 开关，主板瞬间上电，随即又马上断电；开关机正常，但主板不显示，且无任何报警声；开关机正常，但主板不显示，有报警声；主板有显示，但自检出错；主板进入系统会死机、蓝屏、重启、掉电等。

（2）接口部分（见图8—13中2）：键盘口、鼠标口、COM 接口、打印接口、USB 接口、声卡、及显卡、网卡。由于插拔比较频繁而损坏，多为机械性人为故障。

（3）I/O 芯片（见图8—13中3）：控制接口的 I/O 芯片，坏的也比较多，通常的型号有 W83977、83627、ITE8702、8703、8705 等。常见故障现象有键盘口、鼠标口、COM 接口、打印接口、USB 接口不能正常工作。

（4）BIOS 芯片（见图8—13中4）：它是主板的最多故障点，大部分由病毒、误操作引起，还有主板自身的问题。

（5）南桥芯片（见图8—13中5）：是桥接芯片的一种，损坏的不是很多，维修起来困难，费用也相对高些。常见故障现象有不识别 IDE 设备、软驱不工作、主板接口不能正常工作。

（6）北桥芯片：是桥接芯片的一种，损坏的很少。主要的作用是，连接内存、CPU 的桥路，常见故障现象有内存槽、AGP 槽不能正常工作。

5. 主板的故障定位

一般先判断逻辑关系简单的芯片及阻容元件，后将故障集中在逻辑关系难以判断的大规模集成电路芯片上。以主板复位电路故障分析为例：

（1）首先测量 RESET 键的一端有无 3.3V 高电平，如没有，检查复位键到电源插座之间的线路故障，并更换损坏的元器件。

（2）如有高电位，检测复位开关到南桥是否有低电平输出，如没有，检测复位开关到南桥的线路故障，并更换损坏的元器件。

（3）如有低电平输出，检测 ATX 电源第 8 脚（PG 信号）到南桥之间的线路是否有故障（主要检测线路中电阻、门电路或电子开关等），如有则更换损坏的元器件。

（4）如果没有，则接着检查 I/O 芯片、南桥和北桥，接着通过切线法进行检查。先把进北桥的复位线切断，然后接通电测量，如果 PCI 点复位正常，说明故障点在北桥。

（5）如果故障依旧，说明故障在南桥和 I/O 之间，接着再通过切线法进一步判断故障在 I/O，还是在南桥，最后更换损坏的芯片即可。

8.3 鼠标、键盘等常见故障的分析处理

8.3.1 键盘常见故障

1. 认识键盘

输入设备是人与电脑相互沟通的主要媒介。随着 IT 技术不断发展，电脑输入设备的种类也越来越多，从键盘、鼠标，到扫描仪、手写笔、数码相机等。虽然后面的几种输入设备

发展很快，但键盘依然是最重要的输入设备，尤其在文字输入领域中，键盘依旧有不可取代的地位。正是由于较高的使用率，其故障率也居高不下。尽管键盘的价格十分低廉，但掌握其常见故障的处理仍然是非常必要的。

2. 键盘常见故障的起因

键盘故障多为人为造成，譬如有人按键时用力过大、瓜子皮等不慎掉入键盘内，以及液体溅入键盘等，造成键盘内部微型形状弹片变形或被油污锈蚀。

（1）灰尘过多是导致键盘故障最主要的原因之一。这些灰尘会给电路正常工作带来困难，有时甚至出现错误操作。有时会有细小的杂物落入键盘表面的缝隙中，可能会使按键被卡住，甚至造成短路等故障。因此，使用过程中，要注意保持键盘的清洁卫生。

（2）大多数普通键盘没有防水装置，一旦有液体流进，就会使键盘内部的薄膜电路受损，导致接触不良、腐蚀电路或短路等故障。

（3）操作键盘时，如果用力过大，可导致按键的机械部件受损而失效；更换键盘时，如果未切断电源，也可能会产生故障。此外，有的键盘壳有塑料倒钩，拆卸时稍不留神就可能损坏键盘外壳。

（4）拖拽键盘导线会产生断线故障，暴力插拔键盘会破坏接口电路等。

3. 常见故障分析

（1）启动时提示键盘错误。

在启动计算机时提示这样的错误"Keyboard Error, Please press F1 Continue"，按 F1 键不能继续启动，而且按任何键都毫无反应。故障原因主要为键盘未能正确地连接到主板上，或键盘与主板的 PS/2 接口接触不良或损坏，或鼠标与键盘接反。

（2）键盘按键不灵的故障。

这是一种最常见的故障，在敲击某些按键时不能正常键入，而其余按键正常。遇到这种情况时，通常需要清洗一下键盘的内部。可能是由于键盘太脏，或者按键的弹簧失去弹性，所以需要保持键盘清洁。解决方法：关机后拔下键盘接口，将键盘翻转，打开底盘，用无水酒精擦洗按键下与键帽相接的部分。

（3）某一排几个键失效。

故障原因多为薄膜电路断路故障。目前使用的多为薄膜电路键盘，温度很低或使用太久会造成镀膜电路断裂。塑料不能焊接，可使用导电橡胶或软铅笔涂抹断裂处修复。业余维修可使用锡纸代替软片导线，剪出比镀膜电路略宽的一条锡纸，用胶带压贴在断裂处即可。

（4）按键不能弹起。

经常使用的按键有时按下后不能回弹，这类故障会造成以下不正常现象：键盘指示灯闪烁一下后，显示器黑屏；录入文字时大写灯灭，但是输入的字母全是大写。原因是按键下的弹簧弹性功能消退，无法托起按键所致。在关机后，打开键盘底盘，找到卡住键的弹簧，如果已经老损无法修复，就必须更换新的弹簧；如果不太严重，可以先清洗一下，在摆正位置后涂少许润滑油脂，改善弹性。

8.3.2　鼠标常见故障

鼠标促进了 Windows 发展，Windows 带来了鼠标的兴旺。频繁操作的鼠标非常容易损坏，但鼠标的故障分析与维修比较简单。大部分故障为接口或按键接触不良、断线、机械定位系统脏污等。少数故障为鼠标内部元器件损坏或电路虚焊。

1. 启动系统后提示找不到鼠标

在开机时找不到鼠标，一般有以下几种情况：

（1）鼠标彻底损坏，需要更换新鼠标。

（2）鼠标与主机接口接触不良，这时只要将接头重新插好，重新启动即可。

（3）主板上的 USB 口或 PS/2 口损坏。

（4）鼠标线路接触不良是最常见的现象。接触不良的点多在鼠标内部电线与电路板的连接处。通常是由于连线较短或玩暴力游戏过于激动而用力拉扯鼠标连线所致。解决方法是将鼠标打开，使用电烙铁将线路连接好即可。

2. 鼠标按键失灵的故障

鼠标按键失灵一般有两种情况，即按下鼠标键后没有动作，或将鼠标键按下后却无法正常弹起。如果鼠标按键无动作，这可能是因为鼠标按键和电路板上的微动开关距离太远或点击开关经过一段时间的使用而反弹能力下降。拆开鼠标，在鼠标按键的下面粘上一块厚度适中的塑料片，厚度要根据实际需要而定，处理完毕后即可使用。如果鼠标按键无法正常弹起，这可能是因为按键下方微动开关中的碗形接触片断裂引起的，尤其是塑料簧片长期使用后容易断裂。如果是三键鼠标，那么可将中间的按键拆下来应急。如果是品质好的原装名牌鼠标，则可以焊接，拆开微动开关，细心清洗触点，涂上一些润滑脂后，装好即可使用。

3. 灵敏度变差

光电鼠标的核心 IC 内部集成有一个恒流电路，将发光管的工作电流恒定在约 50mA，高档鼠标一般采用间歇采样技术，送出的电流是间歇导通的（采样频率约 5kHz），可以在同样功耗的前提下提高检测时发光管的功率，故检测灵敏度高。有些厂家为了提高光电鼠标的灵敏度，人为加大了发光二极管的工作电流，增大发射功率。这样会导致发光二极管较早老化。此时，可更换型号相同的发光管解决问题。

4. 鼠标定位不准

故障表现为鼠标位置不定或经常无故发生飘移，故障原因主要有：

（1）外界的杂散光影响。现在有些鼠标为了追求漂亮美观导致外壳的透光性太好，如果光路屏蔽不好，再加上周围有强光干扰的话，就很容易影响到鼠标内部光信号的传输，而产生的干扰脉冲便会导致鼠标误动作。

（2）电路中有虚焊的话，会使电路产生的脉冲混入造成干扰，对电路的正常工作产生影响。此时，需要仔细检查电路的焊点，特别是某些易受力的部位。发现虚焊点后，用电烙铁补焊即可。

（3）晶振或 IC 质量不好，受温度影响，使其工作频率不稳或产生飘移，此时，只能用同型号、同频率的集成电路或晶振替换。

8.4　分析解读开关电源电路

8.4.1　计算机开关电源工作原理

目前普遍使用的是 ATX2.31 版本的电源，属于开关稳压电源的一种，简称开关电源。

图 8—14 所示为这类开关稳压电源的原理图及等效原理框图。简单地说，开关电源由全波整流器、开关管 V、激励信号、续流二极管 VD、储能电感 L 和滤波电容 C 组成。实际上，开关电源的核心部分就是一个直流变压器。

1. 开关电源的优缺点

（1）优点。

① 功耗小，效率高。在图 8—14 所示的开关稳压电源电路中，晶体管 V 在激励信号的激励下，它交替地工作在导通—截止和截止—导通的开关状态，转换速度很快，频率一般为 50kHz 左右，技术先进的产品，可以做到几百或者近 1000kHz。这使得开关晶体管 V 的功耗很小，电源的效率可以大幅度地提高，其效率可达到 80%。

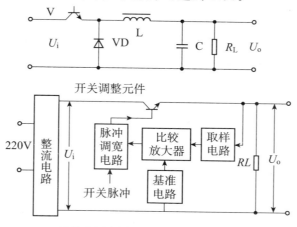

开关稳压电源原理图及等效原理图

图 8—14　开关电源原理图

② 体积小，重量轻。从开关稳压电源的原理框图可以清楚地看到这里没有采用笨重的工频变压器。由于开关管 V 上的耗散功率大幅度降低后，又省去了较大的散热片，所以开关稳压电源的体积小，重量轻。相比同功率的变压器电源轻 70% 左右。

③ 稳压范围宽。从开关稳压电源的输出电压是由激励信号的占空比来调节的，输入信号电压的变化可以通过调频或调宽来进行补偿，这样，在工频电网电压变化较大时，它仍能够保证有较稳定的输出电压。所以开关电源的稳压范围很宽，稳压效果很好。此外，改变占空比的方法有脉宽调制型和频率调制型两种。这样，开关稳压电源不仅具有稳压范围宽的优点，而且实现稳压的方法也较多，设计人员可以根据实际应用的要求，灵活地选用各种类型的开关稳压电源。

④ 滤波的效率大为提高，使滤波电容的容量和体积大为减少。开关稳压电源的工频目前是 50kHz，是线性稳压电源的 1 000 倍，这使整流后的滤波效率几乎也提高了 1 000 倍。即使是采用半波整流后加电容滤波，效率也提高了 500 倍。在相同的纹波输出电压下，采用开关稳压电源时，滤波电容的容量只是线性稳压电源中滤波电容的 1/500～1/1 000。

⑤ 电路形式灵活多样。例如，有自激式和他激式，有调宽型和调频型，有单端式和双端式等。设计者可以发挥各种类型电路的特长，设计出能满足不同应用场合的开关稳压电源。

（2）缺点。

开关稳压电源的缺点是存在较为严重的开关干扰。开关稳压电源中，功率调整开关晶体管 V 工作在开关状态，它产生的交流电压和电流通过电路中的其他元器件产生尖峰干扰和谐振干扰。这些干扰如果不采取一定的措施进行抑制、消除和屏蔽，就会严重地影响整机的正常工作。此外由于开关稳压电源振荡器没有工频变压器的隔离，这些干扰就会串入工频电网，使附近的其他电子仪器、设备和家用电器受到严重的干扰。

2. ATX 微机电源的特点

(1) 辅助电源电路：只要有交流市电输入，ATX 开关电源无论是否开启，其辅助电源一直在工作，为开关电源控制电路提供工作电压。ATX 电源的这一特点保证了电脑自动关机和远程唤醒功能。

(2) 电路按其组成功能分为：交流输入整流滤波电路、脉冲半桥功率变换电路、辅助电源电路、脉宽调制控制电路、PS-ON 和 PW-OK 产生电路、自动稳压与保护控制电路、多路直流稳压输出电路。以上电路的组合使 ATX 电源表现十分出色。

3. 关于+5VSB、PS-ON、PW-OK 控制信号

ATX 开关电源与 AT 电源最显著的区别是，前者取消了传统的市电开关，依靠+5VSB、PS-ON 控制信号的组合来实现电源的开启和关闭。

(1) +5VSB 是主机系统在 ATX 待机状态时的电源，以及开闭自动管理和远程唤醒通信联络相关电路的工作电源，在待机及受控启动状态下，其输出电压均为 5V 高电平，使用紫色线由 ATX 插头 9 脚引出。

(2) PS-ON 为主机启闭电源或网络计算机远程唤醒电源的控制信号，不同型号的 ATX 开关电源，待机时电压值为 3V、3.6V、4.6V 各不相同。当按下主机面板的 POWER 开关或实现网络唤醒远程开机，受控启动后 PS-ON 由主板的电子开关接地，使用绿色线从 ATX 插头 14 脚输入。

(3) PW-OK 是供主板检测电源好坏的输出信号，使用灰色线由 ATX 插头 8 脚引出，待机状态为零电平，受控启动电压输出稳定后为 5V 高电平。电源输出插头如图 8—15 所示。

4. 开关电源的检测

ATX 电源通电后，在没有负载时主电源单元不能启动，即没有 12V 风扇驱动电压。脱机带电检测 ATX 电源，首先测量在待机状态下的 PS-ON 和 PW-OK 信号，前者为高电平，后者为低电平，插头 9 脚除输出+5VSB 外，不输出其他电压。其次是将 ATX 开关电源人为唤醒，用一根导线把 ATX

		1	11		
橙	+3.3V	1	11	+3.3V	橙
橙	+3.3V	2	12	−12V	蓝
黑	COM	3	13	COM	黑
红	+5V	4	14	PS-ON	绿
黑	COM	5	15	COM	黑
红	+5V	6	16	COM	黑
黑	COM	7	17	COM	黑
灰	PW-OK	8	18	−5V	白
紫	+5VSB	9	19	+5V	红
黄	+12V	10	20	+5V	红

图 8—15　电源输出插头

插头 14 脚 PS-ON 信号，与任一地端（3、5、7、13、15、16、17）中的一脚短接，这一步是检测的关键，将 ATX 电源由待机状态唤醒为启动受控状态，此时 PS-ON 信号为低电平，PW-OK、+5VSB 信号为高电平，ATX 插头+3.3V、±5V、±12V 有输出，开关电源风扇旋转。上述操作亦可作为选购 ATX 开关电源脱机通电验证的方法。

8.4.2　开关电源的维修

在计算机配件中，由于电源盒内的市电整流和开关电路部分，其电子元件工作在高电压

（300V）、大电流的状态下，故障率极高，如限流电阻、热敏电阻（NTC）、整流桥或整流二极管。另外，输出直流部分的整流二极管、保护二极管、大功率开关三极管较易损坏。

当计算机电源出现故障时，首先用万用表测量脉宽调制器 TL494 的 4 脚电压，它是保护电路的关键测试点，然后从＋5VSB、PS-ON 和 PW-OK 信号入手来定位故障区域，是快速检修中行之有效的方法。具体操作原则是：

（1）在断电情况下，"望、闻、问、切"。由于检修电源涉及 220V 电压，而人体一旦接触 36V 以上的电压就有生命危险，因此，在有可能的条件下，尽量先检查一下在断电状态下有无明显的短路、元器件损坏故障。首先，打开电源的外壳，检查保险丝是否熔断，再观察电源的内部情况，如果发现电源的 PCB 板上元件破裂，则应重点检查此元件，一般来讲这是出现故障的主要原因；闻一下电源内部是否有糊味，检查是否有烧焦的元器件；问一下电源损坏的经过，是否对电源进行违规的操作，这一点对于维修任何设备都是必须的。在初步检查以后，还要对电源进行更深入地检测。用万用表测量 AC 电源线两端的正反向电阻及电容器充电情况，如果电阻值过低，说明电源内部存在短路，正常时其阻值应能达到 100 千欧以上；电容器应能够充放电，如果损坏，则表现为 AC 电源线两端阻值低，呈短路状态，否则可能是开关三极管 Q_1、Q_2 击穿。然后检查直流输出部分。脱开负载，分别测量各组输出端的对地电阻，正常时，表针应有电容器充放电摆动，最后指示的应为该路的泄放电阻的阻值。否则多数是整流二极管反向击穿所致。

（2）加电检测。在通过上述检查后，就可通电测试。这时候才是关键所在，需要有一定的经验、电子技术基础及维修技巧。一般来讲应重点检查一下电源的输入端、开关三极管、电源保护电路以及电源的输出电压、电流等。如果电源启动一下就停止，则该电源处于保护状态下，可直接测量 TL494 的 4 脚电压，正常值应为 0.4V 以下，若测得电压值为＋4V 以上，则说明电源处于保护状态下，应重点检查产生保护的原因。

（3）＋5VSB 是主机系统在 ATX 待机状态时的电源，所以当电源接入市电 220V 后，＋5VBS 端就应有＋5V 电压的输出，可先检测这一电压的有无，若有＋5V 电压说明辅助电源是好的，故障在主控电源电路中，应在主控电源电路中查明故障的原因。

维修电源要接触到高电压，请不要擅自打开电源盒盖，以免发生危险！

8.4.3　开关电源常见故障实例

（1）保险丝熔断：一般情况下，保险丝熔断说明电源的内部线路有问题。由于电源工作在高电压、大电流的状态下，电网电压的波动、浪涌都会引起电源内电流瞬间增大而使保险丝熔断。重点应检查电源输入端的整流二极管、高压滤波电解电容、逆变功率开关管等，检查一下这些元器件有无击穿、开路、损坏等。如果确实是保险丝熔断，应该首先查看电路板上的各个元件，看这些元件的外表有没有被烧糊，有没有电解液溢出。如果没有发现上述情况，则用万用表进行测量，如果测量出来两个大功率开关管 E、C 极间的阻值小于 $100k\Omega$，说明开关管损坏。其次测量输入端的电阻值，若小于 $200k\Omega$，说明内部有局部短路现象。

（2）无直流电压输出或电压输出不稳定：如果保险丝是完好的，可是在有负载情况下，各级直流电压无输出。这种情况主要是以下原因造成的：电源中出现开路、短路现象，过压、过流保护电路出现故障，振荡电路没有工作，电源负载过重，高频整流滤波电路中整流二极管被击穿，滤波电容漏电等。检查此类故障，首先用万用表测量系统板＋5V 电源的对地电阻，若大于 0.8Ω，则说明电路板无短路现象；然后将电脑中不必要的硬件暂时拆除，如硬盘、光盘驱动器等，只留下主板、电源、蜂鸣器，然后再测量各输出端的直流电压，如果这时输出为零，则可以肯定是电源的控制电路出了故障。

（3）电源负载能力差：电源负载能力差是一个常见的故障，一般都是出现在老式或是工作时间长的电源中，主要原因是各元器件老化，开关三极管的工作不稳定，没有及时进行散热等。应重点检查稳压二极管发热漏电、整流二极管损坏、高压滤波电容损坏、晶体管工作点未选择好等。

（4）通电无电压输出，电源内发出吱吱声：这是电源过载或无负载的典型特征。先仔细检查各个元件，重点检查整流二极管、开关管等。经过仔细检查，发现一个整流二极管 1N4001 的表面已烧黑，而且电路板也给烧黑了。找同型号的二极管换下，经万用表测量证实已击穿。更换后接上电源，可风扇不转，吱吱声依然。用万用表测量＋12V 输出只有＋0.2V，＋5V 只有 0.1V，这说明电源启动自保护功能。测量初级和次级开关管，经测量发现初级开关管中有一个已损坏，用相同型号的开关管换上，故障排除，一切正常。

（5）没有吱吱声，上一个保险丝就烧一个保险丝：由于保险丝不断地熔断，搜索范围就缩小了。可能性故障原因为整流桥击穿、大电解电容击穿、过压保护元件压敏电阻击穿、初级开关管击穿等。电源的整流桥一般是分立的四个整流二极管，或是将四个二极管固化在一起。将整流桥拆下测量是正常的。大电解电容拆下测试后也正常（注意焊回时要注意正负极），过压保护元件压敏电阻也是正常的。最后的可能就只剩开关管 Q_1、Q_2 了。分别拆下测量果然击穿，找同型号开关管换上，问题解决。其实，维修电源并不难，一般电源损坏都可以归结为保险丝熔断、整流二极管损坏、滤波电容开路或击穿、开关三极管击穿以及电源自保护等，因开关电源的电路较简单，故障类型少，很容易判断出故障位置。

（6）错将 110V 规格电源接入 220V 电网中而烧毁：对于这类人为故障，应重点检查保险丝、整流二极管或整流桥；过压保护元件压敏电阻、限流电阻、滤波电容、开关三极管等元件。将烧毁的元件一一更换后，即可修复。

8.5　笔记本电脑常见故障与处理

随着科学技术的发展进步，笔记本电脑越来越广泛地深入到日常生活。据权威部门资料显示，笔记本电脑在 2011 年的销量超过 2 500 万台左右，国内笔记本电脑的保有量在五千万台以上。强烈的市场需求使得越来越多的人开始从事笔记本电脑维修行业。

8.5.1　笔记本电脑维修原则

笔记本电脑与台式机相比，有着类似的结构组成（显示器、键盘/鼠标、CPU、内存和硬盘），但是笔记本电脑的优势还是非常明显的，其主要优点有体积小、重量轻、携带方便。轻薄的机身给人们带来了方便，但紧凑的内部结构给维修带来了困难。掌握笔记本电脑的维修基本原则，会提高故障处理的效率。

（1）先调查，后熟悉。

首先要弄清故障发生时电脑的使用状况及以前的维修状况，了解具体的故障现象及发生故障时的使用软硬件环境才能对症下药。此外，在对其电脑进行维修前还应了解清楚其电脑的软硬件配置及已使用年限等，做到有的放矢。

（2）先机外，后机内。

对于出现主机或显示器不亮等故障的笔记本电脑，应先检查笔记本电源部分的外部件，特别是机外的一些开关，插座有无断路、短路现象等，不要认为这些是无关紧要的部位，实践证明许多用户的电脑故障都是由此而起的。当确认机外部件正常时，再进行其他检测。

（3）先机械，后电气。

由于笔记本电脑安装的特殊性，对各个部件的装配要求非常精细，不正确的安装可能会造成很多问题，因此先检查其有无装配机械故障，再检查其有无电气故障。

（4）先软件，后硬件。

先排除软件故障再排除硬件问题，这是电脑维修中的重要原则。在维修过程中要注意用户的软件使用环境和电脑标配有无区别，有无某行业公认的不兼容软件使用，系统启动有什么问题，一定要先排除软件故障再着手进行硬件的维修。

（5）先清洁，后检修。

如果已经拆开笔记本电脑，在检查笔记本电脑内部配件前，应先检查机内是否清洁，如果发现机内各元件、引线、走线及金手指之间有尘土、污物、蛛网或多余焊锡、焊油等，应立即清除，再进行检修。实践表明，许多故障是由于脏污引起的，清洁后故障自动消失。

（6）先电源，后机器。

电源故障在笔记本使用中更为普遍。如果电源不正常，也就无从检查部件的故障。如果碰到不加电等与电源有关的故障，应首先考虑检测电源的正确性。包括电池是否有电、外接电源适配器接插是否完好、电源适配器的输出电压及电流是否合乎本型号笔记本电脑的要求及电源 DC 板是否正常。

（7）先通病，后特殊。

根据笔记本电脑故障的共同特点及各机种特有的故障现象，先排除带有普遍性和规律性的常见故障，然后再检查特殊故障，以便逐步缩小故障范围，由面到点，缩短修理时间。

（8）先外围，后内部。

由于笔记本电脑本身结构的特殊性，可能不同的机型拆装同一部件的难度差别非常大。因此，在维修的时候要灵活运用，不能一味墨守成规，在检测的时候要从简单易查的部件开始，本着解决问题的思路，灵活运用，更好地为客户服务。

8.5.2　拆装笔记本电脑技巧

体积小巧、集成度高是笔记本电脑最大的特色，因而其内部组成结构也较为复杂，不易拆卸。拆装前必须了解笔记本电脑的大致结构和拆装注意事项。

1. 拆装注意事项

（1）首先拆卸笔记本时需要绝对细心，对准备拆装的部件一定要仔细观察，明确拆卸顺序、安装部位，必要时用笔记下步骤和要点。

（2）拆卸前关闭电源，并拆去所有外围设备。如 AC 适配器电源线、外接电池、PC 卡及其他电缆等。因为在电源关闭的情况下，若其他外部设备仍在工作，如直接拆卸可能会引发一些线路的损坏。

(3) 当拆去电源线和电池后，打开电源开关一秒钟后关闭，释放掉内部直流电路的电量。

(4) 使用合适的工具，如镊子、钩针等。使用时要小心，不要对电脑造成人为损伤。

(5) 拆卸各类电缆（电线）时，不要直接拉拽，要分析端口吻合方式再做处理。

(6) 维修人员应佩戴消除静电的手环。

(7) 笔记本很多部件都是塑料材质的，所以拆卸此类部件时用力要柔和，不可用力过大。

(8) 由于笔记本电脑中很多零部件和附件十分细小，比如螺丝、弹簧等。要认真记录每个零部件的位置、相关附件的大小和位置，拆卸下的零部件按类码放。

(9) 修配好的笔记本电脑在安装时，遵循记录情况按照拆卸的相反程序依次进行。

2. 拆卸步骤

笔记本电脑的大致结构分为五部分：液晶屏、键盘、顶面板、主板、底面板。在拆卸前我们需要准备几把大小不一的一字、十字和内六角螺丝刀，以用来对应不同类型的螺钉。笔记本电脑的结构大同小异，拆卸的步骤也基本一致。

(1) 拆除可升级部件。

一般笔记本电脑中可升级的部件无非就是硬盘、光驱、内存而已。首先把电池取出，接下来就是将它们拆除。可以在底面板下找到它们的位置（见图 8—16），卸下对应的螺钉，分离扣具，就很容易将它们取出。但有些笔记本电脑拆解较为麻烦，例如 Sony VAIO Z505 的内存就需拆除键盘后才能取出，硬盘还需拆除主机。

(2) 拆除键盘。

笔记本电脑的顶和底面板是相互锁死的，而在键盘下有几颗固定底面板的螺钉，只有除去了键盘，才能进行下一步液晶屏和主机的分离，几乎所有笔记本电脑的设计都是这样的。拆除键盘时，先在底面板下找到标识为 "KBD" 的位置，它是固定键盘的螺钉孔，一般有 2～4 颗螺钉固定。卸下后，再将键盘表面四周的扣具分离就可以拆卸键盘了。此时 CPU、主板、显卡基本都已呈现出来（见图 8—17）。键盘和主板有一组软排线（见图 8—18），拆卸时一定要注意，避免排线被撕裂。

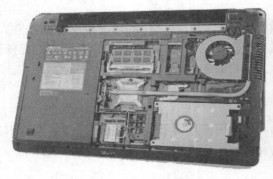

图 8—16　笔记本电脑底面

图 8—17　拆卸键盘后的笔记本电脑

(3) 拆除液晶屏。

在拆卸液晶屏前，需将液晶屏下的有开机键和指示灯的面板拆除，卸下对应的螺钉便可取下，不存在难度（见图 8—19）。此时同样要注意排线问题，因为面板与主板上也有一组排线（见图8—20）。之后，我们还需拔去液晶屏与主板的信号线，在主板的插槽周围我们可以找到"LCD"的字样（见图8—21），这便是我们需要拔去的信号线。然后我们就可以卸下液晶屏支架下顶面板和底面板的各两颗螺钉，但尚不能取下液晶屏，因为固定它的不仅只有螺钉，还有支架下的一对扣具，我们只需稍用力压支架底部，扣具就会分离，顺势就可以抽出液晶屏了。在拆卸支架螺钉之前，需将液晶屏打开并与顶面板保持稍大于90°，否则在拆卸底面板的螺钉时，螺钉会很难拧动，使用蛮力很有可能造成螺丝套筒滑丝！这是由于两者受力不在同一直线上的缘故，这一点无论是在拆卸还是组装时都是需要注意的地方，不然会损坏螺丝套筒。

图8—18　键盘与主板之间有排线

图8—19　将开机键和指示灯拆下

（4）分离顶底面板。

将顶面板和底面板的其他螺钉卸下后，再将周围边上的扣具分离才能分离顶底面板。要注意一点，顶面板上也有一组软排线连着主板，这就是触摸板的数据线（见图8—22）。当发现上下面板仍无法分开时，一定要留心看看是否已经将所有螺钉卸下，扣具是否都已经分离。因为造成这种情况往往是有些设计比较隐蔽的螺钉未被卸下的结果，此时切不可使用蛮力，最好反复检查一下问题出在何处。分离后，主机内部的电路就完全呈现了。

图8—20　面板与主板之间的排线

图8—21　拔去"LCD"的信号线

（5）分离主板和底面板。

在分离主板和底面板前，需将笔记本电脑的散热系统拆除。一般固定CPU的散热片上会有3～4颗螺钉（见图8—23）。在拆卸前，先对全部螺钉进行"放松"，然后再一颗一颗地卸下。因为一颗颗的单独卸下容易造成CPU表面受力不均，易出现崩角现象，严重时还会压坏核心。最后再将主板与底面板的螺钉卸除，主板就可以拆除了。至此，笔记本电脑的整个拆卸工作已经完成。

图 8—22　触摸板的数据线

图 8—23　散热片上有 3~4 颗螺钉

8.5.3　常见故障与处理分析（见表 8—4）

表 8—4 笔记本电脑常见故障处理

	故障现象	检修流程
1	不加电，电源灯不亮	检查外接适配器是否与笔记本正确连接，外接适配器是否工作正常；检查开机开关；更换电源板（针对电源板分离的机型）测试；检修主板开机电路。
2	电源指示灯亮但系统不运行，LCD 无显示	按住电源开关并持续四秒钟关闭电源，再重新启动检查是否启动正常；外接 CRT 显示器是否正常显示；更换内存；清除 CMOS；更换内存、CPU；利用最小系统法找出故障设备进行维修。
3	死机、掉电	检查散热系统；CPU 接口是否接触良好；用排除法判断 CPU 或内存是否不良；查 CPU 供电滤波部分和时钟频率是否异常；最小系统法测试；重新安装操作系统。
4	花屏	外接显示器同样花屏：更换内存测试；重新安装显卡驱动，检测显卡芯片是否虚焊；显卡 BGA 或更换主板。外接显示器外接正常：重新安插屏线两端；加焊屏线接口；更换屏线；更换液晶屏。
5	暗屏	检测调节显示亮度后是否正常；替换液晶屏以判断是否灯管损坏；灯管损坏，更换灯管；灯管未坏，检查高压板基本工作条件是否满足；未满足，检查信号源部分；满足，更换高压板。
6	无声音	检查音量调节是否正确；检查声卡驱动是否正确安装；检查喇叭连线；检查喇叭是否损坏；检测、更换功放、声卡芯片。
7	键盘问题	用测试程序测试判断；检查键盘线是否插好；替换键盘测试，确定是否键盘损坏；键盘损坏，维修、更换键盘；换键盘故障依旧，检查键盘线接口；替换键盘芯片。
8	触控板不工作	检查是否有外置鼠标接入并用 MOUSE 测试程序检测是否正常；检查触控板连线是否连接正确；更换触控板；检查键盘控制芯片是否存在虚焊。
9	USB 口不工作	在 BIOS 设置中检查 USB 口是否设置为"ENABLED"；重新插拔 USB 设备，检查连接是否正常；检查 USB 端口驱动和 USB 设备的驱动程序安装是否正确；检查、更换 USB 口；检查南桥是否存在虚焊现象；南桥 BGA。
10	风扇问题	用 FAN 测试程序检测是否正常，开机时风扇是否正常；测试风扇连线是否良好；测试风扇是否良好；更换风扇控制芯片。

	故障现象	检修流程
11	串口设备不工作	在 BIOS 设置中检查串口是否设置为"ENABLED";用 SIO 测试程序检测是否正常;检查串口设备是否连接正确;如果是串口鼠标,在 BIOS 设置检查是否关闭内置触控板;检查串口鼠标驱动安装是否正确;检查串口芯片;检查主板上的南桥芯片是否存在冷焊和虚焊现象。
12	并口设备不工作	在 BIOS 设置中检查并口是否设置为"ENABLED";用 PIO 测试程序检测是否正常;检查所有的连接是否正确;检查外接设备是否开机;检查打印机模式设置是否正确;检查主板上的南桥芯片是否存在冷焊和虚焊现象
13	电池电量在 Windows 中识别不正常	确认电源管理功能在操作系统中启动并且设置正确;将电池充电三小时后再使用;将电池充放电两次后再试;更换电池
14	驱动程序问题引起的故障现象	如显示不正常、声卡不工作、Modem,LAN 不能工作等,重新安装驱动程序。
15	操作系统问题引发的故障现象	如系统运行速度变慢、死机、蓝屏、不能正常关机、系统报错等,重装系统。

本章小结

本章主要介绍了计算机硬件基础知识、焊接技术及计算机维修的基本方法、维修工具的作用,计算机主板、开关电源、鼠标和键盘、笔记本电脑的工作原理和常见故障分析和处理。通过课程学习和实践,读者可了解和掌握当前计算机硬件发展的最新技术、维修计算机的技巧、处理计算机常见故障的方法,培养维修人员的实际维修技能。

思考与练习

1. 思考题

(1) 说明微机故障处理应遵循的基本原则。

(2) 说明微机硬件故障诊断和处理的一般原则。

(3) 说明微机软件故障的特点。

2. 单项选择题

(1) 微机加电开机后,系统提示找不到引导盘,不可能是(　　　)。

A. 主板 CMOS 中硬盘有关参数的设置错误　　　　B. 显示器连接不良

C. 硬盘自身故障　　　　　　　　　　　　　　　　D. 硬盘连接不良

(2) 为了避免人体静电损坏微机部件,在维修时可采用(　　)来释放静电。

A. 电笔　　　　B. 螺丝刀　　　　C. 钳子　　　　D. 防静电手环

(3) 下面有关硬盘故障的论述,不正确的是(　　　)。

A. 硬盘故障不可能影响微机大型应用软件的使用

B. 硬盘故障会使微机无法正常启动

C. 硬盘故障会使微机找不到引导盘

D. 硬盘故障会使微机的数据或文件丢失

(4) 引起内存故障的原因很多,但不太可能发生的是(　　　)。

A. 内存条温度过高，爆裂烧毁

B. 内存条安插不到位，接口接触不良

C. 使用环境过度潮湿，内存条金属引脚锈蚀

D. 静电损坏内存条

（5）微机正常使用过程中，出现死机现象，很可能的原因是（　　　）。

A. 声卡损坏

B. 内存没有安装

C. CPU 温度过高，散热器工作不良

D. 检测不到鼠标

（6）微机运行正常，但是电源风扇噪声很大，转速下降，甚至发展到不转，引发该故障的原因很可能是（　　　）。

A. 风扇内积聚过多的灰尘污物　　　B. 供电不良

C. 感染病毒　　　　　　　　　　　D. 主板损坏

（7）微机使用过程中，键盘出现部分按键失效或不灵敏，引发该故障的原因不可能的是（　　　）。

A. 键盘受灰尘污染严重　　　　　　B. 键盘与主机连接失误

C. 用户非常规的操作失误　　　　　D. 感染病毒

（8）微机运行一切正常，但是某一应用软件（例如：3 D MAX）打不开，或不能使用，引发该故障的原因不可能的是（　　　）。

A. 软件被破坏　　　　　　　　　　B. 感染病毒

C. 操作系统有故障　　　　　　　　D. 系统资源严重不足

3. 填空题

（1）微机故障一般可分为软件故障和硬件故障，在实际排除时，应先排除＿＿＿＿＿，再排除＿＿＿＿＿。

（2）在故障排除过程中，经常需要插拔一些部件，每次插拔都应该在＿＿＿＿＿的情况下进行。

（3）诊断微机系统故障的常用方法主要有＿＿＿＿＿、＿＿＿＿＿、拔插法、替换法、最小系统法和软件诊断法等。

4. 判断题

（1）CRT 显示器若受到电磁影响，会出现显示画面扭曲或变色的现象。（　　　）

（2）主板背部的引脚接触到机箱的金属外壳不会引起故障。（　　　）

（3）CPU 无法安插到位，需使劲按压，使其与插槽接触良好。（　　　）

（4）主板的固定螺丝不要拧得过紧，不然会使主板印制电路出现变形开裂。（　　　）

（5）显卡与主板集成在一起，这对偏重图像处理及动画设计的用户来说一般没有影响。（　　　）

5. 实训题

（1）写出晶体二极管和三极管的测量方法和万用表的使用感受。

（2）在老师的指导下，测量分析 ATX 电源外部的各个输出端参数，学会电源在无负载条件下的启动方法，判别电源的好坏。

（3）同学之间相互介绍电子元件的焊接经验，交流维修的经验和体会。

（4）写出计算机维修时需要注意的事项有哪些？

（5）写出计算机维修的基本方法有哪些？讨论和补充基本维修的方法和措施。

（6）学习交流笔记本电脑的拆装、维修、软件维护方面的经验。

（7）分析引起微机发生死机的主要原因有哪些？

（8）分析引起微机运行不稳定的主要原因有哪些？

参考文献

[1] 王诚. 计算机组成原理. 北京：中央广播电视大学出版社，2008.

[2] 龚祥国. 微机系统与维护. 北京：中央广播电视大学出版社，2007.

[3] 陈桂生. 计算机组装与维护. 北京：中国人民大学出版社，2010.

[4] 张海波. 计算机组装与案例教程. 北京：中国人民大学出版社，2011.

[5] 马志彬. 网络管理与维护. 北京：中国人民大学出版社，2010.

[6] 郑平. 计算机组装与维护应用教程（项目式）. 北京：人民邮电出版社，2010.

[7] 唐秋宇. 微机组装与维护实训教程. 北京：中国铁道出版社，2011.

[8] 孙中胜. 微机组装升级与维护. 北京：清华大学出版社，2008.

[9] 瓮正科. 计算机维护技术. 北京：清华大学出版社，2001.